程控自动化工程师精英课堂

西门子 S7-200 SMART PLC 从入门到精通

上海程控教育科技有限公司　组编

李林涛　编著

机械工业出版社

本书以解决读者的实际需求为目标,从工程师学习、工作的视角对S7-200 SMART PLC进行了全面系统的讲述,具体内容包括PLC基础、S7-200 SMART PLC硬件介绍、S7-200 SMART PLC编程软件的使用、S7-200 SMART PLC编程基础、S7-200 SMART CPU高速计数器、S7-200 SMART PLC运动控制应用、变频器与PLC的应用、S7-200 SMART PLC模拟量及其应用、S7-200 SMART PLC PID控制、S7-200 SMART PLC通信及其应用等。

本书既适合新手快速入门,又可供有一定经验的工程师借鉴和参考,也可用作职业院校相关专业师生的培训教材。

图书在版编目(CIP)数据

西门子 S7-200 SMART PLC 从入门到精通/上海程控教育科技有限公司组编;李林涛编著. —北京:机械工业出版社,2022.2

程控自动化工程师精英课堂

ISBN 978-7-111-69833-3

Ⅰ.①西… Ⅱ.①上… ②李… Ⅲ.①PLC 技术-程序设计 Ⅳ.①TM571.61

中国版本图书馆 CIP 数据核字(2021)第 253195 号

机械工业出版社(北京市百万庄大街 22 号 邮政编码 100037)
策划编辑:任 鑫 责任编辑:任 鑫 王 欢
责任校对:闫玥红 李 婷 封面设计:马精明
责任印制:单爱军
河北鑫兆源印刷有限公司印刷
2022 年 4 月第 1 版第 1 次印刷
184mm×260mm · 21.75 印张 · 567 千字
0001—1900 册
标准书号:ISBN 978-7-111-69833-3
定价:99.00 元

电话服务   网络服务

客服电话:010-88361066   机 工 官 网:www.cmpbook.com
        010-88379833   机 工 官 博:weibo.com/cmp1952
        010-68326294   金 书 网:www.golden-book.com
封底无防伪标均为盗版   机工教育服务网:www.cmpedu.com

可编程序逻辑控制器（Programmable Logic Controller，PLC）在现今社会生产生活中发挥了极其重要的作用，广泛应用于机床、楼宇、石油化工、电力、汽车、纺织、交通运输等各行各业，在促进产业实现自动化的同时，也提高了工作效率，提升了人们工作生活的便利性。

现今，PLC 已成为集数据采集与监控功能、通信功能、高速度数字量信号智能控制功能、模拟量闭环控制功能等高端技术于一身的综合性控制设备，并成为很多控制系统的核心，更成为衡量生产设备自动化控制水平的重要标志。更为重要的是，随着技术的不断成熟，PLC 的产品价格也在不断下降，进一步促进了其广泛应用。这一趋势也催生了对于 PLC 专业人才的大量需求。掌握 PLC 技术，可进行 PLC 编程，完成系统的搭建与维护工作，是现代自动化技术人员需要掌握的、不可或缺的本领。为此，我们在程控自动化多年教学经验的基础上，结合现阶段主流 PLC，深入工业生产实际一线，特地编写了本套培训教材，以期能够帮助广大工程技术人员学好知识、掌握技能、快速上岗。

"程控自动化工程师精英课堂"是一套起点相对较低、内容深入浅出、立足工程实际、助力快速上手的实用图书。本书就是其中的一个分册，具体内容包括 PLC 基础、S7-200 SMART PLC 硬件介绍、S7-200 SMART PLC 编程软件的使用、S7-200 SMART PLC 编程基础、S7-200 SMART CPU 高速计数器、S7-200 SMART PLC 运动控制应用、变频器与 PLC 的应用、S7-200 SMART PLC 模拟量及其应用、S7-200 SMART PLC PID 控制、S7-200 SMART PLC 通信及其应用等。

本套书具有以下特点：

1. 设备新颖，无缝对接

本套书选取了市场上主流厂商的新设备进行介绍，同时兼顾了老设备的使用方法，让读者通过学习能够了解新的技术，从而做到与工作实际的无缝对接。

2. 内容完备，实用为先

本套书立足让读者快速入门并能上手实操，内容上涵盖了从 PLC 基本知识点到编程操作，到通信连接，到运动控制，再到实际案例说明，可谓一应俱全，为读者提供了一站式解决方案。

本套书将实际工作中实用、常用的 PLC 知识点、技能点进行了全方位的总结，在注重全面性的同时，突出了重点和实用性，力求让读者做到学以致用。

3. 例说透彻，视频助力

本套书在介绍具体知识点时，从自动化工程师的视角，采用了大量实际案例进行分解说明，增强了读者在学习过程中的代入感、参与感，而且给出的实例都经过了严格的验证，体现严谨性的同时，也为读者自学提供了有力保证。

同时，为了让读者在学习过程中有更好的体验，我们还在重点知识点、技能点的旁边附上了二维码，通过用手机扫描二维码，读者可以在线观看相关教学视频和操作视频。

4. 超值服务，实现进阶

  本套书在编写过程中得到了上海程控教育科技有限公司的大力支持和帮助，读者在学习或工作过程中如果遇到问题，可登录 www. chengkongwang. com 获得更多的资料和帮助。我们将全力帮助您实现 PLC 技术的快速进阶。

  在本套书编写过程中，还得到了许多知名设备厂商、知名软件厂商和业界同人的鼎力支持与帮助，他们提供了许多相关资料以及宝贵的意见和建议。值此成书之际，对关心本套书出版并热心提出建议的单位和个人一并表示衷心的感谢。

  由于编者水平有限，书中难免存在不足和错漏之处，恳请广大读者和业界同人批评指正。

作　者

2021 年 10 月

第 1 章

PLC 基础

1.1 概述

国际电工委员会（IEC）于 1985 年对可编程序逻辑控制器（Programmable Logic Controller, PLC）定义如下：可编程序逻辑控制器是一种数字运算操作的电子系统，专为在工业环境下应用而设计。它采用可编程序的存储器，在其内部存储执行逻辑运算、顺序控制、定时、计数和算术运算等操作的指令，并通过数字和模拟的信号输入和输出，控制各种类型的机械或生产过程。PLC 及其有关设备，都应按易于与工业控制系统连成一个整体、易于扩充功能的原则设计。PLC 是一种工业计算机，种类繁多，不同厂商的产品有各自的特点，但作为工业标准设备，PLC 又有一定的共性。

1.1.1 PLC 的发展历史

20 世纪 60 年代以前，汽车生产线的自动控制系统基本上都由继电器控制装置构成的。当时每次改型都直接导致继电器控制装置的重新设计和安装，汽车改型和升级换代比较困难。为了改变这一现状，1969 年美国通用汽车（GM）公司公开招标，要求用新的装置取代继电器控制装置，并提出十项招标指标，要求新的装置具备编程方便、现场可修改程序、维修方便、采用模块化设计、体积小、可与计算机通信等功能。同年，美国数字设备公司（DEC）研制出了世界上第一台 PLC PDP-14，并在 GE 公司的生产线上试用成功，取得了满意的效果，PLC 从此诞生。但当时的 PLC 只能取代继电器接触器控制，功能仅限于逻辑运算、计时、计数等。伴随着微电子技术、控制技术与信息技术的不断发展，PLC 的功能不断增强。美国电气制造商协会（NEMA）于 1980 年正式将其命名为 "Programmable Controller"，为了避免其简称与个人计算机的英文简称 PC 相混淆，因此仍称为 PLC。PLC 是在继电器控制系统基础上发展起来的。

由于 PLC 具有易学易用、操作方便、可靠性高、体积小、通用灵活和使用寿命长等系列优点，因此，很快就在工业中得到了广泛的应用。同时，这一新技术也受到其他国家的重视。1971 年日本引进这项技术，很快研制出了日本第一台 PLC，欧洲于 1973 年研制出第一台 PLC，我国从 1974 年开始研制，1977 年国产 PLC 正式投入工业应用。

20 世纪 80 年代以来，随着电子技术的迅猛发展，以 16 位和 32 位微处理器构成的微机化 PLC 得到快速发展（如 GE 公司的 RX7i，信息处理能力几乎和个人计算机相当），使得 PLC 在设计、性能价格比及应用方面有了突破，不仅控制功能增强、功耗和体积减小、成本下降、可靠性提高、编程和故障检测更为灵活方便，而且随着远程技术和通信网络、数据处理和图像显示的发展，已经使得 PLC 普遍用于控制复杂生产过程。PLC 已经成为工厂自动化的三大支柱（PLC、机器人和 CAD/CAM）之一。

1.1.2　PLC 的主要特点

PLC 之所以高速发展，除了能很好地满足工业自动化的客观需要外，还有许多适合工业控制的独特的优点，它较好地解决了工业控制领域中普遍关心的可靠、安全、灵活、方便、经济等问题。其主要特点有以下几方面。

1. 抗干扰能力强，可靠性高

在传统的继电器控制系统中，使用了大量的中间继电器、时间继电器，由于器件的固有缺点，如器件老化、接触不良、触点抖动等现象，大大降低了系统的可靠性。而在 PLC 控制系统中大量的开关动作由无触点的半导体电路完成，因此故障大大减少。

此外，PLC 的硬件和软件方面采取措施提高了其可靠性。在硬件方面，所有的 I/O 接口都采用了光隔离，使得外部电路与 PLC 内部电路实现了物理隔离。各模块都采用了屏蔽措施，以防止辐射干扰。电路中采用了滤波技术，以防止或抑制高频干扰。在软件方面，PLC 具有良好的自诊断功能，在系统的软硬件发生异常时，CPU 会立即采取有效措施，以防止故障扩大。通常 PLC 具有看门狗功能。

对于大型的 PLC 系统，还可以采用双 CPU 构成冗余系统或三 CPU 构成表决系统，使系统的可靠性进一步提高。

2. 程序简单易学，系统的设计调试周期短

PLC 是面向用户的设备，PLC 的生产厂商充分考虑现场技术人员的技能和习惯，采用梯形图或面向工业控制的简单指令形式调试设备。梯形图与继电器原理图很相似，直观、易懂、易掌握，不需要学习专门的计算机知识和语言。设计人员可以在设计室进行设计、修改和模拟调试程序，非常方便。

3. 安装简单，维修方便

PLC 不需要专门的机房，可以在各种工业环境下直接运行，使用时只需将现场的各种设备与 PLC 相应的 I/O 端相连接，即可投入运行。各种模块上均有运行和故障指示装置，便于用户了解运行情况和查找故障。

4. 采用模块化结构，体积小、重量轻

为了适应工业控制需求，除了整体式 PLC 外，绝大多数 PLC 采用模块化结构。PLC 的各部件，包括 CPU、电源、I/O 等，都采用模块化设计。此外，PLC 相对于通用工控机，其体积和重量要小得多。

5. 丰富的 I/O 模块，扩展能力强

PLC 针对不同的工业现场信号（如交流或直流、开关量或模拟量、电压或电流、脉冲波或电位、强电或弱电等）有相应的 I/O 模块与工业现场的器件或设备（如按钮、行程开关、接近开关、传感器及变送器、电磁线圈、控制阀等）直接连接。另外，为了提高操作性能，它还有多种人机对话模块；为了组成工业局部网络，它还有多种通信联网模块等。

1.1.3　PLC 的应用范围

目前，PLC 在国内外已广泛应用于机床、控制系统、自动化楼宇、钢铁、石油、化工、电力、建材、汽车、纺织机械、交通运输、环保及文化娱乐等各行各业。随着 PLC 性能价格比的不断提高，其应用范围还将不断扩大。其具体应用大致可归纳为如下几类。

1. 顺序控制

这是 PLC 最基本、最广泛应用的领域。PLC 取代传统的继电器进行顺序控制，用于单机控制、多机群控制、自动化生产线的控制，如数控机床、注塑机、印刷机械、电梯控制和纺织机械等。

2. 计数和定时控制

PLC 为用户提供了足够的定时器和计数器，并设置了相关的定时和计数指令，PLC 的计数器和定时器精度高、使用方便可以取代继电器系统中的时间继电器和计数器。

3. 位置控制

大多数的 PLC 制造厂商，都提供控制步进电机或伺服电机的单轴或多轴位置控制模块，可广泛用于各种机械，如金属切削机床、装配机械等。

4. 模拟量处理

PLC 通过模拟量的 I/O 模块，实现模拟量与数字量的转换，并对模拟量进行控制，有的还具有 PID 控制功能，如用于锅炉的水位、压力和温度控制。

5. 数据处理

现代的 PLC 具有数学运算、数据传递、转换、排序和查表等功能，也能完成数据的采集、分析和处理。

6. 通信联网

PLC 的通信包括 PLC 之间、PLC 与上位计算机、PLC 和其他智能设备之间的通信。PLC 系统与通用计算机可以直接或通过通信处理单元、通信转接器相连构成网络，以实现信息的交换，并可构成"集中管理、分散控制"的分布式控制系统，满足工厂自动化系统的需要。

1.1.4　PLC 的分类与性能指标

1. PLC 的分类

（1）按组成结构形式分类

可以分为两类：一类是整体式 PLC（也称单元式），其特点是电源、中央处理单元、I/O 接口都集成在一个机壳内；另一类是标准模块式结构化的 PLC（也称组合式），其特点是电源模块、中央处理单元模块、I/O 模块等在结构上是相互独立的，可根据具体的应用要求，选择合适的模块，安装在固定的机架或导轨上，构成一个完整的 PLC 应用系统。

（2）按 I/O 点容量分类

1）小型 PLC，小型 PLC 的 I/O 点数一般在 256 点以下，如西门子的 S7-200 SMART PLC。

2）中型 PLC，中型 PLC 采用模块化结构，其 I/O 点数一般为 256~1024，如西门子的 S7-300 PLC。

3）大型 PLC，一般 I/O 点数在 1024 个以上的称为大型 PLC，如西门子的 S7-400 PLC。

2. PLC 的性能指标

各厂商的 PLC 虽然各有特色，但其主要性能指标是相同的。

（1）输入/输出点数

输入/输出（I/O）点数是最重要的一项技术指标，是指 PLC 的面板上连接外部输入、输出端口数，常称为"点数"，用输入与输出点数的和表示。点数越多，表示 PLC 可接入的输入和输出越多，控制规模越大。I/O 点数是 PLC 选型时最重要的指标之一。

（2）扫描速度

扫描速度是指 PLC 执行程序的速度，以执行 1K 步指令所需的时间（多用 ms）为单位。1 步占 1 个地址单元。

（3）存储容量

存储容量通常用 K 字（KW）或 K 字节（KB）、K 位（Kbit）来表示。这里 1K = 1024。有的 PLC 用步来衡量，一步占用一个地址单元。存储容量表示 PLC 能存放多少用户程序。例如，三菱 FX2N-48MR PLC 的存储容量为 8000 步。有的 PLC 的存储容量可以根据需要来配置，有的 PLC 的存储器可以扩展。

（4）指令系统

指令系统表示该 PLC 软件功能的强弱。指令越多，编程功能就越强。

（5）内部寄存器（继电器）

PLC 内部有许多寄存器用来存放变量、中间结果、数据等，还有许多辅助寄存器可供用户使用。因此，寄存器的配置也是衡量 PLC 功能的一项指标。

（6）扩展能力

扩展能力是反映 PLC 性能的重要指标之一。PLC 除了主控模块外，还可配置实现各种特殊功能的高功能模块，如 A/D 模块、D/A 模块、高速计数模块、远程通信模块等。

1.1.5 PLC 与继电器控制系统的比较

在 PLC 出现以前，继电器硬接线电路是逻辑、顺序控制的唯一执行者，其结构简单、价格低廉，一直被广泛应用。PLC 出现后，几乎所有的方面都超过继电器控制系统，两者的比较见表 1-1。

表 1-1 PLC 与继电器控制系统的比较

序号	比 较 项 目	继电器控制系统	PLC 控制系统
1	控制逻辑	硬接线多、体积大、连线多	软逻辑、体积小、接线少、控制灵活
2	控制速度	通过触点开关实现控制，动作受继电器硬件限制，通常超过 10ms	由半导体电路实现控制，指令执行时间短，一般为微秒级
3	定时控制	由时间继电器控制，精度差	由集成电路的定时器完成，精度高
4	设计与施工	设计、施工、调试必须按照顺序进行，周期长	系统设计完成后，施工与程序设计同时进行，周期短
5	可靠性与维护	继电器的触点寿命短，可靠性和维护性差	无触点，寿命长，可靠性高，有自诊断功能
6	价格	价格低	价格高

1.1.6 PLC 的发展趋势

PLC 的发展趋势有如下几个方面：

1）向高性能、高速度、大容量发展。

2）网络化。强化通信能力和网络化，向下与多个 PLC 或多个 I/O 框架相连；向上与工业计算机、以太网等相连，构成整个工厂的自动化控制系统。即便是微型的 S7-200 系列 PLC 也能组成多种网络，通信功能十分强大。

3）小型化、低成本、简单易用。目前，有的小型 PLC 的价格只有几百元人民币。

4）不断提高编程软件的功能。编程软件可以对 PLC 控制系统的硬件组态，在屏幕上可以直接生成和编辑梯形图、指令表、功能块图和顺序功能图程序，并可以实现不同编程语言的相互转换。程序可以下载、存盘和打印，通过网络或电话线，还可以实现远程编程。

5）适合 PLC 应用的新模块。随着科技的发展，对工业控制领域将提出更高、更特殊的要求，因此必须开发特殊功能模块来满足这些要求。

6）PLC 的软件化与微机化。目前，已有多家厂商推出了在微机上运行的可实现 PLC 功能的软件包，也称为"软 PLC"。"软 PLC"的性能价格比比传统的"硬 PLC"更高，是 PLC 的一个发展方向。

微机化的 PLC 类似 PC，但它采用了微机的 CPU，功能十分强大，如 GE 公司的 RX7i 和 RX3i。

1.1.7　PLC 在我国的使用情况

1. 国外 PLC 品牌

目前，PLC 在我国得到了广泛的应用，很多知名厂商的 PLC 在我国都有应用。

1）美国是 PLC 生产大国，有 100 多家 PLC 生产厂商。其中，AB 公司的 PLC 产品规格比较齐全，主推大中型 PLC，主要产品系列是 PLC-5；GE 公司也是知名 PLC 生产厂商，大中型 PLC 产品系列有 RX3i 和 RX7i 等；德州仪器也生产大、中、小型各系列 PLC 产品。

2）欧洲的 PLC 产品也久负盛名。德国的西门子公司、AEG 公司和法国的 TE 公司都是欧洲著名的 PLC 制造商。其中，西门子公司的 PLC 产品应用广泛。

3）日本的小型 PLC 具有一定的特色，性价比较高，比较有名的品牌有三菱、欧姆龙、松下、富士、日立和东芝等。在小型机市场，日系 PLC 在我国的市场份额占有率曾经高达 70%。

2. 国产 PLC 品牌

我国自主品牌的 PILC 生产厂商有几十家。目前已经市售的众多 PLC 产品还没有形成规模。单从技术角度来看，国产小型 PLC 与国际知名品牌小型 PLC 差距正在缩小，使用越来越多。例如，和利时、深圳汇川和无锡信捷等公司生产的小型 PLC 已经比较成熟，其可靠性在许多应用中得到了验证，但与世界知名厂商还有相当差距。

总体来说，我国使用的小型 PLC 主要以日本的品牌为主，而大中型 PLC 主要以欧美的品牌为主。

1.2　PLC 的结构和工作原理

1.2.1　PLC 的硬件组成

PLC 的种类繁多，但基本结构和工作原理是相似的。PLC 的功能结构区由中央处理器（CPU）、存储器和 I/O 模块三部分组成，如图 1-1 所示。

1. CPU

CPU 的功能是完成 PLC 内所有的控制和监视操作。CPU 一般由控制器、运算器和寄存器组成。CPU 通过数据总线、地址总线和控制总线与存储器、输入输出接口电路连接。

2. 存储器

在 PLC 中使用两种类型的存储器：一种是只读类型的存储器，如 EPROM、EEPROM；

另一种是可读写的随机存储器 RAM。PLC 的存储器分为 5 个区域，如图 1-2 所示。

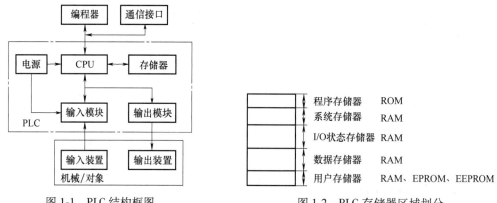

图 1-1　PLC 结构框图　　　　　　　　　　图 1-2　PLC 存储器区域划分

　　程序存储器的类型是只读存储器（ROM），PLC 的操作系统存放在这里，程序由制造商固化，通常不能修改。也有的 PLC 允许用户对其操作系统进行升级，如西门子 S7-200 SMART PLC 和 S7-1200 PLC。该存储器中的程序负责解释和编译用户编写的程序、监控 I/O 口的状态、对 PLC 进行自诊断、扫描 PLC 中的程序等。系统存储器属于随机存储器（RAM），主要用于存储中间计算结果和数据、系统管理。有的 PLC 厂商用系统存储器存储一些系统信息，如错误代码等。系统存储器不对用户开放。I/O 状态存储器属于 RAM，用于存储 I/O 装置的状态信息，每个输入模块和输出模块都在 I/O 映像表中分配一个地址，而且这个地址是唯一的。数据存储器属于 RAM，主要用于数据处理功能，为计数器、定时器、算术计算和过程参数提供数据存储。有的厂商将数据存储器细分为固定数据存储器和可变数据存储器。用户编程存储器的类型可以是 RAM、EPROM 和 EEPROM，高档的 PLC 还可以用 FLASH 存储。用户编程存储器主要用于存放用户编写的程序。PLC 存储器的关系如图 1-3 所示。

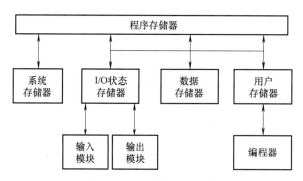

图 1-3　PLC 存储器的关系

　　只读存储器可以用来存放系统程序，PLC 断电后再上电，系统内容不变且重新执行。ROM 也可用来固化用户程序和一些重要参数，以免因操作失误而造成程序和数据的破坏或丢失。RAM 中一般存放用户程序和系统参数。当 PLC 处于编程工作时，CPU 从 RAM 中读取指令并执行。用户程序执行过程中产生的中间结果也在 RAM 中暂时存放。RAM 通常由 CMOS 集成电路组成，功耗小，但断电时内容会消失，所以一般使用大电容或后备锂电池保证断电后 PLC 的内容在一定时间内不丢失。

3. I/O 接口

可编程序控制器的输入和输出信号可以是开关量或模拟量。I/O 接口是 PLC 内部弱电 (low power) 信号和工业现场强电（high power）信号联系的桥梁。I/O 接口主要有两个作用：一是利用内部的隔离电路将工业现场和 PLC 内部进行隔离，起到保护作用；二是调制信号，可以把不同的信号（如强电、弱电信号）调制成 CPU 可以处理的信号（5V、3.3V 或 2.7V 等）。

I/O 接口模块是 PLC 系统中最大的部分，I/O 模块通常需要电源，输入电路的电源可以由外部提供，对于模块化的 PLC 还需要背板（安装机架）。

（1）输入接口电路的组成和作用

输入接口电路由接线端口、输入调制和电平转换电路、模块状态显示电路、隔离电路和多路选择开关模块组成，如图 1-4 所示。现场信号必须连接在接线端口才能将信号输入到 CPU 中，它提供了外部信号输入的物理接口；调制和电平转换电路十分重要，可以将工业现场的信号（如强电 AC 220V 信号）转化成弱电信号（CPU 可以识别的弱电信号）。当外部有信号输入时，模块状态显示电路输入模块上有指示灯显示。这个电路比较简单，当线路中有故障时，它帮助用户查找故障。由于氖灯或 LED 灯的寿命比较长，所以这个灯通常用氖灯或 LED 灯。隔离电路主要利用隔离器件将工业现场的机械或电输入信号与 PLC 的 CPU 的信号隔离开，能确保过高的干扰信号和浪涌不进入 PLC 的微处理器，起保护作用。隔离电路有三种隔离方式，用得最多的是光隔离，其次是变压器隔离和干簧继电器隔离。多路选择开关接收调制完成的输入信号，并存储在多路开关模块中。当输入循环扫描时，多路选择开关模块中信号输送到 I/O 状态寄存器中。PLC 在设计过程中就考虑了电磁兼容（EMC）问题。

图 1-4　输入接口电路的结构

输入信号可以是离散信号和模拟信号。当输入是离散信号时，输入设备可以是限位开关、按钮、压力继电器、继电器触点、接近开关、选择开关、光电开关等，如图 1-5 所示。当输入为模拟量输入时，输入设备可以是压力传感器、温度传感器、流量传感器、电压传感器、电流传感器、力传感器等。

【关键点】PLC 的输入和输出信号的控制电压通常是 DC 24V。DC 24V 在工业控制中十分常见。

（2）输出接口电路的组成和作用

输出接口电路由多路选择开关模块、信号锁存器、隔离电路、模块状态显示电路、输出电平转换电路和接线端口组成，如图 1-6 所示。在输出扫描期间，多路选择开关模块接收来自映像表中的输出信号，并对这个信号的状态和目标地址进行译码，最后将信号送给锁存器。信号锁存器是将多路选择开关模块的信号保存起来，直到下一次更新。隔离电路的作用和输入模块的一样，但是由于输出模块输出的信号比输入信号要强得多，因此要求隔离电磁干扰和浪涌的能力更高。输出电平转换电路将隔离电路送来的信号放大成足够驱动现场设备的信号。放大器件可以是双向晶闸管、晶体管和干簧继电器等。输出端的接线端口用于将输出模块与现场设备相连接。

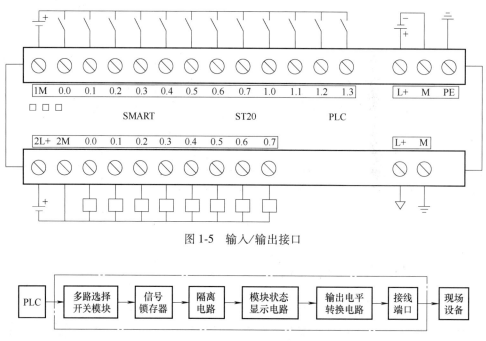

图 1-5　输入/输出接口

图 1-6　输出接口的结构

　　PLC 有三种输出接口形式：继电器型输出、晶体管型输出和晶闸管型输出。继电器型输出 PLC 的负载电源可以是直流电源或交流电源，但其输出响应频率较慢。晶体管型输出的 PLC 负载电源是直流电源，其输出响应频率较快。晶闸管型输出的 PLC 的负载电源是交流电源。选型时要特别注意 PLC 的输出形式。

　　输出信号的设备根据离散信号和模拟信号的不同可以分为两类：当输出端是离散信号时，输出端的设备类型可以是电磁阀的线圈、电机启动器、控制柜的指示器、接触器线圈、LED 灯、指示灯、继电器线圈、报警器和蜂鸣器等，如图 1-5 所示；当输出为模拟量输出时，输出设备的类型可以是流量阀、AC 驱动器（如交流伺服驱动器）、DC 驱动器、模拟量仪表、温度控制器和流量控制器等。

1.2.2　PLC 的工作原理

　　PLC 是一种存储程序的控制器。用户根据某一对象的具体控制要求，编制好控制程序后，用编程器将程序输入 PLC（或用计算机下载到 PLC）的用户程序存储器中寄存。PLC 的控制功能就是通过运行用户程序来实现的。

　　PLC 运行程序的方式与微型计算机相比有较大的不同。微型计算机运行程序时，一旦执行到 END 指令，程序运行结束。而 PLC 是从 0 号存储地址所存放的第一条用户程序开始，在无中断或跳转的情况下，按存储地址号递增的方向顺序逐条执行用户程序，直到 END 指令结束；然后，再从头开始执行，周而复始地重复，直到停机或从运行（RUN）切换到停止（STOP）工作状态。PLC 这种执行程序的方式称为扫描工作方式。每扫描完一次程序就构成一个扫描周期。另外，PLC 对输入、输出信号的处理与微型计算机不同。微型计算机对输入、输出信号实时处理，而 PLC 对输入输出信号是集中批处理。下面具体介绍 PLC 的扫描工作过程。PLC 内部运行和信号处理示意如图 1-7 所示。

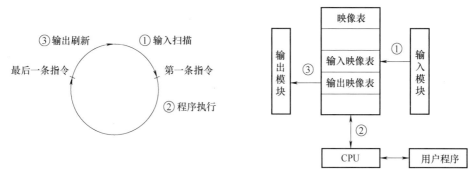

图 1-7 PLC 内部运行和信号处理示意图

PLC 扫描工作方式主要分为三个阶段：输入扫描、程序执行、输出刷新。

① 输入扫描。PLC 在开始执行程序之前，首先扫描输入端口，按顺序将所有输入信号，读入到输入映像寄存器中，这个过程称为输入扫描。PLC 在运行程序时，所需的输入信号不是实时读取输入端口上的信息，而是取输入映像寄存器中的信息。在本工作周期内这个采样结果的内容不会改变，只有到下一个扫描周期输入扫描阶段才被刷新。PLC 扫描速度的快慢取决于 CPU 的时钟速度。

② 程序执行。PLC 完成了输入扫描工作后，按顺序从 0 号地址开始的程序进行逐条扫描执行，并分别从输入映像寄存器、输出映像寄存器及辅助继电器中获得所需的数据进行运算处理。之后，再将程序执行的结果写入输出映像寄存器中保存。但这个结果在全部程序未被执行完毕之前不会送到输出端口上，也就是物理输出是不会改变的。扫描时间取决于程序的长度、复杂程度，以及 CPU 的功能。

③ 输出刷新。在执行到 END 指令，即执行完用户所有程序后，PLC 将输出映像寄存器中的内容送到输出锁存器中进行输出，驱动用户设备。扫描时间取决于输出模块的数量。从以上的介绍可以知道，PLC 程序扫描特性决定了 PLC 的输入和输出状态并不能在扫描的同时改变。例如，一个按钮开关的输入信号的输入刚好在输入扫描之后，那么这个信号只有在下一个扫描周期才能被读入。

上述三个步骤是 PLC 的软件处理过程，可以认为就是程序扫描时间。扫描时间通常由三个因素决定：一是 CPU 的时钟速度，越高档的 CPU，时钟速度越高，扫描时间越短；二是 I/O 模块的数量，模块数量越少，扫描时间越短；三是程序的长度，程序长度越短，扫描时间越短。一般的 PLC 执行 1KB 的程序需要的扫描时间是 1～10ms。

1.2.3 PLC 的立即输入、输出功能

目前，比较高档的 PLC 都有立即输入、输出功能。

1. 立即输出功能

立即输出功能，就是输出模块在处理用户程序时能立即被刷新，PLC 临时挂起正常运行的程序，将输出映像表中的信息输送到输出模块，立即进行输出刷新，然后再回到程序继续运行。立即输出过程如图 1-8 所示。注意，立即输出功能并不能立即刷新所有的输出模块。

2. 立即输入功能

立即输入功能适用于对反应速度要求很高的情况，如几毫秒的时间对于控制来说是十分关键的情况。立即输入时，PLC 立即挂起正在执行的程序，扫描输入模块，然后更新特定的输入状态到输入映像表，最后继续执行剩余的程序。立即输入过程如图 1-9 所示。

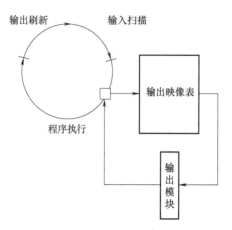

图 1-8　立即输出过程

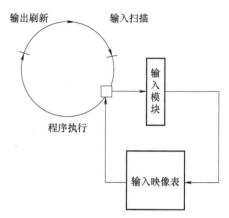

图 1-9　立即输入过程

1.3　接近开关

接近开关和 PLC 并无本质联系，但经常会用到，所以对其进行介绍。熟悉相关内容的读者可以跳过。

接近式位置开关是与（机器的）运动部件无机械接触而能操作的位置开关。当运动的物体靠近开关到一定位置时，其会发出信号，从而达到行程控制及计数自动控制的目的。也就是说，它是一种非接触式无触点的位置开关，是一种开关型的传感器，简称接近开关（proximity sensor），又称接近传感器，实物如图 1-10 所示。接近开关有行程开关、微动开关的特性，又有传感性能，而且动作可靠、性能稳定、频率响应快、使用寿命长、抗干扰能力强等优点。它由感应头、高频振荡器、放大器和外壳组成。常见的接近开关有 LJ、CJ 和 SJ 等系列产品。接近开关的图形文字符号如图 1-11 所示。图中这个符号表明该接近开关为电容式接近开关。

图 1-10　接近开关实物

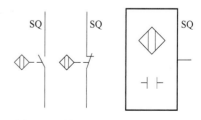

图 1-11　接近开关的图形文字符号

1.3.1　接近开关的功能

当运动部件与接近开关的感应头接近时，就会使其输出一个电信号。接近开关在电路中的作用与行程开关相同，都是位置开关，起限位作用，但两者的有区别在于：行程开关有触头，是接触式的位置开关；而接近开关是无触头的，是非接触式的位置开关。

1.3.2　接近开关的分类和工作原理

按照工作原理区分，接近开关分为电感式、电容式、磁感式和光电式等形式。另外，根据应用电路电流的类型分为交流型和直流型。

1) 电感式接近开关的感应头是具有铁氧体铁心的电感线圈，只能用于检测金属，在工业中应用非常广泛。振荡器在感应头表面会产生一个交变磁场，当金属快接近感应头时，金属中产生的涡流吸收了振荡的能量，使振荡减弱以至停振。这样产生的振荡和停振两种信号，经整形放大器转换成二进制的开关信号，从而实现"开""关"的控制功能。通常把接近开关刚好动作时感应头与检测物体之间的距离称为动作距离。

2) 电容式接近开关的感应头是一个圆形平板电极，与振荡电路的地形成一个分布电容。当有导体或其他介质接近感应头时，电容量增大而使振荡器停振，经整形放大器输出电信号。电容式接近开关既能检测金属，又能检测非金属及液体。但电容式传感器体积较大，且价格较贵。

3) 磁感式接近开关主要是指霍尔接近开关。霍尔接近开关的工作原理是霍尔效应。当带磁性的物体靠近霍尔开关时，霍尔接近开关的状态翻转（如由"ON"变为"OFF"）。有些资料上将干簧继电器也归类为磁感式接近开关。

4) 光电式传感器是根据投光器发出的光，在检测体上发生光量增减，用光电耦合器件组成的受光器检测物体有无、大小的非接触式控制器件。光电式传感器的种类很多，按照其输出信号的形式，可以分为模拟式、数字式、开关量输出式。

利用光电效应制成的传感器称为光电式传感器。光电式传感器的种类很多，其中，输出形式为开关量的传感器称为光电式接近开关。

光电式接近开关主要由投光器和受光器组成。投光器用于发射红外光或可见光。受光器用于接收投光器发射的光，并将光信号转换成电信号，以开关量形式输出。按照受光器接收光的方式不同，光电式接近开关可以分为对射式、反射式和漫射式三种。投光器和受光器有一体式和分体式两种形式。

5) 特殊种类的接近开关，如光纤接近开关和气动接近开关。光纤接近开关在工业上使用越来越多，非常适合用于狭小的空间、恶劣的工作环境（高温、潮湿和干扰大），以及易爆环境、精度要求高等情况。光纤接近开关的缺点是价格较高。

1.3.3　接近开关的选型

1) 类型的选择。检测金属时优先选用电感式接近开关，检测非金属时选用电容式接近开关，检测磁信号时选用磁感式接近开关。

2) 外观的选择。根据实际情况选用，但圆柱螺纹形状的最为常见。

3) 检测距离（sensing range）的选择。根据需要选用，但要注意同一接近开关的检测距离并非恒定，接近开关的检测距离与被检测物体的材料、尺寸及物体的移动方向有关。常用的金属材料不影响电容式接近开关的检测距离。

1.3.4 接近开关的应用注意事项

在直流电路中使用的接近开关有二线式（2 根导线）、三线式（3 根导线）和四线式（4 根导线）等多种，二线式、三线式、四线式接近开关都有 NPN 型和 PNP 型两种。通常日本和美国公司的产品多为 NPN 型接近开关，欧洲公司的多为 PNP 型接近开关，而我国则两者都有应用。NPN 型和 PNP 型接近开关的接线方法不同，正确使用接近开关的关键就是正确接线。

接近开关的导线有多种颜色，一般情况下，BN 表示棕色的导线，BU 表示蓝色的导线，BK 表示黑色的导线，WH 表示白色的导线，GR 表示灰色的导线。根据国家标准，接近开关的导线颜色定义见表 1-2。对于二线式 NPN 型接近开关，棕色导线与负载相连，蓝色导线与零电位点相连；对于二线式 PNP 型接近开关，棕色导线与高电位相连，负载一端与接近开关的蓝色导线相连，负载的另一端与零电位点相连。图 1-12 和图 1-13 所示分别为二线式 NPN 型接近开关接线图和二线式 PNP 型接近开关接线图。

表 1-2 接近开关的导线颜色定义

种　类	功　能	接线颜色	端　口　号
交流二线式和直流二线式（不分极性）	NO（接通）	不分正负极，颜色任选，但不能为黄色、绿色或者黄绿双色	3、4
	NC（分断）		1、2
直流二线式（分极性）	NO（接通）	正极棕色，负极蓝色	1、4
	NC（分断）	正极棕色，负极蓝色	1、2
直流三线式（分极性）	NO（接通）	正极棕色，负极蓝色、输出黑色	1、3、4
	NC（分断）	正极棕色，负极蓝色、输出黑色	1、3、2
直流四线式（分极性）	正极	棕色	1
	负极	蓝色	3
	NO 输出	黑色	4
	NC 输出	白色	2

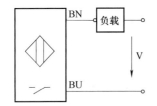
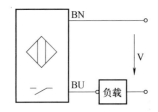

图 1-12 二线式 NPN 型接近开关接线图　　　图 1-13 二线式 PNP 型接近开关接线图

表 1-2 所示的 "NO" 表示常开，"NC" 表示常闭。

对于三线式 NPN 型接近开关，棕色导线与负载一端相连，同时与电源正极相连；黑色的导线是信号线，与负载的另一端相连；蓝色导线与电源负极相连。对于三线式 PNP 型接近开关，棕色导线与电源正极相连；黑色导线是信号线，与负载的一端相连，蓝色导线与负载的另一端及电源负极相连，如图 1-14 和图 1-15 所示。

四线式接近开关的接线方法与三线式接近开关类似，只不过四线式接近开关多了一对触头而已，这里不再赘述。

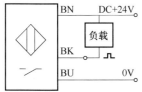

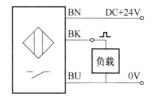

图 1-14　三线式 NPN 型接近开关接线图　　　图 1-15　三线式 PNP 型接近开关接线图

PNP 型接近开关是正极开关，也就是信号从接近开关流向负载；而 NPN 型接近开关是负极开关，也就是信号从负载流向接近开关

【例 1-1】　在图 1-16 中，有一只 NPN 型接近开关与指示灯相连，当一个铁块靠近接近开关时，电路中的电流会怎样变化？

【解】　指示灯就是负载，当铁块到达接近开关的感应区时，电路突然接通，指示灯由暗变亮，电流从很小变化到 100% 的幅度，电流变化曲线如图 1-17 所示（理想状况）。

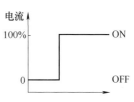

图 1-16　接近开关与指示灯相连的示意图　　　图 1-17　电流变化曲线

【关键点】同一台 PLC 中，如果同时采用 PNP 型和 NPN 型接近开关是不合理的，因为这样很容易在接线时出错，特别是在检修时，更是如此。

第 2 章

S7-200 SMART PLC 硬件介绍

本章主要介绍 S7-200 SMART PLC 的 CPU 模块及其扩展模块的技术性能和接线方法以及 S7-200 SMART PLC 的安装和电源的需求计算。

2.1 S7-200 SMART PLC 概述

S7-200 SMART PLC 的 CPU 模块有 9 个型号。其中，标准型有 6 个型号，经济型有 3 个型号。标准型 PLC 中有 20 点、40 点和 60 点三类，每类中又分为继电器型输出和晶体管型输出两种。经济型 PLC 中也有 20 点、40 点和 60 点三类，目前只有继电器型输出。

2.1.1 西门子 S7 系列模块简介

德国的西门子（SIEMENS）公司是来自欧洲在全球市场占比很高的电子和电气设备制造商之一，生产的 SIMATIC 可编程序控制器多年来都是电气设备领域重要产品。其第一代可编程序控制器是 1975 年投放市场的 SIMATIC S3 系列的控制系统。1979 年，西门子公司将微处理器技术应用到可编程序控制器，研制出了 SIMATIC S5 系列，取代了 S3 系列，目前 S5 系列产品仍然在小部分工业现场使用。在 20 世纪末，西门子公司又在 S5 系列的基础上推出了 S7 系列产品。目前的 SIMATIC 产品为 SIMATIC S7 和 C7 等几大系列。C7 基于 S7-300 系列 PLC，同时集成了人机界面（HMI）。

SIMATIC S7 系列产品分为通用逻辑模块（LOGO）、S7-200、S7-200 SMART、S7-1200、S7-300、S7-400 和 S7-1500 七类产品。S7-200 是在美国德州仪器公司的小型 PLC 基础上发展而来的，因此其指令系统、程序结构、编程软件和 S7-300/400 有较大的区别，在西门子 PLC 产品系列中是一个特殊的产品。S7-200 SMART 是 S7-200 的升级版本，是西门子 PLC 家族的新成员，于 2012 年 7 月发布。其绝大多数的指令和使用方法与 S7-200 类似，编程软件也和 S7-200 的类似，而且 S7-200 可运行的程序大部分都可以用 S7-200 SMART 运行。S7-1200 系列是 2009 年才推出的新型小型 PLC，定位介于 S7-200 和 S7-300 之间。S7-300/400 是由西门子 S5 系列 PLC 发展而来，是西门子公司的最具竞争力的 PLC 产品。2013 年西门子公司又推出了 S7-1500 系列产品。

2.1.2 S7-200 SMART PLC 的产品特点

S7-200 SMART PLC 的产品特点如图 2-1 所示。

1. 机型丰富，更多选择

提供不同类型、I/O 点数丰富的 CPU 模块。单模块 I/O 点数最高可达 60 个，可满足大部分小型自动化设备的控制需求。另外，对于不同的应用需求，CPU 模块有标准型和经济

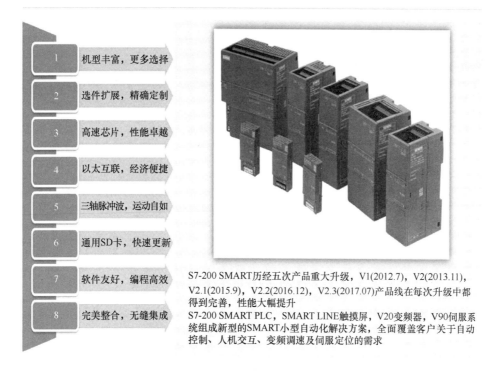

1. 机型丰富，更多选择

2. 选件扩展，精确定制

3. 高速芯片，性能卓越

4. 以太互联，经济便捷

5. 三轴脉冲波，运动自如

6. 通用SD卡，快速更新

7. 软件友好，编程高效

8. 完美整合，无缝集成

S7-200 SMART历经五次产品重大升级，V1(2012.7)，V2(2013.11)，V2.1(2015.9)，V2.2(2016.12)，V2.3(2017.07)产品线在每次升级中都得到完善，性能大幅提升
S7-200 SMART PLC，SMART LINE触摸屏，V20变频器，V90伺服系统组成新型的SMART小型自动化解决方案，全面覆盖客户关于自动控制、人机交互、变频调速及伺服定位的需求

图 2-1　S7-200 SMART PLC 的产品特点

型可供用户选择，产品配置更加灵活，更好控制成本。

2. 选件扩展，精确定制

新颖的信号板设计可扩展通信端口、数字量通道、模拟量通道。在不额外占用电控柜空间的前提下，信号板扩展能更加贴合实际配置，提升了产品的利用率，同时降低了用户的扩展成本。

3. 高速芯片，性能卓越

配备西门子专用高速处理器芯片，在同级别小型 PLC 产品中优势明显。一颗强有力的"芯"，能在应对烦琐的程序逻辑及复杂的工艺要求时表现得更加从容不迫。

4. 以太互联，经济便捷

CPU 模块本体标配以太网接口，集成了强大的以太网通信功能。通过一根普通的网线即可将程序下载到 PLC 中，方便快捷，省去了专用编程电缆。而且，以太网接口还可与其他 CPU 模块、触摸屏、计算机进行通信，能够轻松组网。

5. 三轴脉冲波，运动自如

CPU 模块最多集成 3 路高速脉冲波输出，频率高达 100kHz，支持 PWM/PTO 输出方式及多种运动模式，可自由设置运动包络，配以方便易用的向导设置功能，可快速实现设备调速、定位等功能。

6. 通用 SD 卡，快速更新

集成了 Micro SD 卡插槽，使用市面上通用的 Micro SD 卡即可实现程序的更新和 PLC 固件升级，极大地方便了客户工程师对最终用户的服务支持，也省去了因 PLC 固件升级而要返厂的不便。

7. 软件友好，编程高效

在继承西门子编程软件强大功能的基础上，STEP 7-Miro/WIN SMART 编程软件融入了更多的人性化设计，如新颖的带状式菜单、全移动式界面窗口、方便的程序注释功能、强大的密码保护等。在体验强大功能的同时，还能大幅提高开发效率，缩短产品上市时间。

8. 完美整合，无缝集成

S7-200 SMART PLC、SMART LINE 触摸屏和 SINAMICS V20 变频器能完美整合，为 OEM 客户带来高性价比的小型自动化解决方案，满足客户对于人机交互、控制、驱动等功能的全方位需求。

2.2 S7-200 SMART CPU 模块介绍

S7-200 SMART 有两种不同类型的 CPU 模块——标准型和经济型，能满足不同行业、不同客户、不同设备的相应需求。标准型作为可扩展 CPU 模块，可满足对 I/O 规模有较大需求、逻辑控制较为复杂的应用；而经济型 CPU 模块直接通过单机满足相对简单的控制需求。

1. S7-200 SMART CPU 的组成

S7-200 SMART CPU 将微处理器、集成电源和多个数字量 I/O 点集成在一个紧凑的盒子中，形成功能比较强大的 S7-200 SMART PLC，如图 2-2 所示。

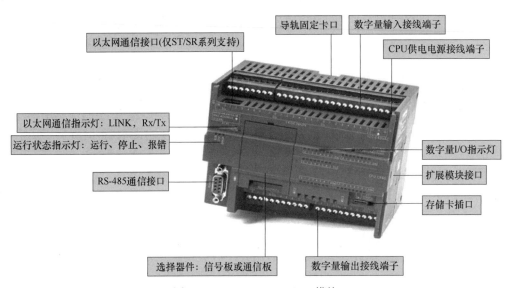

图 2-2　S7-200 SMART CPU 模块

1）以太网通信接口。用于程序下载、设备组网。这是程序下载更加方便快捷，节省了购买专用通信电缆的费用。

2）通信及运行状态指示灯。显示 PLC 的工作状态，如运行状态、停止状态和强制状态等。

3）导轨固定卡口。用于安装时将 PLC 锁紧在 35mm 的标准导轨上，安装便捷。同时，PLC 也支持螺钉式安装。

4）接线端子。S7-200 SMART 所有模块的输入、输出端口均可拆卸，而 S7-200 PLC 没有这个优点。

5）扩展模块接口。用于连接扩展模块，插针式连接，模块连接更加紧密。

6）存储卡插口。支持通用 Micro SD 卡，支持程序下载和 PLC 固件更新。

7）数字量 I/O 指示灯。I/O 点接通时，指示灯会亮。

8）信号板或扩展。信号板扩展实现精确化配置，同时不占用电控柜空间。

9）RS-485 通信接口（串口）。用于串口通信，如自由口通信、USS 通信和 ModBus 通信等。

2. S7-200 SMART CPU 的技术性能

S7-200 SMART CPU 是 32 位的。西门子公司提供多种类型的 CPU，以适应不同应用要求，不同的 CPU 有不同的技术参数（节选），见表 2-1。读懂这个性能表是很重要的，在选型时必须要参考表格中的相关参数。例如，晶体管型输出时，输出电流为 0.5A，若使用这个点控制一台电机的起/停，必须考虑这个电流是否能够驱动接触器，从而决定是否增加一个中间继电器。

表 2-1　S7-200 SMART CPU 技术参数

本体集成 I/O 点数和型号		供电/输入/输出	总线电流 /mA	传感器电源 /mA	扩展能力	HSC	脉冲输出	实时时钟保持	过程映像区
20 I/O	CPU SR20	AC/DC/RLY	1400	300	6+1	6	—	7 天	数字量：256 位输入（I）/256 位输出（Q）；模拟量：56 个字输入（AI）/56 个字输出（AQ）[CRS 系列不支持模拟量扩展]
	CPU ST20	DC/DC/DC					2 个（100kHz）		
	CPU CR20S	AC/DC/RLY	—	—	—	4	—	—	
30 I/O	CPU SR30	AC/DC/RLY	1400	300	6+1	6	—	7 天	
	CPU ST30	DC/DC/DC					3 个（100kHz）		
	CPU CR30S	AC/DC/RLY	—	—	—	4	—	—	
40 I/O	CPU SR40	AC/DC/RLY	1400	300	6+1	6	—	7 天	
	CPU ST40	DC/DC/DC					3 个（100kHz）		
	CPU CR40S	AC/DC/RLY	—	—	—	4	—	—	
60 I/O	CPU SR60	AC/DC/RLY	1400	300	6+1	6	—	7 天	
	CPU ST60	DC/DC/DC					3 个（100kHz）		
	CPU CR60S	AC/DC/RLY	—	—	—	4	—	—	

注：1. 总线电流，CPU 提供给每个扩展 I/O 所消耗的 DC 5V 总线电流能力（目前总线电流满足所有模块的搭配）。

2. 传感器电源，CPU 提供向外供电 DC 24V 电源能力。

3. 扩展能力，SR/ST 的 CPU 能扩展 6 个 EM 模块和 1 个信号板。

4. 脉冲输出，输出 PTO 控制伺服，仅限 ST 系列 CPU。

5. 实时时钟保持，CPU 停电后无电池卡时，实时时钟保持的通常时间。

6. 过程映像区，CPU 所支持的最大 I/O 点数。

S7-200 SMART CPU 存储能力见表 2-2。

表 2-2　S7-200 SMART CPU 存储能力

集成用户存储器	CPU SR20/ST20	CPU SR30/ST30	CPU SR40/ST40	CPU SR60/ST60	CPU CRx0S
程序存储器[1]	12KB	18KB	24KB	30KB	12KB
数据存储器 V[2]	8KB	12KB	16KB	20KB	8KB

（续）

集成用户存储器	CPU SR20/ST20	CPU SR30/ST30	CPU SR40/ST40	CPU SR60/ST60	CPU CRx0S
保持性存储器[3]	10KB				2KB
位存储器 M	256 位（MB0~MB31）				
顺序控制继电器 S[4]	256 位				
临时（局部存储器）	主程序中 64 字节和每个子例程和中断例程中 64 字节（采用 LAD/FBD 编程时为 60 字节）				
程序块 POU	程序块数量：主程序为 1；子程序为 128；中断例程为 128 嵌套深度：主从 8 个；中断 4 个				
定时器 T	非保持性（TON、TOF）[5]，为 192；保持性（TONR）[6]，为 64				
计数器 C[7]	256				
上升沿/下降沿检测	1024 个				

① 程序存储器：装载用户程序。

② 数据存储器：V 区的容量，如 ST20 从 VB0~VB8191。

③ 保持性存储器：永久保持（需要在系统块内做断电保持设置）。

④ S 存储区：S0.0-S31.7。

⑤ TON/TOF：延时接通、延时断开。

⑥ TONR：带断电保持功能的延时接通计时器。

⑦ 计数器：三种类型，加计数、减计数、加减计数。

S7-200 SMART CPU 运算性能见表 2-3。

表 2-3 S7-200 SMART CPU 运算性能

CPU 性能[1]	CPU SR20/ST20	CPU SR30/ST30	CPU SR40/ST40	CPU SR60/ST60
布尔运算	0.15μs/指令			
移动字运算	1.2μs/指令			
实数数学运算	3.6μs/指令			

① CPU 性能：CPU 对布尔量、移动指令、实数计算的运算能力。

S7-200 SMART CPU 扩展能力见表 2-4。

表 2-4 S7-200 SMART CPU 扩展能力

型号	最大 DI 点数	最大 DQ 输出（晶体管型）	最大 DQ 输出（继电器型）	最大 DI/DQ（晶体管型）	最大 DI/DQ（继电器型）	最大 AI 输入（U&I）	最大 AI 输入（RTD）	最大 AI 输入（TC）	最大 AQ 输入（U&I）	最大 AI/AQ（U&I）
CPU SR20	110	98	104	110/98	110/104	49	24	24	25	24/12
CPU ST20	110	106	96	110/106	110/96					
CPU SR30	116	98	108	116/98	116/108					
CPU ST30	116	110	96	116/110	116/96					
CPU SR40	122	98	112	122/98	122/112					
CPU ST40	122	114	96	122/114	122/96					
CPU SR60	134	98	120	134/98	134/120					
CPU ST60	134	122	96	134/122	134/96					

注：1. 最大 DI/DQ：以混合模块搭配为主。

2. 最大 AI/AQ：以混合模块搭配为主。

S7-200 SMART CPU 通信能力如图 2-3 所示。

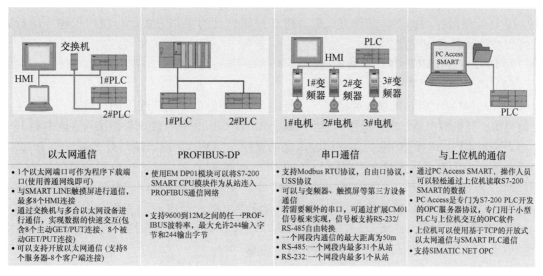

以太网通信	PROFIBUS-DP	串口通信	与上位机的通信
• 1个以太网端口可作为程序下载端口(使用普通网线即可) • 与SMART LINE触摸屏进行通信,最多8个HMI连接 • 通过交换机与多台以太网设备进行通信,实现数据的快速交互(包含8个主动GET/PUT连接、8个被动GET/PUT连接) • 可以支持开放以太网通信(支持8个服务器-8个客户端连接)	• 使用EM DP01模块可以将S7-200 SMART CPU模块作为从站连入PROFIBUS通信网络 • 支持9600到12M之间的任一PROFIBUS波特率,最大允许244输入字节和244输出字节	• 支持Modbus RTU协议,自由口协议、USS协议 • 可以与变频器、触摸屏等第三方设备通信 • 若需要额外的串口,可通过扩展CM01信号板来实现,信号板支持RS-232/RS-485自由转换 • 一个网段内通信的最大距离为50m • RS-485:一个网段内最多31个从站 • RS-232:一个网段内最多1个从站	• 通过PC Access SMART,操作人员可以轻松通过上位机读取S7-200 SMART的数据 • PC Access是专门为S7-200 PLC开发的OPC服务器协议,专门用于小型PLC与上位机交互的OPC软件 • 上位机可以使用基于TCP的开放式以太网通信与SMART PLC通信 • 支持SIMATIC NET OPC

图 2-3　S7-200 SMART CPU 通信能力

S7-200 SMART CPU 订货号说明如图 2-4 所示。

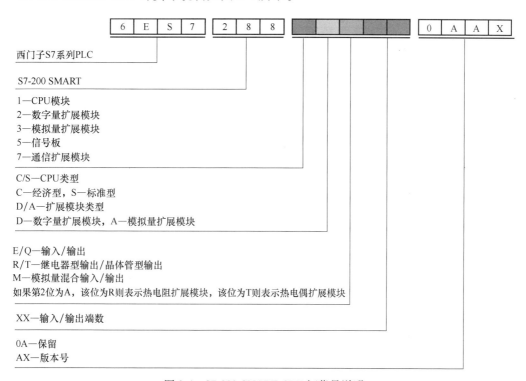

图 2-4　S7-200 SMART CPU 订货号说明

3. S7-200 SMART CPU 的工作方式

CPU 前面板,即存储卡插槽的上部,有 3 盏指示灯用于指示当前工作方式。指示灯为绿色时,表示运行状态;指示灯为红色时,表示停止状态;标有"SF"的指示灯亮时,表示系统故障,PLC 停止工作。

CPU 处于停止（STOP）工作方式时，不执行程序。进行程序的上传和下载时，都应将 CPU 置于停止工作方式。停止方式可以在编译软件中设定。

CPU 处于运行（RUN）工作方式时，PLC 按照自己的工作方式运行用户程序。运行方式可以在编译软件中设定。

4. S7-200 SMART CPU 模块的接线

（1）CPU SR40/ST40 的输入端接线

S7-200 SMART CPU 的输入端接线与三菱的 FX 系列的输入端接线不同，后者不需要接入直流电源，其电源由系统内部提供，而 S7-200 SMART CPU 的输入端则必须接入直流电源。

下面以 CPU SR40/ST40 为例介绍输入端的接线。"1M" 是输入端的公共端，与 DC 24V 电源相连，电源有两种连接方法对应 PLC 的 NPN 型和 PNP 型接法。当电源的负极与公共端相连时，为 PNP 型接法，如图 2-5 所示。"M" 和 "L+" 端为交流电的电源接入端，通常为 AC 120~240V，为 PLC 提供电源，当然也有直流供电的。当电源的正极与公共端相连时，为 NPN 型接法，如图 2-6 所示。"M" 和 "L+" 端为 DC 24V 的电源接入端，为 PLC 提供电源当然也有交流供电的，注意它们不是电源输出端。

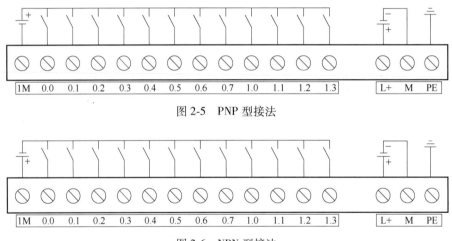

图 2-5 PNP 型接法

图 2-6 NPN 型接法

注意，S7-200 SMART CPU 的数字量输入点内部为双向二极管，可以接成 PNP 型或 NPN 型，只要每一组接成一样就行。

对于数字量输入电路来说，关键是构成电流回路。输入点可以分组接不同的电源，这些电源之间没有联系也可以。

初学者往往不容易区分 PNP 型和 NPN 型的接法，经常混淆，若读者记住以下的方法，就不会出错：把 PLC 作为负载，以输入开关（通常为接近开关）为对象，若信号从开关流出（信号从开关流出，向 PLC 流入），则 PLC 的输入为 PNP 型接法；把 PLC 作为负载，以输入开关（通常为接近开关）为对象，若信号从开关流入（信号从 PLC 流出，向开关流入），则 PLC 的输入为 NPN 型接法。三菱的 FX 系列（FX3U 除外）PLC 只支持 NPN 型接法。

【例 2-1】 有一台 CPU SR40/ST40，输入端有一只三线 PNP 型接近开关和一只二线 PNP 型接近开关，应如何接线？

【解】 对于 CPU SR40/ST40，公共端接电源的负极。而对于三线 PNP 型接近开关，只要将其正、负极分别与电源的正、负极相连，将信号线与 PLC 的 "I0.0" 相连即可；而对于二线 PNP 型接近开关，只要将电源的正极分别与其正极相连，将信号线与 PLC 的 "I0.1" 相连即可，如图 2-7 所示。

（2）CPU SR40/ST40 的输出端接线

S7-200 SMART CPU 的数字量输出有两种形式：一种是 DC 24V 输出（即晶体管型输出），另一种是继电器型输出。标注为 "CPU ST40（DC/DC/DC）" 的含义是，第一个 DC 表示供电电源为 DC 24V；第二个 DC 表示输入端的电源为 DC 24V；第三个 DC 表示输出为 DC 24V 在 CPU 的输出点接线端旁边印有 "24V DC OUTPUTS" 字样 ST40 中的 "T" 的含义就是晶体管型输出。标注为 "CPU

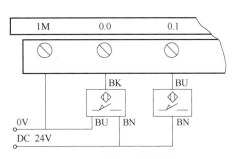

图 2-7　例 2-1 接线图

SR40（AC/DC/继电器）" 的含义是，AC 表示供电电源为 AC 120～240V（通常用 AC 220V）；DC 表示输入端的电源为 DC 24V；"继电器" 表示输出为继电器型输出。在 CPU 的输出点接线端旁边印有 "RELAY OUTPUTS" 字样。SR40 中的 "R" 的含义就是继电器型输出。

目前，DC 24V 输出只有一种形式，为 PNP 型输出，即常说的高电平输出，这点与三菱 FX 系列 PLC 不同。三菱 FX 系列 PLC（FX3U 除外，FX3U 有 PNP 型和 NPN 型两种可选择的输出形式）为 NPN 型输出，即低电平输出。理解这一点十分重要，特别是利用 PLC 进行运动控制（如控制步进电机时）时，必须考虑这一点。晶体管型输出（PNP 型）如图 2-8 所示。继电器型输出没有方向性，可以是交流信号，也可以是直流信号，但不能使用 220V 以上的交流电，特别是防止 380V 的交流电误接入。继电器型输出如图 2-9 所示。可以看出，输出是分组安排的，每组既可以是直流，也可以是交流。而且，每组电源的电压大小可以不同，接直流电源时，没有方向性。接线时，务必看清接线图。"M" 和 "L+" 端为 DC 24V 的电源输出端，为传感器供电，注意它们不是电源输入端。

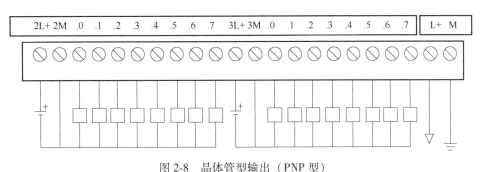

图 2-8　晶体管型输出（PNP 型）

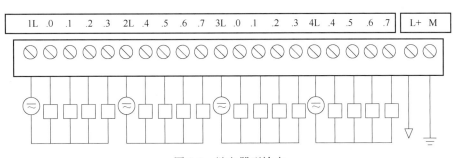

图 2-9　继电器型输出

在给 CPU 进行供电接线时，一定要分清是哪一种供电方式，如果把 AC 220V 接到 DC 24V 供电的 CPU 上，或者不小心接到 DC 24V 传感器的输出电源上，都会造成 CPU 的损坏。

【例 2-2】 有一台 CPU SR40，控制一只 DC 24V 的电磁阀和一只 AC 220V 电磁阀，输出端应如何接线？

【解】 因为两个电磁阀的线圈电压不同，而且有直流和交流两种。所以如果不经过变换，只能用继电器输出的 CPU，而且两个电磁阀分别在两个组中，其接线图如图 2-10 所示。

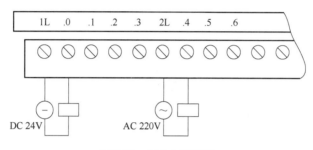

图 2-10 例 2-2 接线图

2.3 S7-200 SMART 扩展模块及其接线

通常 S7-200 SMART CPU 只有数字量输入和数字量输出，要完成模拟量输入、模拟量输出、通信，以及当数字输入、输出点不够时都应该选用扩展模块来解决问题。

S7-200 SMART CPU 中只有标准型 CPU 才可以连接扩展模块，而经济型 CPU 不能连接扩展模块。S7-200 SMART PLC 有丰富的扩展模块供用户选用。

1. 数字量 I/O 扩展模块

（1）数字量 I/O 扩展模块的规格

数字量 I/O 扩展模块包括数字量输入模块、数字量输出模块和数字量输入输出混合模块，当数字量输入或输出点不够时可选用。部分数字量 I/O 扩展模块的规格见表 2-5。

表 2-5 部分数字量 I/O 扩展模块的规格

型号	输入点	输出点	电压	功率	电流	
					SM 总线	DC 24V
EM DE08	8	0	DC 24V	1.5W	105mA	每点 4mA
EM DT08	0	8	DC 24V	1.5W	120mA	—
EM DR08	0	8	DC 5~30V 或 AC 5~250V	4.5W	120mA	每个继电器线圈 11mA
EM DT16	8	8		2.5W	145mA	每点输入 4mA
EM DR16	8	8		5.5W	145mA	每点输入 4mA，所用的每个继电器线圈 11mA

（2）数字量 I/O 扩展模块的接线

数字量 I/O 扩展模块有专用的插针与 CPU 通信，并通过此插针由 CPU 向扩展 I/O 模块提供 DC 5V 的电源。EM DE08 模块接线如图 2-11 所示，图中为 PNP 型输入，也可以为 NPN 型输入。

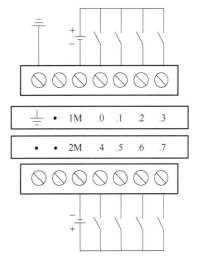

图 2-11　EM DE08 模块接线

EM DT08 模块为数字量晶体管型输出模块，接线如图 2-12 所示，只能为 PNP 型输出。EM DR08 模块为数字量继电器型输出模块，接线如图 2-13 所示。L+ 和 M 端是模块的 DC 24V 供电接入端。1L 和 2L 可以接入直流和交流电源，是给负载供电的，这点要特别注意。从图 2-13 可以发现，数字量 I/O 扩展模块的接线与 CPU 的数字量 I/O 端口的接线是非常类似的。

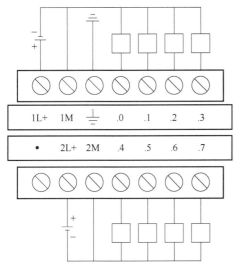

图 2-12　EM DT08 模块接线

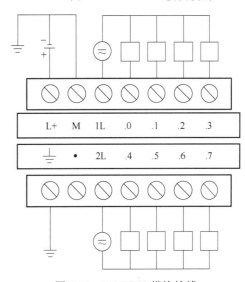

图 2-13　EM DR08 模块接线

当 CPU 和数字量扩展模块的 I/O 点有信号输入或输出时，LED 指示灯会亮，显示有 I/O 信号。

2. 模拟量 I/O 扩展模块

（1）模拟量 I/O 扩展模块的规格

模拟量 I/O 扩展模块包括模拟量输入模块、模拟量输出模块和模拟量输入输出混合模块。部分模拟量 I/O 扩展模块的规格见表 2-6。

表 2-6　部分模拟量 I/O 扩展模块的规格

型号	输入点	输出点	电压	功率	电源要求	
					SM 总线	DC 24V
EM AE04	4	0	DC 24V	1.5W	80mA	40mA
EM AQ2	0	2	DC 24V	1.5W	80mA	50mA
EM AM06	4	2	DC 24V	2W	80mA	60mA

（2）模拟量I/O扩展模块的接线

S7-200 SMART 模拟量模块用于输入输出电流或电压信号。EM AE04 模块为模拟量输入模块，接线如图 2-14 所示。其通道 0 和 1 不能同时测量电流和电压信号，只能二选其一；通道 2 和 3 也是如此。信号范围为 ±10V、±5V、±2.5V 和 0~20mA。满量程数据字格式：−27648~+27648，这点与 S7-300/400 PLC 相同，但不同于 S7-200 PLC（−32000~32000）。

EM AQ02 模块为模拟量输出模块，接线如图 2-15 所示，可提供两个模拟输出电流或电压信号，可以按需要选择。信号范围为 ±10V 和 0~20mA。满量程数据字格式：−27648~+27648，这点与 S7-300/400 PLC 相同，但不同于 S7-200 PLC。

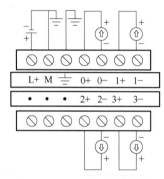

图 2-14　EM AE04 模块接线

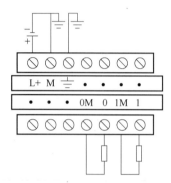

图 2-15　EM AQ02 模块接线

模拟量输入输出混合模块能进行模拟量输入和输出。

值得注意的是，模拟量输入模块有两个参数容易让人混淆，即模拟量转换的分辨率和模拟量转换的精度（误差）。分辨率是 A/D 转换芯片的转换准确度，即用多少位的数值来表示模拟量。若 S7-200 SMART 模拟量模块的转换分辨率是 12 位，能够反映模拟量变化的最小单位是满量程的 1/4096。模拟量转换的精度除了取决于 A/D 转换的分辨率，还受到转换芯片的外围电路的影响。在实际应用中，输入的模拟量信号会有波动、噪声和干扰，内部模拟电路也会产生噪声、漂移，这些都会对转换的最后精度造成影响，这些因素造成的误差要大于 A/D 转换误差。

当模拟量的扩展模块正常状态时，LED 指示灯为绿色；供电时，为红色闪烁。

使用模拟量模块时，还要注意以下问题：

1）模拟量模块有专用的插针接头与 CPU 通信，并通过此电缆由 CPU 向模拟量模块提供 DC 5V 的电源。此外，模拟量模块必须外接 DC 24V 电源。

2）每个模块能同时输入和输出电流或电压信号，对于模拟量输入的电压或电流信号选择和量程的选择都是通过组态软件进行的。如图 2-16 所示，模块 EM AM06 的通道 0 设定为电压信号，量程为 ±2.5V。

双极性就是信号在变化的过程中要经过"零"，单极性则不过"零"。由于模拟量转换为数字量，是有符号整数，所以双极性信号对应的数值会有负数。在 S7-200 SMART 中，单极性模拟量 I/O 信号的数值范围是 0~27648；双极性模拟量信号的数值范围是 −27648~27648。

3）对于模拟量输入模块，传感器电缆应尽可能短，而且应使用屏蔽双绞线，导线应避免弯成锐角。靠近信号源屏蔽线的屏蔽层应单端接地。

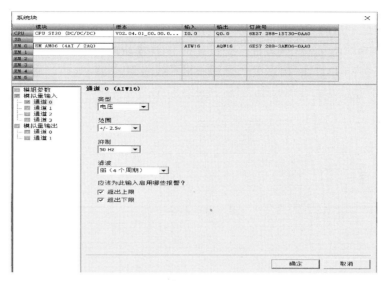

图 2-16　EM AM06 信号类型和量程选择

4）一般电压信号比电流信号容易受干扰，所以应优先选用电流信号。电压型的模拟量信号由于输入端的内阻很高（S7-200 SMART 的模拟量模块为 10MΩ），极易引入干扰。一般电压信号是用在控制设备柜内电位器，或者距离非常近、电磁环境好的场合。电流信号不容易受到传输线沿途的电磁干扰，因而在工业现场获得了广泛应用。电流信号可以传输的距离比电压信号远得多。

5）前述的 CPU 和扩展模块的数字量的输入点和输出点都有隔离保护，但模拟量的输入和输出则没有隔离。如果用户的系统中需要隔离，则要另行购买信号隔离器件。

6）模拟量输入模块的电源地和传感器的信号地必须连接（工作接地），否则将会产生一个很高的上下振动的共模电压，影响模拟量输入值，测量结果可能是一个变动很大的不稳定的值。

7）西门子模拟量模块的端口是上下两排分布的，容易混淆。在接线时要特别注意，先接下面端口的接线，再接上面端口的接线，而且不要弄错端口号。

3. 其他扩展模块

（1）RTD 模块

RTD 模块的传感器主要有 P、Cu、Ni 热电偶和热敏电阻器，每个大类中又分为不同小种类的传感器，用于采集温度信号。RTD 模块将传感器采集的温度信号转化成数字量。EM AR02 热电偶模块接线如图 2-17 所示。

RTD 模块接线有四线式、三线式和二线式。四线式的精度最高，二线式的精度最低，而三线式的使用较多。EM AR02 模块接线如图 2-18 所示。I+ 和 I- 端口提供电流源，向传感器供电，而 M+ 和 M- 是测量信号的接线端口。四线式的 RTD 模块的传感器接线很容易，将传感器一端的两根线分别与

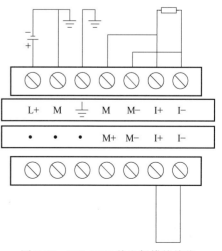

图 2-17　EM AR02 热电偶模块接线

M+和I+相接，而传感器另一端的两根线与M-和I-相接；三线式的RTD模块的传感器有三根线，将传感器的一端的两根线分别与M-和I-相连接，而传感器的另一端的1线与I+相连接，再用一根导线将M+和I+短接；二线式的RTD模块的传感器有两根线，将传感器的两端的两根线分别与I+和1-相连接，再用一根导线将M+和I+短接，用另一根导线将M-和I-短接。为了方便读者理解，图2-18中的细实线代表传感器自身的导线，粗实线表示外接的短接线。

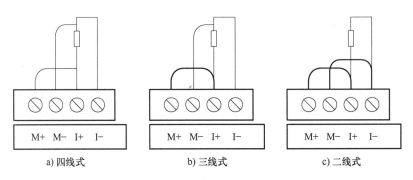

a) 四线式　　　　　b) 三线式　　　　　c) 二线式

图 2-18　EM AR02 模块接线

（2）信号板

S7-200 SMART 有信号板，这是 S7-200 所没有的。目前，信号板有模拟量输出模块 SB AQ01、数字量 I/O 模块 SB 2DI/2DQ 和通信模块 SB RS-485/RS-232。

1）模拟量输出模块。SB AQ01 模拟量输出模块只有 1 个模拟量输出，由 CPU 供电，不需要外接电源，输出电压或电流。其输出电流范围是 0～20mA，对应满量程为 0～27648；输出电压范围是-10～10V，对应满量程为-27648～27648。SB AQ01 模块接线如图 2-19 所示。

2）SB 2DI/2DQ 模块。SB 2DI/2DQ 模块有 2 个数字量输入和 2 个数字量输出，输入有 PNP 型和 NPN 型可选，这与 S7-200 SMART CPU 相同，其输出点是 PNP 型输出。SB 2DI/2DQ 模块接线如图 2-20 所示。

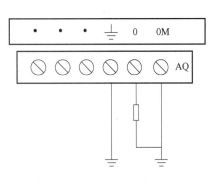

图 2-19　SB AQ01 模块接线

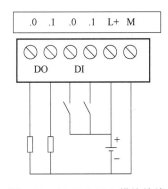

图 2-20　SB 2DI/2DQ 模块接线

3）SB RS-485/RS-232 模块可以作为 RS-485 模块或 RS-232 模块使用，如设计时选择的是 RS-485 模块，那么在硬件组态时，要选择 RS-485 类型，如图 2-21 所示。SB RS-485/RS-232 模块不需要外接电源，直接由 CPU 模块供电，其引脚含义见表 2-7。

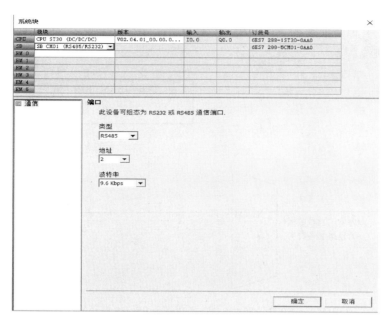

图 2-21　SB RS-485/RS-232 模块类型选择

表 2-7　SB RS-485/RS-232 模块的引脚含义

引脚号	功　　能	说　　明
1	功能性接地	
2	Tx/B	对于 RS-485 是接收+/发送+，对于 RS-232 是发送
3	RTS	
4	M	对于 RS-232 是 GND 接地
5	Rx/A	对于 RS-485 是接收−/发送−，对于 RS-232 是接收
6	5V 输出（偏置电压）	

　　当 SB RS-485/RS-232 模块作为 RS-232 模块使用时，接线如图 2-22 所示，图中的 DB9 插头是与 SB RS-485/RS-232 模块通信的设备的插头。注意，DB9 的 "RXD 接收数据" 引脚与模块的 Tx/B 相连，DB9 的 "TXD 发送数据" 引脚与模块的 Rx/A 相连，这就是俗称的 "跳线"。

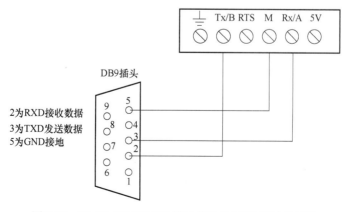

图 2-22　SB RS-485/RS-232 模块作为 RS-232 模块的接线

当 SB RS-485/RS-232 模块作为 RS-485 模块使用时，接线如图 2-23 所示。注意，DB9 的"发送/接收+"引脚与模块的 Rx/A 相连，DB9 的"发送/接收-"与模块的 Tx/B 相连，RS-485无须"跳线"。

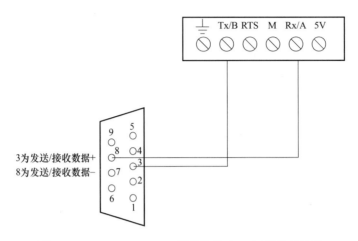

图 2-23　SB RS-485/RS-232 模块作为 RS-485 模块的接线

【关键点】SB RS-485/RS-232 模块可以作为 RS-232 模块或 RS-485 模块使用，但 CPU 上集成的串口只能为 RS-485 使用。

（3）MicroSD

1）MicroSD 简介。MicroSD 是 S7-200 SMART 的特色功能，支持商用手机卡，支持容量范围是 4~32GB。它有三项主要功能：

① 复位 CPU 到出厂设置。

② 固件升级。

③ 程序传输。

2）用 MicroSD 复位 CPU 到出厂设置。

① 用普通读卡器将 CPU 复位到出厂设置，然后将文件复制到一个空的 MicroSD 卡中。

② 在 CPU 断电状态下将包含固件文件的存储卡插入 CPU。

③ 给 CPU 上电，CPU 会自动复位到出厂设置。复位过程中，RUN 指示灯和 STOP 指示灯以 2Hz 的频率交替点亮。

④ 当 CPU 只有 STOP 指示灯闪烁时，表示"固件更新"操作成功，从 CPU 上取下存储卡即可。

3）用 MicroSD 进行固件升级。

① 用普通读卡器将固件文件复制到一个空 MicroSD 卡中。

② 在 CPU 断电状态下将包含固件文件的存储卡插入 CPU。

③ 给 CPU 上电，CPU 会自动识别存储卡为固件更新卡，并且自动更新 CPU 固件。更新过程中，RUN 指示灯和 STOP 指示灯以 2Hz 的频率交替点亮。

④ 当 CPU 只有 STOP 指示灯闪烁时，表示"固件更新"操作成功，从 CPU 上取下存储卡即可。

2.4 **最大 I/O 配置与电源需求计算**

2.4.1　模块地址的分配

S7-200 SMART CPU 配置扩展模块后，扩展模块的起始地址根据其在不同的槽位而有所不同，这点与 S7-200 是不同的，读者不能随意给定。扩展模块的地址要在"系统块"的硬件组态时，由软件系统给定，如图 2-24 所示。

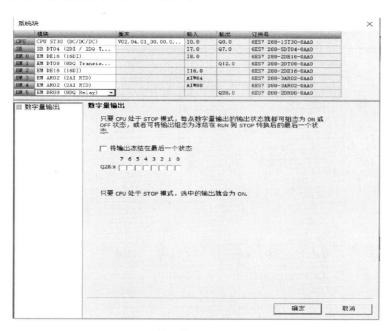

图 2-24　扩展模块的起始地址示例

S7-200 SMART CPU 最多能配置 4 个扩展模块，在不同的槽位配置不同模块的起始地址均不相同，见表 2-8。

表 2-8　不同的槽位扩展模块的地址

模块	CPU	信号面板	扩展模块 1	扩展模块 2	扩展模块 3	扩展模块 4
I/O 起始地址	I0. 0	I7. 0	I8. 0	I12. 0	I16. 0	I20. 0
	Q0. 0	Q7. 0	Q8. 0	Q12. 0	Q16. 0	Q20. 0
			AIW16	AIW32	AIW48	AIW64
		AQW12	AQW16	AQW32	AQW48	AQW64

2.4.2　最大 I/O 配置

1. 最大 I/O 的限制条件

CPU 的 I/O 映像区的大小限制，最大为 256 个输入和 256 个输出，但实际的 S7-200 SMART CPU 没有这么多，还要受到下面因素的限制：

1）CPU 本身的 I/O 点数。

2）CPU 所能扩展的模块数目，标准型为 4 个，经济型不能扩展模块。

3）CPU 内部 5V 电源是否满足所有扩展模块的需要，扩展模块的 5V 电源不能外接电源，只能由 CPU 供给。

而在以上因素中，CPU 的供电能力对扩展模块的个数起决定影响，这一点最为关键。

2. 最大 I/O 扩展能力

不同型号的 CPU 的扩展能力不同，表 2-9 给出了 S7-200 SMART CPU 模块的最大扩展能力。

表 2-9　S7-200 SMART CPU 模块的最大扩展能力

CPU 模块	可以扩展的最大 DI/DO 和 AI/AO		5V 电源/mA	DI	DO	AI	AO
CPU CR40	无		不能扩展				
CPU SR20	最大 DI/DO	CPU	740	12	8		
		4×EM DT32 16DT/16DO，DC/DC	−740	64	64		
		4×EM DR32 16DT/16DO，DC/Relay	−720				
		总　计	≥0	76	72		
	最大 AI/AO	CPU	740	12	8		
		1×SB IAO	−15				1
		4×EM AM06 4AI/2AO	−320			16	8
		总　计	>0	76	72	16	9
CPU SR40/ ST40	最大 DI/DO	CPU	740	24	16		
		4×EM DT32 16DT/16DO，DC/DC	−740	64	64		
		4×EM DR32 16DT/16DO，DC/Relay	−720				
		总　计	≥0	88	80		
	最大 AI/AO	CPU	740	24	16		
		1×SB IAO	−15				1
		4×EM AM06 4AI/2AO	−320			16	8
		总　计	>0	24	16	16	9
CPU SR60/ ST60	最大 DI/DO	CPU	740	36	24		
		4×EM DT32 16DT/16DO，DC/DC	−740	64	64		
		4×EM DR32 16DT/16DO，DC/Relay	−720				
		总　计	≥0	88	80		
	最大 AI/AO	CPU	740	36	24		
		1×SB IAO	−15				1
		4×EM AM06 4AI/2AO	−320			16	8
		总　计	>0	36	24	16	9

下面以 CPU SR20 为例，进一步解释。CPU SR20 自身有 12 个 DI（输入点），8 个 DQ（输出点），由于受到总线电流限制，可以扩展 64 个 DI 和 64 个 DQ。扩展后 DI 和 DQ 分别能达到 76 个和 72 个。另外，它最大还可以扩展 16 个 AI（模拟量输入）和 9 个 AQ（模拟量输出）。表 2-9 所示的其余的 CPU 的各项含义与上述类似，在此不再赘述。

2.4.3　电源需求计算

　　所谓电源需求计算，就是用 CPU 所能提供的电源减去各模块所需要的电源消耗量。S7-200 SMART CPU 模块提供 DC 5V 和 DC 24V 电源。当有扩展模块时，CPU 通过 I/O 总线为其提供 5V 电源，所有扩展模块的 5V 电源消耗之和不能超过该 CPU 提供的电源额定值。若不够用则不能外接 5V 电源。

　　每个 CPU 模块都有一个 DC 24V 传感器电源，它为本机输入点和扩展模块输入点及扩展模块继电器线圈提供 DC 24V。如果电源要求超出了 CPU 模块的电源额定值，可以增加一个外部 DC 24V 电源来供给扩展模块。S7-200 SMART 各模块的电源需求见表 2-10。

表 2-10　S7-200 SMART 各模块的电源需求

CPU 型号	供应电流	
	DC 5V	DC 24V
CPU SR20/ST20	1400mA	300mA
CPU SR30/ST40	1400mA	300mA
CPU SR60/ST60	1400mA	300mA
CPU CR40/CR60	—	300mA
CPU CR20/30/40/60s	—	—
模拟扩展模块型号	供应电流	
	DC 5V	DC 24V
EM AE04	80mA	40mA（无负载）
EM AE08	80mA	70mA（无负载）
EM AQ02	60mA	50mA（无负载）
EM AQ04	60mA	75mA（无负载）
EM AM03	60mA	30mA（无负载）
EM AM06	80mA	60mA（无负载）
RTD/TC 扩展模块型号	供应电流	
	DC 5V	DC 24V
EM AR02	80mA	40mA
EM AR04	80mA	40mA
EM AT04	80mA	40mA
模拟扩展模块型号	供应电流	
	DC 5V	DC 24V
SB AQ01	15mA	40mA（无负载）
SB DT04	50mA	2×4mA
SB RS-485/RS-232	50mA	不适用
SB AE01	50mA	不适用
EM DP01	150mA	30mA，通信端口激活时 60mA，通信端口加 90mA/5V 负载时 180mA，通信端口加 120mA/24V 负载时

【**例2-3**】 电源计算，系统包括以下模块：

1）CPU SR40 AC/DC/继电器（固件版本 V2.4）。

2）3个 EM 8 点继电器型数字量输出（EM DR08）。

3）1个 EM 8 点数字量输入（EM DE08）。

系统共有 32 点输入，40 点输出。CPU 模块已分配驱动 CPU 内部继电器线圈所需的功率。功率计算中无须包括内部继电器线圈功率要求。

【**解**】 电源计算见表 2-11。本例中的 CPU DC 5V 电源能提供足够电流，但 DC 24V 没有通过传感器电源为所有输入和扩展继电器线圈提供足够的电流。I/O 需要 392mA，CPU 可提供 300mA。该系统需要额外至少为 92mA 的 DC 24V 电源以运行所有包括的 DC 24V 输入和输出。

表 2-11 例 2-3 电源计算

CPU SR40 AC/DC/继电器		DC 5V	DC 24V
		740mA	300mA
系统要求 （减）	CPU SR40，24 点输入	—	24×4mA = 96mA
	插槽 0：EM DR08	120mA	8×11mA = 88mA
	插槽 1：EM DR08	120mA	8×11mA = 88mA
	插槽 2：EM DR08	120mA	8×11mA = 88mA
	插槽 3：EM DE08	105mA	8×4mA = 32mA
	总要求	465mA	392mA
电流差额	总电流差额	275mA	92mA

第 3 章

S7-200 SMART PLC 编程软件的使用

本章主要介绍 STEP 7-Micro/WIN SMART 软件的安装和使用方法，以及建立完整项目的操作步骤。

3.1 STEP 7-Micro/WIN SMART 编程软件简介

STEP 7-Micro/WIN SMART 是一款功能强大的软件，此软件用于 S7-200 SMART PLC 编程软件，支持 3 种模式：LAD（梯形图）、FBD（功能块图）和 STL（语句表）。STEP 7-Micro/WIN SMART 可提供程序的在线编辑、监控和调试。本书介绍的 STEP 7-Micro/WIN SMART V2.3 版本，可以打开大部分 S7-200 的程序。

STEP 7-Micro/WIN SMART 是免费软件，读者可在供货商处索要，或者在西门子（中国）自动化与驱动集团的网站（htp/www. ad. siemens. com. cn/）上下载并安装使用。至 2021 年 8 月，西门子公司提供版本为 V2.6。

安装此软件对计算机的要求有以下两方面：

1）Windows XP Professional SP3 操作系统，只支持 32 位。Windows 7 操作系统支持 32 位和 64 位。Windows 10 操作系统支持 64 位。

2）虽然软件安装程序不足 80MB，但需要至少 350MB 硬盘空间。已备好 PLC 和配置必要软件的计算机。两者之间必须有一根程序下载电缆，由于 S7-200 SMART 系列 PLC 自带 PN 口，而计算机都配置了网卡，这样只需要一根普通的网线就可以把程序从计算机下载到 PLC。计算机和 PLC 的连接如图 3-1 所示。

图 3-1　计算机与 PLC 的连接

3.2 STEP 7-Micro/WIN SMART 编程软件的使用方法

3.2.1　软件的打开

一种方法是，软件安装完成后直接双击桌面的 STEP 7-Micro/WIN SMART 软件快捷方式

33

图标  ，打开软件。另一种方法是，在计算机的任意位置，双击以前保存的程序，即可打开软件。

3.2.2　界面介绍

STEP 7-Micro/WIN SMART 用户界面提供多个窗口，可用来排列、编程和监控。请注意，每个窗口均可按选择的方式停放或浮动，以及排列在屏幕上。可单独显示每个窗口，也可合并多个窗口以从单独选项卡访问各窗口。

STEP 7-Micro/WIN SMART 软件的主界面如图 3-2 所示。其中包含快速访问工具栏、项目树、导航栏、菜单栏、程序编辑器、符号信息表、符号表、交叉引用、数据块、变量表、状态图表、输出窗口、状态栏。

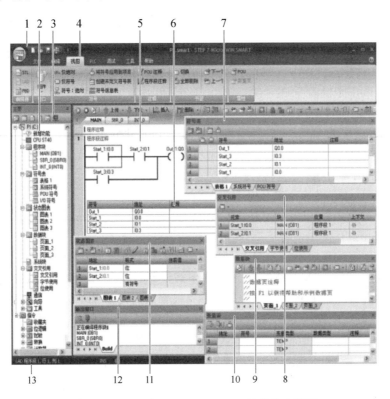

图 3-2　STEP 7-Micro/WIN SMART 软件的主界面

1. 快速访问工具栏

快速访问工具栏在菜单选项卡正上方。通过快速访问按钮，可简单快速地访问"文件"菜单的大部分功能及最近文档。快速访问工具栏上的其他按钮对应文件功能的"新建""打开""保存"和"打印"。单击"快速访问文件"按钮，弹出图 3-3 所示的界面。

2. 项目树

项目树可以显示，也可以隐藏，如果项目树未显示，要查看项目树，可按以下步骤操作。单击菜单栏上的"视图"→"组件"→"项目树"，如图 3-4 所示，即可打开项目树。展开后的项目树如图 3-5 所示。项目树中主要有两个项目：一是使用者自行创建的项目，本例为

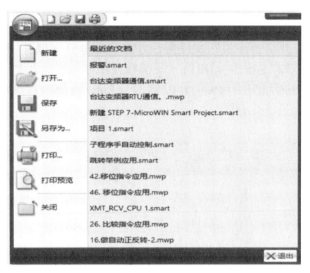

图 3-3　快速访问文件界面

起停控制；二是指令。这些都是编辑程序最常用的。项目树中有"+"，其含义表明这个选项内包含内容，可以展开。

3. 导航栏

导航栏显示在项目树上方，可快速访问项目树上的对象。单击一个导航栏按钮相当于展开项目树并单击同一选择内容。如图 3-6 所示，如果要打开数据块，单击导航按钮上的"数据块"即可，其他的用法类似。

图 3-4　打开项目树

图 3-5　项目树

图 3-6　导航栏使用

4. 菜单栏

菜单栏包括文件、编辑、视图、PLC、调试、工具和帮助 7 个菜单项。用户也可以定制"工具"菜单，并在该菜单中增加自己的工具。

5. 程序编辑器

程序编辑器是编写和编辑程序的区域，打开程序编辑器有两种方法：

1）单击菜单栏中的"文件"→"新建"（或者"打开"或"导入"按钮）打开 STEP 7-Micro/WIN SMART 项目。

2）在项目树中打开"程序块"文件夹，方法是单击分支展开图标或双击"程序块"文件夹图标。然后，双击主程序（OB1）、子例程或中断例程，以打开所需的程序组织单元（POU）；也可以选择相应的 POU 并按回车（Enter）键。程序编辑器界面如图 3-7 所示。

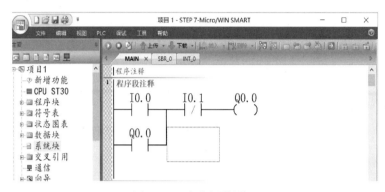

图 3-7　程序编辑器界面

程序编辑器窗口包括以下组件：

1）工具栏。常用操作按钮，以及可放置到程序段中的通用程序元素。下面是各个按钮的作用说明。

绿色按钮是将 PLC 设置为 RUN（工作运行）模式；红色按钮是将 PLC 设置为 STOP（停止模式）

单击蓝色箭头意为上传程序；单击绿色箭头意为下载程序

插入及删除功能，单击倒立黑色三角图标，有更多插入删除选项，具体为插入程序段、分支行列，删除程序段、分支行列

监控功能，可在线监控程序状态

常用编程符号

单击可切换是否显示地址的符号名（寻址方式）

单击可切换是否显示程序段下部的符号地址注释。

2）POU 选择器。能够实现在主程序块、子例程或中断编程之间进行切换。例如，只要用鼠标单击 POU 选择器中"MAIN"，那么就切换到主程序块；单击 POU 选择器中"INT_0"，那么就切换到中断程序块。

3）POU 注释。显示在 POU 中第一个程序段上方，提供详细的多行 POU 注释功能。每条 POU 注释最多可以有 4096 个字符。这些字符可以为英语或汉语，主要对整个 POU 的功能等进行说明。

4）程序段注释。显示在程序段旁边，为每个程序段提供详细的多行注释附加功能。每条程序段注释最多可有 4096 个字符。这些字符可以为英语或汉语。

5）程序段编号。每个程序段的数字标识符。编号会自动进行，取值范围为 1~65536。

6）装订线。位于程序编辑器窗口左侧的灰色区域。在该区域内可单击选择单个程序段，也可通过单击并拖动来选择多个程序段。STEP 7-Micro/WIN SMART 中此处还有各种符号，如书签和 POU 密码保护锁。

6. 符号信息表

要在程序编辑器窗口中查看或隐藏符号信息表，可使用以下方法之一：

1）在"视图"菜单功能区的"符号"区域单击"符号信息表"。

2）按 Ctrl+T 快捷键组合。

3）在"视图"菜单的"符号"区域单击"将符号应用于项目"。"应用所有符号"命令使用所有新、旧和修改的符号名更新项目。如果当前未显示符号信息表，单击此按钮便会显示。

7. 符号表

符号是可为存储器地址或常量指定的符号名称。符号表是指符号和地址对应关系的列表。打开符号表有如下三种方法：

1）在导航栏上，单击"符号表"。

2）在菜单栏上，单击"视图"→"组件"→"符号表"。

3）在项目树中，打开"符号表"文件夹，选择一个表名称，然后按下回车（Enter）键或双击符号表名称。

【例 3-1】　图 3-8 所示的是一段简单的程序，要求显示其符号信息表和符号表，试写出操作过程。

【解】　首先，在项目树中展开"符号表"，双击"表格 1"弹出符号表，如图 3-9 所示。在符号表中，按照图 3-10 所示填写。符号"start"实际就代表地址"I0.0"，符号"stopping"实际就代表地址"I0.1"，符号"motor"实际就代表地址"Q0.0"。

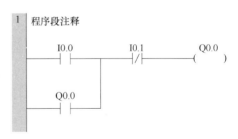

图 3-8　例 3-1 程序

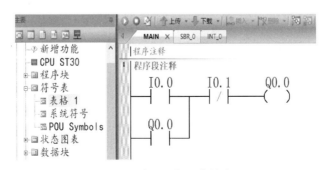

图 3-9　例 3-1 打开符号表

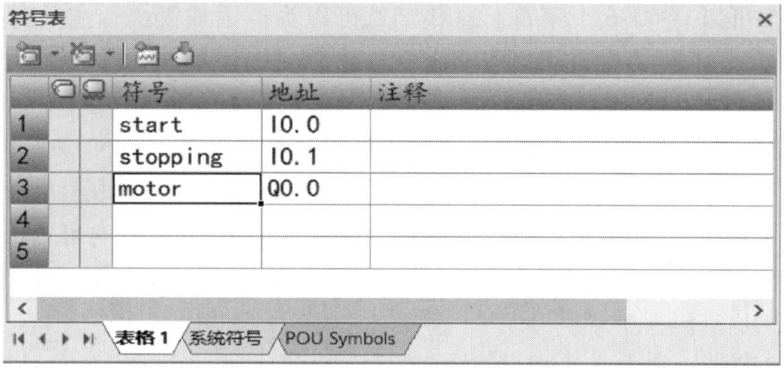

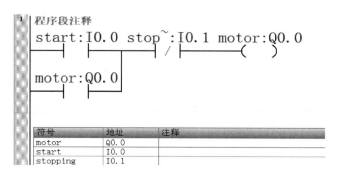

图 3-10 例 3-1 符号表

接着，在视图功能区，单击"视图"→"符号"→"将符号应用到项目"。此时，符号和地址的对应关系显示在梯形图中，如图 3-11 所示。

图 3-11 例 3-1 信息符号表

如果仅要显示符号（如 START），那么只要单击"视图"→"符号"→"仅符号"即可。

如果仅要显示绝对地址（如 I0.0），那么只要单击"视图"→"符号"→"仅绝对"即可。

如果要显示绝对地址和符号（见图 3-11），那么只要单击"视图"→"符号"→"符号:绝对"即可。

8. 交叉引用

使用"交叉引用"窗口可查看程序中参数当前的赋值情况，可防止无意间重复赋值。通过以下方法之一可访问交叉引用表：

1）在项目树中打开"交叉引用"文件夹，然后双击"交叉引用"。

2）单击导航栏中的"交叉引用"图标。

3）在视图功能区，单击"视图"→"组件"→"交叉引用"，即可打开"交叉引用"。

9. 数据块

数据块包含可向存储器地址分配数据值的数据页。如果读者使用指令向导等功能，系统会自动使用数据块。可以使用下列方法之一来访问数据块：

1）在导航栏上单击"数据块"按钮。

2）在视图功能区，单击"视图"→"组件"→"数据块"，即可打开数据块。

如图 3-12 所示，利用数据块将 10 赋值给 VB100，其作用相当于图 3-13 所示的梯形图。

10. 变量表

通过变量表可定义对特定 POU 有效的局部变量。在以下情况下使用局部变量：

图 3-12　数据块窗口示例

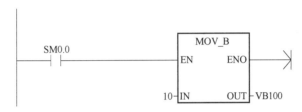

图 3-13　给 VB100 赋值 10 的梯形图

1）要创建不引用绝对地址或全局符号的可移植子例程。

2）要使用临时变量（声明为 TEMP 的局部变量）进行计算，以便释放 PLC 存储器。

3）要为子例程定义输入和输出。

如果以上描述对具体情况不适用，则不使用局部变量；可在符号表中定义符号值，从而将其全部设置为全局变量。

（1）局部变量简介

可以使用程序编辑器的变量表，来分配面向个别子例程或中断例程唯一的变量。

局部变量可用作传递至子例程的参数，并可用于增加子例程的移植性或重新使用子例程。程序中的每个 POU 都有自身的变量表，并占 L 存储器的 64 个字节（如果在 LAD 或 FBD 中编程，则占 60 个字节）。借助局部变量表，可对特定范围内的变量进行定义：局部变量仅在创建时所处的 POU 内部有效。相反，在每个 POU 中均有效的全局符号只能在符号表中定义。当为全局符号和局部变量使用相同的符号名时（如 INPUT1），在定义局部变量的 POU 中局部定义优先，在其他 POU 中使用全局定义。

在局部变量表中进行分配时，要指定声明类型（TEMP、IN、IN_OUT 或 OUT）和数据类型，但不要指定存储器地址；程序编辑器会自动在 L 存储器中为所有局部变量分配存储器位置。变量表符号地址分配将符号名称与存储相关数据值的 L 存储器地址进行关联。局部变量表不支持对符号名称直接赋值的符号常数（这在符号/全局变量表中是允许的）。

说明，PLC 不会将本地数据值初始化为零，必须在程序逻辑中初始化所用局部变量。

（2）局部变量的声明类型

局部变量的类型取决于进行分配的 POU。主程序（OB1）、中断例程和子例程可使用临时（TEMP）变量。只有在执行块时，临时变量才可使用，块执行完成后，临时变量可被覆盖。数据值可以作为参数，与子例程进行传递，具体如下所述：

1）如果要将数据值传递至子例程，则在子例程变量表中创建一个变量，并将其声明类型指定为 IN。

2）如果要将子例程中建立的数据值传回至调用例程，则在子例程的变量表中创建一个变量，并将其声明类型指定为 OUT。

3）如果要将初始数据值传递至子例程，则执行一项可修改数据值的操作，并将修改后的结果传回至调用例程，然后在子例程变量表中创建一个变量，并将其声明类型指定为 IN_OUT。

局部变量的声明类型见表 3-1。

表 3-1　局部变量的声明类型

声 明 类 型	说　　　明
IN	调用 POU 提供的输入参数
OUT	返回到调用 POU 的输出参数
IN_OUT	参数，其值由调用 POU 提供、由子例程修改，然后返回到调用 POU
TEMP	临时保存在局部数据堆栈中的临时变量。一旦 POU 完全执行，临时变量值不再可用。在两次 POU 执行之间，不保持临时变量值

（3）局部变量的数据类型检查

将局部变量作为子例程参数传递时，在该子例程局部变量表中指定的数据类型必须与调用 POU 中值的数据类型相匹配。

例如，从 OB1 调用 SBR-0，将称为 INPUT1 的全局符号用作子例程的输入参数。在 SBR-0 的局部变量表中，已经将一个称为 FIRST 的局部变量定义为输入参数。当 OB1 调用 SBR-0 时，INPUT1 的值被传递至 FIRST。但是，要注意的是 INPUT1 和 FIRST 的数据类型必须匹配。

如果 INPUT1 是实数，FIRST 也是实数，则数据类型匹配。如果 INPUT1 是实数，但 FIRST 是整数，则数据类型不匹配，只有纠正了这一错误，程序才能编译。

（4）查看变量表

要查看在程序编辑器中选择的 POU 的变量表，在"视图"菜单的"窗口"区域中，从"组件"下拉列表中选择"变量表"，如图 3-14 所示。

图 3-14　打开变量表和变量表编辑

（5）在变量表中赋值

要在变量表中赋值，按以下步骤操作。

确保程序编辑器窗口中是正确的 POU（如有必要，通过单击所需 POU 的选项卡确认）。由于每个 POU 都有自己的变量表，所以需要确保对正确的 POU 赋值。如果变量表尚不可见，则应将其显示出来，方法是在"视图"菜单的"窗口"区域内，从"组件"下拉列表中选择"变量表"。选择变量类型与要定义的变量类型相符的行，然后在"符号"字段输入变量名称。如果在 OB1 或中断例程中赋值，变量表只含临时（TEMP）变量。如果在子例程中赋值，变量表包含 IN、IN_OUT、OUT 和 TEMP 四种变量。在变量表中不要在名称前加星号（*）。井号（#）只用在程序代码中的局部变量前。在"数据类型"字段中单击，并使用列表框为局部变量选择适当的数据类型。"注释"是用来描述局部变量的。为"符号"和"数据类型"字段提供值后，程序编辑器自动将 L 存储器地址分配给局部变量。

（6）输入附加变量

变量表显示固定数量的局部变量行。要在表中添加更多行数，需在变量类型表中选择要添加的行，然后单击变量表窗口中的"插入"按钮🔲。系统将自动在所选行的上方生成新行，其变量类型与所选变量类型相同。

另外，还可用鼠标右键单击现有行，然后从上下文菜单中选择"插入"→"行"或"插入"→"下一行"来添加行。

（7）删除变量

要删除局部变量，需在变量表中选中此变量，然后单击"删除"按钮🔲。也可删除一行，方法是右键单击该行，然后从上下文菜单中选择"删除"→"行"。

（8）变量表示例

如图 3-15 所示，SBR_0 是典型变量表，可通过另一程序块对 SBR_0 进行调用。

图 3-15　变量表示例

11. 状态图表

"状态"这一术语是指显示程序在 PLC 中执行时的有关 PLC 数据的当前值和能流状态的信息。可使用状态图表和程序编辑器窗口读取、写入和强制 PLC 数据值。在控制程序的执行过程中，可用三种不同方式查看 PLC 数据的动态改变，即状态图表、趋势显示和程序状态。

12. 输出窗口

"输出窗口"给出了最近编译的 POU 和在编译期间发生的所有错误。如果已打开"程序编辑器"窗口和"输出窗口"，可在"输出窗口"中双击错误信息使程序自动滚动到错误所在的程序段。纠正程序后，重新编译程序以更新"输出窗口"和删除已纠正程序段的错误参考。

输出窗口如图 3-16 所示，编译后，在输出窗口显示了错误信息及错误的发生位置。

打开"输出窗口"的方法如下：在视图功能区，单击"视图"→"组件"→"输出窗口"。

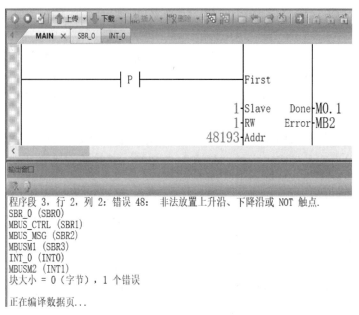

图 3-16　输出窗口

13. 状态栏

状态栏位于主窗口底部，状态栏可以提供 STEP 7-Micro/WIN SMART 中执行的操作的相关信息。在编辑模式下工作时，显示编辑器信息。状态栏根据具体情形显示如下信息：简要状态说明、当前程序段编号、当前编辑器的光标位置、当前编辑模式和插入或覆盖。

调试和监视功能概述

在 STEP 7-Micro/WIN SMART 的编程设备与 PLC 之间成功建立通信并将程序下载到 PLC 后，便可使用 STEP 7-Micro/WIN SMART 的监视和调试功能。可通过单击工具栏按钮或从"调试"菜单功能区中选择菜单项来选择调试工具。

调试工具栏如下：

"调试"菜单功能区如下：

读/写	状态	强制	扫描	设置
读取　写入	程序状态　图表状态　暂停状态　暂停图表	强制　全部取消强制　取消强制　读取全部强制	执行单次　STOP 下强制　执行多次	

"调试"工具栏和菜单提供以下功能：

图标	功能
程序状态	程序状态（打开/关闭）
暂停状态	暂停状态（打开/关闭）
图表状态	图表状态（打开/关闭）
暂停图表	暂停图表（打开/关闭）
读取	状态图表单次读取
写入	状态图表写入

强制	强制 PLC 数据
取消强制	取消强制 PLC 数据
全部取消强制	状态图表全部取消强制
读取全部强制	状态图表读取全部强制值
执行单次	执行单次扫描
执行多次	执行多次扫描
STOP 下强制	STOP 模式下强制

还可使用 PLC 工具栏或 PLC 菜单功能区上的按钮将 PLC 的工作模式更改为 RUN 或 STOP 模式,或者更改后重新编译程序,或者将 PLC 中的程序上传到 STEP 7-Micro/WIN SMART,或者将 STEP 7-Micro/WIN SMART 中的程序下载到 PLC。如果 STEP 7-Micro/WIN SMART 中的程序与 PLC 中的程序不同,则 STEP 7-Micro/WIN SMART 显示一条时间戳不匹配错误。

3.2.3 创建新工程

新建工程(见图 3-17)有三种方法:一是单击菜单栏中的"文件"→"新建",即可新建工程;二是单击工具栏上的图标即可;三是单击快捷工具栏,再单击"新建"选项。

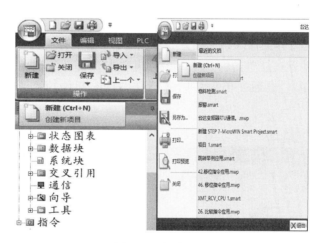

图 3-17   新建工程

3.2.4 保存工程

保存工程有两种方法,如图 3-18 和图 3-19 所示。

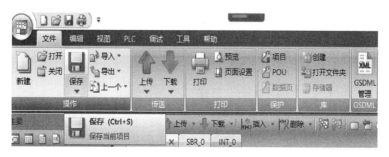

图 3-18   保存工程方法 1

图 3-19　保存工程方法 2

3.2.5　打开工程

打开工程的方法比较多。第一种方法是单击菜单栏中的"文件"→"打开",找到要打开的文件的位置,选中要打开的文件,单击"打开"按钮即可打开工程。第二种方法是单击工具栏中的图标📂即可打开工程。第三种方法是直接在工程的存放目录下双击该工程,也可以打开此工程。第四种方法是单击快捷工具栏,再单击"打开"选项。第五种方法是,单击快捷工具栏,再双击"最近文档"中的文档(本例为起停控制),如图 3-20 ~ 图 3-22 所示。

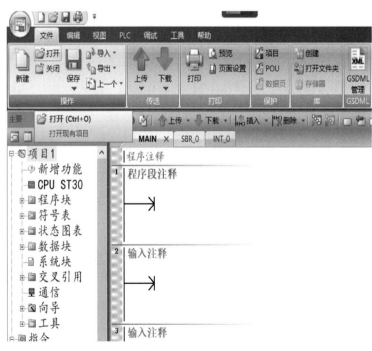

图 3-20　打开工程方法 1

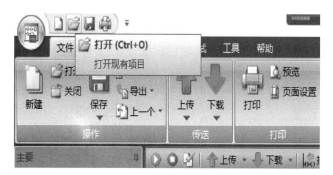

图 3-21　打开工程方法 2

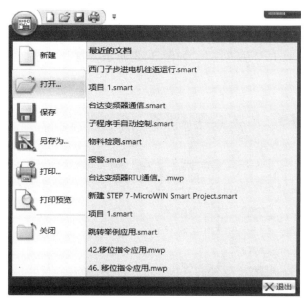

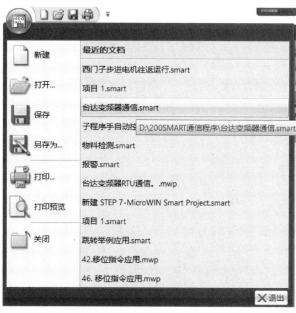

图 3-22　打开工程方法 3

3.2.6 系统块

对于 S7-200 SMART CPU 而言，系统块的设置是必不可少的，类似 S7-300/400 CPU 的硬件组态，下面将详细介绍系统块。

S7-200 SMART CPU 提供了多种参数和选项设置以适应具体应用，这些参数和选项在"系统块"对话框内设置。系统块必须下载到 CPU 中才起作用。有的初学者修改程序后没忘记重新下载程序，而在软件中更改参数后却忘记了重新下载，那么这样系统块也不会起作用。

1. 打开系统块

打开系统块有以下三种方法：

1）单击菜单栏中的"视图"→"组件"→"系统块"，打开"系统块"。

2）单击快速工具栏中的"系统块"按钮，打开"系统块"。

3）展开项目树，双击"系统块"，如图 3-23 所示，打开"系统块"。系统块对话框如图 3-24 所示。

图 3-23　打开系统块

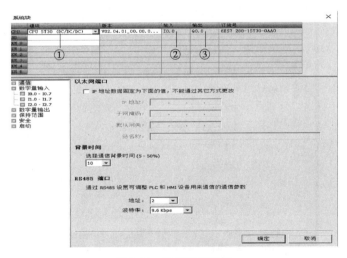

图 3-24　系统块对话框

2. 硬件配置

系统块对话框的顶部显示已经组态的模块，并允许添加或删除模块。使用下拉列表可更改、添加或删除 CPU 型号、信号板和扩展模块。添加模块时，输入列和输出列将显示已分配的输入地址和输出地址。

如图 3-24 所示，顶部的表格中的第一行为要配置的 CPU 的具体型号。单击①处的下拉菜单按钮，可以显示所有 CPU 的型号，读者选择适合的型号，本例为 CPUST40（DC/DC/DC）。②处为此 CPU 输入点的起始地址（I0.0）。③处为此 CPU 输出点的起始地址（Q0.0），这些地址是软件系统自动生成，不能修改（S7-300/400 的地址是可以修改的）。

顶部的表格中的第二行为要配置的信号板模块，可以是数字量模块、模拟量模块和通信模块。

顶部的表格中的第三行至第六行为要配置的扩展模块，可以是数字量模块、模拟量模块和通信模块。注意，扩展模块和信号板模块不能混淆。

为了使读者更好理解硬件配置和地址的关系，以下用一个例子说明。

【例 3-2】　某系统配置了 CPU ST40、SB DT04、EM DE08、EM DR08、EM AE04 和 EM AQ02 各一块，如图 3-25 所示。试指出各模块的起始地址和占用的地址。

	模块	版本	输入	输出	订货号
CPU	CPU ST40 (DC/DC/DC)	V02.04.00_00.00.0...	I0.0	Q0.0	6ES7 288-1ST40-0AA0
SB	SB DT04 (2DI / 2DQ T...		I7.0	Q7.0	6ES7 288-5DT04-0AA0
EM 0	EM DE08 (8DI)		I8.0		6ES7 288-2DE08-0AA0
EM 1	EM DR08 (8DQ Relay)			Q12.0	6ES7 288-2DR08-0AA0
EM 2	EM AE04 (4AI)		AIW48		6ES7 288-3AE04-0AA0
EM 3	EM AQ02 (2AQ)			AQW64	6ES7 288-3AQ02-0AA0
EM 4					
EM 5					

图 3-25　系统块配置

【解】　1）CPU ST40 的 CPU 输入点的起始地址是 I0.0，占用 IB0~IB2 三个字节；CPU 输出点的起始地址是 Q0.0，占用 QB0 和 QB1 两个字节。

2）SB DT04 的输入点的起始地址是 I7.0，占用 I7.0 和 I7.1 两个点；输出点的起始地址是 Q7.0，占用 Q7.0 和 Q7.1 两个点。

3）EM DE08 输入点的起始地址是 I8.0，占用 IB8 一个字节。

4）EM DR08 输出点的起始地址是 Q12.0，占用 QB12 一个字节。

5）EM AE04 为模拟量输入模块，起始地址是 AIW48，占用四个字。

6）EM AQ02 为模拟量输出模块，起始地址为 AIQ64，占用 AIW64 和 AIW66 两个字。

【关键点】读者很容易发现，有很多地址是空缺的，如 IB3~IB6 就空缺不用。CPU 输入点使用的字节是 IB0~IB2，读者不可以想当然认为 SB DTO4 的起始地址从 IB3.0 开始，一定要看系统块上自动生成的起始地址，这点至关重要。

3. 以太网通信端口的设置

以太网通信端口是 S7-200 SMART PLC 的特色配置，这个端口既可以用于下载程序，也可以用于与 HMI 通信，也可能设计成与其他 PLC 进行以太网通信。以太网通信端口的设置如下：

首先，选中 CPU 模块，勾选"通信"选项，再勾选"IP 地址数据固定为下面的值，不能通过其他方式更改"选项，如图 3-26 所示。如果要下载程序，IP 地址应该就是 CPU 的 IP 地址，如果 STEP 7-Micro/WIN SMART 和 CPU 模块已经建立了通信，那么可以把想要设置的 IP 地址输入 IP 地址右侧的空白处。子网掩码一般设置为"255.255.255.0"，最后单击"确定"按钮即可。如果是要修改 CPU 的 IP 地址，则必须把"系统块"下载到 CPU 中，运行后才能生效。

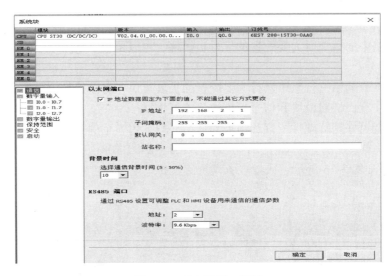

图 3-26　以太网端口设置

4. 串行通信端口的设置

CPU 模块集成有 RS-485 通信端口，此外扩展板也可以扩展 RS-485 和 RS-232 模块（同一个模块，两者可选）。

（1）集成串口的设置方法

首先，选中 CPU 模块，再勾选"通信"选项，再设定 CPU 的地址，"地址"右侧有个下拉菜单按钮，读者可以选择想要设定的地址，默认为"2"（本例设为 3）。波特率的设置是通过"波特率"右侧的下拉菜单按钮选择的，默认为"9.6Kbps"，这个数值在串行通信中最为常用，如图 3-27 所示。最后单击"确定"按钮即可。如果是要修改 CPU 的串口地址，则必须把"系统块"下载到 CPU 中，运行后才能生效。

（2）信号板串口的设置方法

首先，选中信号板模块，再选择是 RS-232 或 RS-485 通信模式（本例选择 RS-232），"地址"右侧有个下拉菜单按钮，可以选择想要设定的地址，默认为"2"（本例设为 3）。波特率的设置是通过"波特率"右侧的下拉菜单按钮选择的，默认为"9.6Kbps"。这个数值在串行通信中最为常用，如图 3-28 所示。最后单击"确定"按钮即可。如果是要修改 CPU 的串口地址，则必须把"系统块"下载到 CPU 中，运行后才能生效。

5. 集成输入的设置

（1）修改滤波时间

S7-200 SMART CPU 允许为某些或所有数字量输入点选择一个定义延时（范围为 0.2～12.8ms 和 0.2～12.8μs）的输入滤波器。该延迟可以减少如按钮闭合或分开瞬间的噪声干

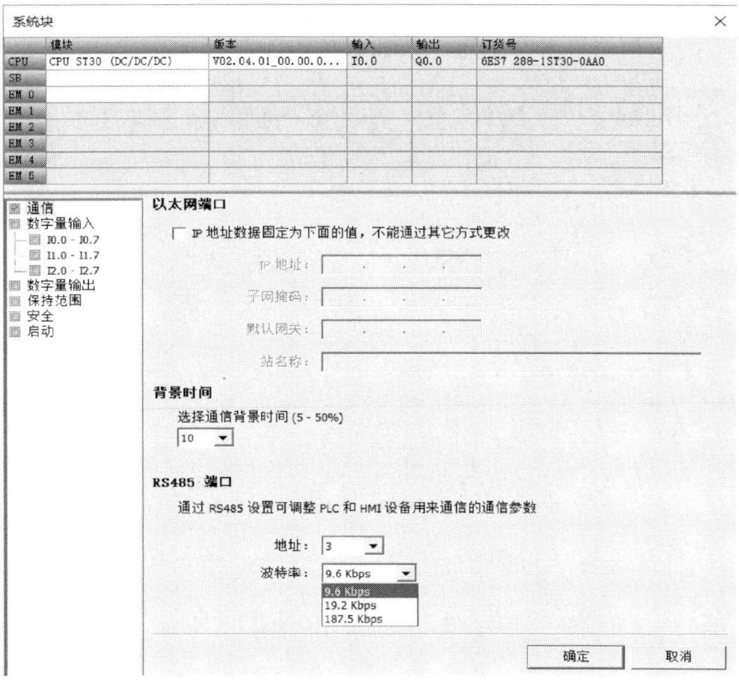

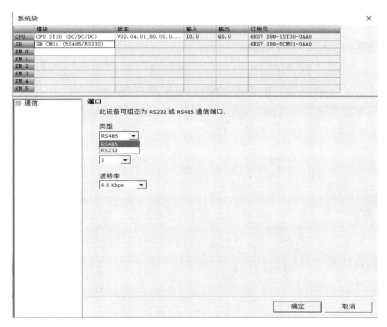

图 3-27　集成串口通信设置

图 3-28　信号板串口通信设置

扰。设置方法是先选中 CPU，之后选中"数字量输入"选项，再修改延时长短，最后单击"确定"按钮，如图 3-29 所示。

（2）脉冲波捕捉位

S7-200 SMART PLC CPU 为数字量输入点提供脉冲捕捉功能。通过脉冲捕捉功能可以捕捉高电平脉冲或低电平脉冲。使用了"脉冲捕捉"可以捕捉比扫描周期还短的脉冲。设置

"脉冲捕捉"的使用方法如下：先选中 CPU，在勾选"数字量输入"选项，再勾选对应的输入点（本例为 I0.0），最后单击"确定"按钮，如图 3-29 所示。

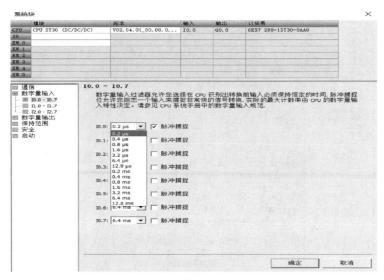

图 3-29   滤波时间设置

6. 集成输出的设置

当 CPU 处于 STOP 模式时，可将数字量输出点设置为特定值，或者保持 STOP 模式之前的输出状态。

（1）将输出冻结在最后一个状态

先选中 CPU，勾选"数字量输出"选项，再勾选"将输出冻结在最后一个状态"复选框，最后单击"确定"按钮，如图 3-30 所示。这样就可在 CPU 进行 RUN 到 STOP 切换时将所有数字量输出冻结在其最后状态。例如，CPU 最后的状态 Q0.0 是高电平，那么 CPU 从 RUN 切换到 STOP 模式时，Q0.0 仍然为高电平。

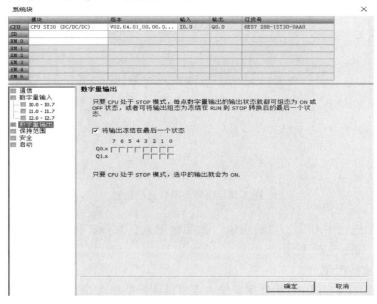

图 3-30   将输出冻结在最后一个状态

（2）替换值

先选中 CPU，勾选"数字量输出"选项，再勾选要替换的点的复选框，本例的替换值为 Q0.0 和 Q0.1，最后单击"确定"按钮，如图 3-31 所示。这样，当 CPU 从 RUN 切换到 STOP 模式时，Q0.0 和 Q0.1 将是高电平，不管 Q0.0 和 Q0.1 之前是什么状态。

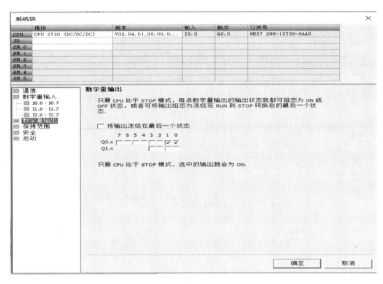

图 3-31　替换值

7. 设置断电数据保持

在"系统块"窗口，单击"保持范围"，可打开"保持范围"对话框，如图 3-32 所示。

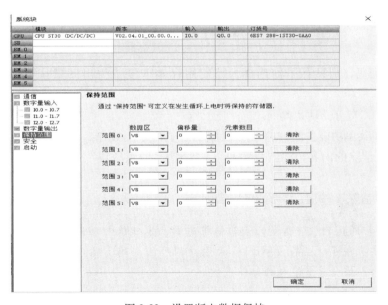

图 3-32　设置断电数据保持

设置断电数据保持后，断电时，CPU 将指定的保持性存储器范围保存到永久存储器；上电时，CPU 先将 V、M、C 和 T 存储器清零，将所有初始值都从数据块复制到 V 存储器，然后将保存的保持值从永久存储器复制到 RAM。

8. 安全

通过设置密码可以限制对 S7-200 SMART CPU 内容的访问。在"系统块"窗口，单击"安全"，打开"安全"对话框，可设置密码保护功能，如图 3-33 所示。密码的保护等级分为 4 个等级，除了"完全权限"（1 级）外，其他的均需要在"密码"和"验证"文本框中输入起保护作用的密码。

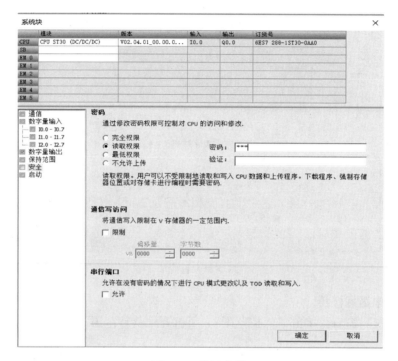

图 3-33　设置密码

如果忘记密码，则只有一种选择，即使用存储卡复位为出厂默认值。具体操作步骤如下：

1）确保 PLC 处于 STOP 模式。

2）在 PLC 菜单功能区的"修改"区域单击"清除"按钮。

3）选择要清除的内容，如"程序块""数据块""系统块"，或者选择"复位为出厂默认值"。

4）单击"清除"按钮，如图 3-34 所示。

【关键点】PLC 的软件加密比较容易被破解，不能绝对保证程序的安全，目前网络上有一些破解软件可以轻易破解 PLC 的用户程序的密码，编者强烈建议读者在保护自身权益的同时，必须尊重他人的知识产权。

9. 启动项的组态

在"系统块"窗口，单击"启动"，可打开"启动"对话框。CPU 启动的模式有三种，即 STOP、RUN 和 LAST，如图 3-35 所示，可以根据需要选取。

三种模式的含义如下：

1）STOP 模式。CPU 在上电或重启后始终应该进入 STOP 模式，这是默认选项。

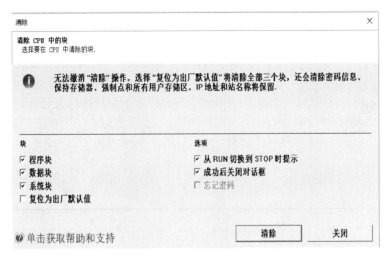

图 3-34 清除密码

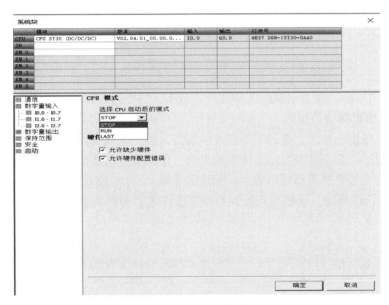

图 3-35 CPU 启动模式选择

2）RUN 模式。CPU 在上电或重启后始终应该进入 RUN 模式。对于多数应用，特别是对 CPU 独立运行而不连接 STEP 7-Micro/WIN SMART 的应用，RUN 启动模式选项是常用选择。

3）LAST 模式。CPU 应进入上一次上电或重启前存在的工作模式。

10. 模拟量输入模块的组态

熟悉 S7-200 PLC 的读者都知道，其模拟量模块的类型和范围的选择是靠拨码开关来实现的。而 S7-200 SMART PLC 的模拟量模块的类型和范围是通过硬件组态实现的，以下是硬件组态的说明。

先选中模拟量输入模块，再选中要设置的通道，本例为通道 0，如图 3-36 所示。对于每条模拟量输入通道，都将类型组态为电压或电流。通道 0 和通道 1 的类型相同，通道 2 和通道 3 的类型相同，即同为电流或电压输入。

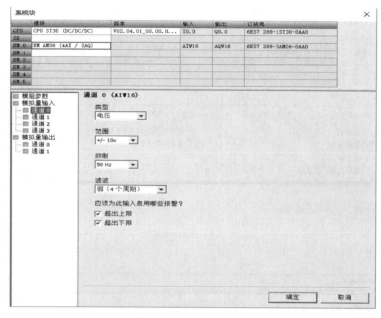

图 3-36　模拟量输入模块组态

图 3-36 中"范围"就是电流或电压信号的范围，每个通道都可以根据实际情况选择。

11. 模拟量输出模块的组态

　　先选中模拟量输出模块，再选中要设置的通道，本例为通道 0，如图 3-37 所示。对于每条模拟量输出通道，都将类型组态为电压或电流，即同为电流或电压输出。范围就是电流或电压信号的范围，每个通道都可以根据实际情况选择。STOP 模式下的输出行为，当 CPU 处于 STOP 模式时，可将模拟量输出点设置为特定值，或者保持在切换到 STOP 模式之前存在的输出状态。

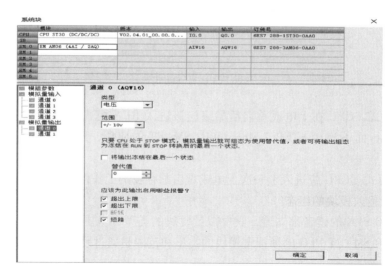

图 3-37　模拟量输出模块组态

3.2.7　程序调试

程序调试是工程中的一个重要步骤。由于初步编写完成的程序不一定正确，有时虽然逻辑正确，但需要修改参数，因此程序调试十分重要。STEP 7-Micro/WIN SMART 提供了丰富的程序调试工具供用户使用，下面分别进行介绍。

1. 状态图表

使用状态图表可以监控数据，各种参数（如 CPU 的 I/O 开关状态、模拟量的当前数值等）都在状态图表中显示。此外，配合"强制"功能还能将相关数据写入 CPU，改变参数的状态，如可以改变 I/O 开关状态等。

打开状态图表有两种简单的方法：一种方法是，先选中要调试的项目，再双击"图表 1"，如图 3-38 所示，弹出状态图表。此时的状态图表是空的，并无变量，需要将要监控的变量手动输入，如图 3-39 所示。另一种方法是，单击菜单栏中的"调试"→"图表状态"，如图 3-40 所示，即可打开状态图表。

图 3-38　打开状态图表（方法 1）

图 3-39　状态图表

图 3-40　打开状态图表（方法 2）

2. 强制

S7-200 SMART PLC 提供了强制功能，以方便调试工作，在现场不具备某些外部条件的情况下可模拟工艺状态。用户可以对数字量（DI/DO）和模拟量（AI/AO）进行强制。强制时，运行状态指示灯变成黄色，取消强制后指示灯变成绿色。

如果在没有实际的 I/O 连线时，可以利用强制功能调试程序。先打开"状态图表"窗口并使其处于监控状态，在"当前值"数值框中写入要强制的数据（本例输入 I0.0 的当前值为"2#1"），然后单击工具栏中的"强制"按钮，此时，被强制的变量数值上将出现一个标志，如图 3-41 所示。

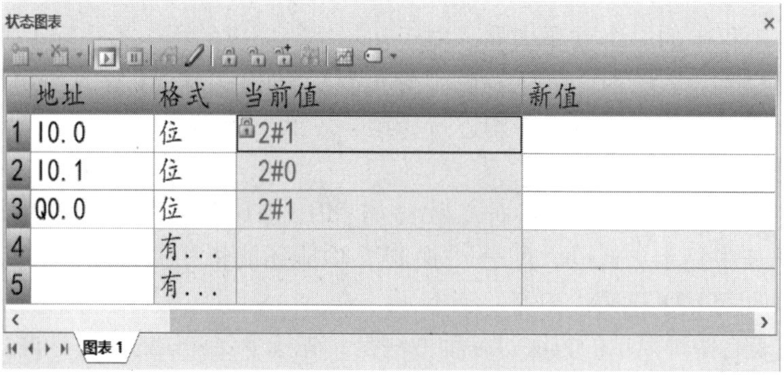

图 3-41　使用强制功能

单击工具栏中的"全部取消强制"按钮，可以取消全部的强制。

3. 写入数据

S7-200 SMART PLC 提供了数据写入功能，以方便调试工作。例如，在"状态图表"窗口中输入 M0.0 的新值，如图 3-42 所示，单击工具栏上的"写入"按钮，或者单击菜单栏中的"调试"→"写入"命令即可更新数据。

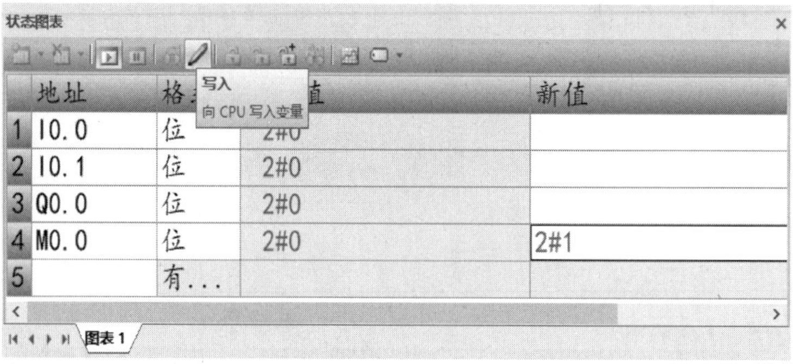

图 3-42　写入数据

【关键点】利用"写入"功能可以同时输入几个数据。"写入"的作用类似"强制"的作用。但两者是有区别的：强制功能的优先级别要高于"写入"，"写入"的数据可能改变参数状态，但当与逻辑运算的结果抵触时，写入的数值可能不起作用。例如，Q0.0 的逻辑运算结果是"0"，可以用强制使其数值为"1"，但"写入"就不能达到此目的。此外，"强制"可以改变输入寄存器的数值，如 I0.0，但"写入"就没有这个功能。

4. 趋势视图

前面提到的状态图表可以监控数据，趋势视图同样可以监控数据。只不过使用状态图表监控数据时的结果是以表格的形式表示的，而使用趋势视图时以曲线的形式表达。利用后者能够更加直观地观察数字量信号变化的逻辑时序或模拟量的变化趋势。单击"状态图表"窗口调试工具栏上的切换图表和趋势视图按钮，可以在状态图表和趋势视图形式之间切换，趋势视图如图 3-43 所示。

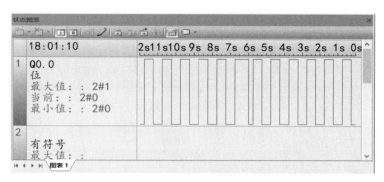

图 3-43　趋势视图

趋势视图对变量的反应速度取决于 STEP 7-Micro/WIN SMART 与 CPU 通信的速度及图中的时间基准。在趋势视图中单击，可以选择图形更新的速率。当停止监控时，可以冻结图形以便仔细分析。

3.2.8　交叉引用

交叉引用表能显示程序中元件使用的详细信息。交叉引用表对查找程序中数据地址十分有用。在项目树的项目视图下双击"交叉引用"，如图 3-44 所示。

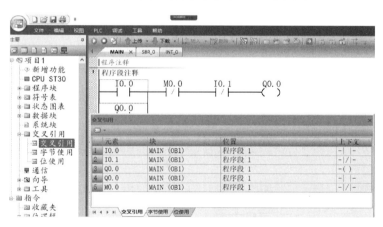

图 3-44　交叉引用

当双击"交叉引用"窗口中某个元素时，界面立即切换到程序编辑器中显示交叉引用对应元件的程序段。例如，双击"交叉引用"窗口中第一行的"I0.0"，界面切换到程序编辑器中，而且光标（方框）停留在 I0.0 上，如图 3-45 所示。

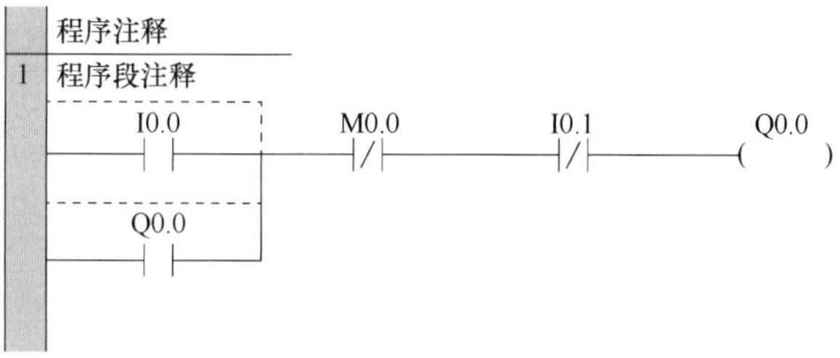

图 3-45　交叉引用对应的程序

3.2.9 工具

STEP 7-Micro/WIN SMART 菜单栏的"工具"中有"高速计数器"向导、"运动"向导、"PID"向导、"PWM"向导、"文本显示"及"运动控制面板"和"PID 控制面板"等工具。这些工具很实用,能使比较复杂的编程变得简单。例如,使用"高速计数器"向导能将较复杂的高速计数器指令通过向导指引生成子程序,如图 3-46 所示。

图 3-46　STEP 7-Micro/WIN SMART 的工具

3.2.10 帮助菜单

STEP 7-Micro/WIN SMART 软件虽然界面友好、易于使用,但在使用过程中遇到问题也是难免的。STEP 7-Micro/WIN SMART 软件提供了详尽的帮助。选择菜单栏的"帮助"→"帮助信息",可以打开图 3-47 所示的帮助窗口。其中有三个选项卡,分别是"目录""索引"和"搜索"。"目录"选项卡中显示的是 STEP 7-Micro/WIN SMART 软件的帮助主题,单击帮助主题可以查看详细内容。在"索引"选项卡,可以根据关键字查询帮助主题。此外,按下计算机键盘上的功能键 F1,也可以打开在线帮助。

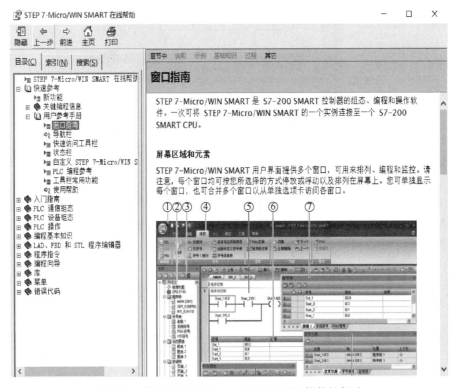

图 3-47　使用 STEP 7-Micro/WIN SMART 软件的帮助

3.3　用 STEP 7-Micro/WIN SMART 编程软件建立一个完整的项目

下面以图 3-48 所示的起停控制梯形图为例，完整地介绍程序从输入到下载、运行和监控的全过程。

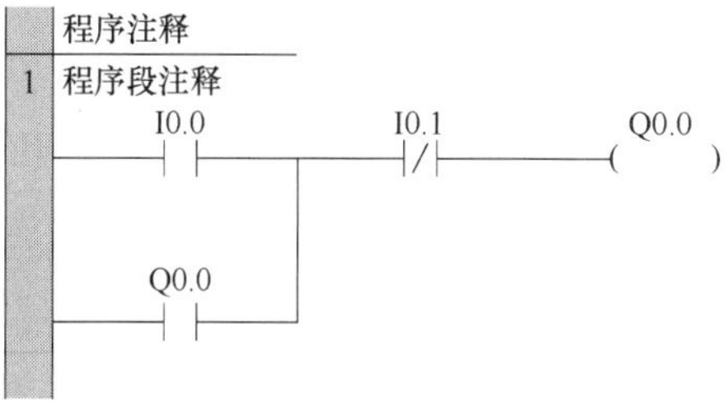

图 3-48　起停控制梯形图

1. 启动 STEP 7-Micro/WIN SMART 软件

启动 STEP 7-Micro/WIN SMART 软件，弹出图 3-49 所示的界面。

图 3-49　STEP 7-Micro/WIN SMART 软件初始界面

2. 硬件配置

单击"项目 1"，选中并双击"CPU ST30"（也可能是其他型号的 CPU），在弹出"系统块"界面中，单击"CPU"后面的下拉菜单按钮，选定"CPU ST30（DC/DC/DC）"（本例的机型），然后单击"确认"按钮，如图 3-50 所示。

3. 输入程序

单击"指令"→"位逻辑"，依次双击常开触点"┤├"（或者拖入程序编辑窗口）、常闭触点"┤/├"、输出线圈"（ ）"，换行后再次双击常开触点"┤├"，程序输入界面如图 3-51 所示。

接着单击图 3-51 所示程序的问号处，输入寄存器及其地址（本例为 I0.0、Q0.0 等）。

【关键点】有些初学者在输入时会犯这样的错误，将"Q0.0"错误地输入成"Q0.o"，此时"Q0.o"下面将有红色的波浪线提示错误。

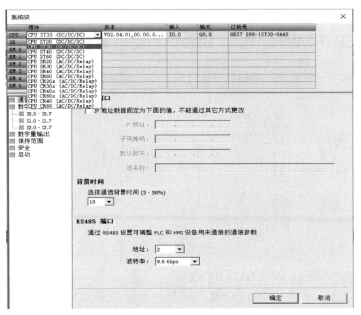

图 3-50　PLC 类型选择界面

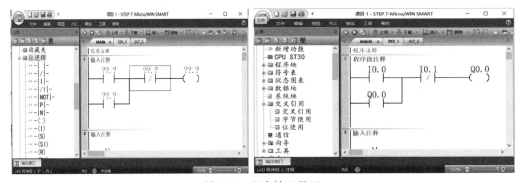

图 3-51　程序输入界面

4. 编译程序

单击标准工具栏的"编译"按钮进行编译,若程序有错误,则输出窗口会显示错误信息,可在下方的输出窗口查看;双击该错误即跳转到程序中该错误的所在处,可根据系统手册中的指令要求进行修改,如图 3-52 所示。

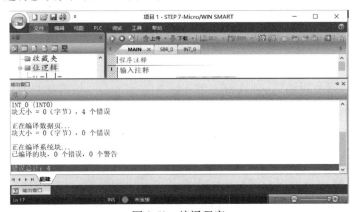

图 3-52　编译程序

5. 连机通信

选中项目树中的项目下的"通信",如图 3-53 所示。

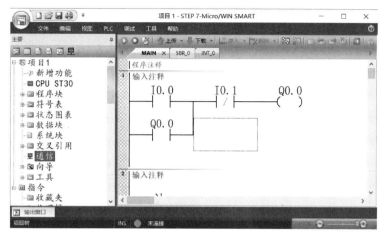

图 3-53　打开通信界面

双击该项目,弹出"通信"对话框。单击下拉菜单按钮,选择个人计算机的网卡,网卡与计算机的硬件有关,如图 3-54 所示。单击"查找",弹出图 3-55 所示的对话框,PLC 的地址是"192.168.0.1"。这个 IP 地址很重要,是设置个人计算机 IP 地址时必须要参考的。

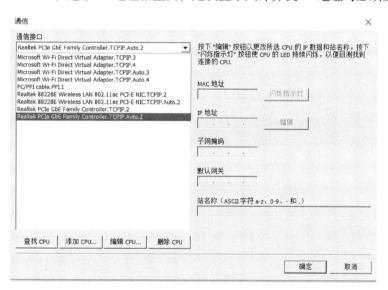

图 3-54　通信对话框(1)

6. 设置计算机 IP 地址

要向 S7-200 SMART PLC 下载程序,需使用 PLC 集成的 PN 口,因此首先要对计算机的 IP 地址进行设置,这是建立计算机与 PLC 通信首先要完成的步骤。具体如下:首先,打开个人计算机的"网络和 Internet"(本例的操作系统为 Windows10,其他操作系统的步骤可能有所差别),如图 3-56 所示;选中"以太网 2",右键单击"以太网 2",弹出快捷菜单,单击"属性"选项,如图 3-57 所示;选中"Internet 协议版本 4(TCP/IPv4)"选项,单击"属性"按钮,弹出图 3-58 所示对话框;选中"使用下面的 IP 地址"选项,按照图 3-58 所示设置 IP 地址和子网掩码,单击"确定"按钮即可。

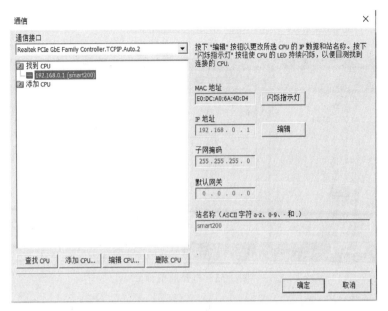

图 3-55　通信对话框（2）

图 3-56　计算机 IP 地址设置（1）

【关键点】在以上的操作中，不能选择"自动获得 IP 地址"选项。

　　此外，要注意的是 S7-200 SMART PLC 出厂时的 IP 地址是"192.168.2.1"，因此在没有修改的情况下下载程序，必须要将计算机的 IP 地址设置成与 PLC 在同一个网段。简单地说，就是计算机的 IP 地址的最末一个数字要与 PLC 的 IP 地址的末尾数字不同，而其他的数字要相同。这是非常关键的，读者务必要牢记。

7. 下载程序

　　单击工具栏中的"下载"按钮，将弹出"下载"对话框，如图 3-59 所示。将"程序

图 3-57　计算机 IP 地址设置（2）

图 3-58　计算机 IP 地址设置（3）

块""数据块"和"系统块"3 个复选框全部选中。若 PLC 此时处于"运行"模式，再将 PLC 设置成"停止"模式。下载成功后，输出窗口中有"下载已成功完成！"字样的提示，如图 3-60 所示，最后单击"关闭"按钮。

8. 运行和停止运行模式

要运行下载到 PLC 中的程序，只要单击工具栏中"运行"按钮◻即可；同理，要停止运行程序，只要单击工具栏中"停止"按钮◻即可。

9. 程序状态监控

在调试程序时，程序状态监控的功能非常有用，当开启此功能时，闭合的触点中有蓝色的矩形，而断开的触点中没有蓝色的矩形，如图 3-61 所示。要开启程序状态监控功能，只需要单击菜单栏上的"调试"→"程序状态"按钮◻即可，监控程序之前，程序应处于"运行"状态。

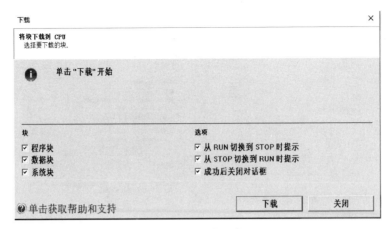

图 3-59　下载程序

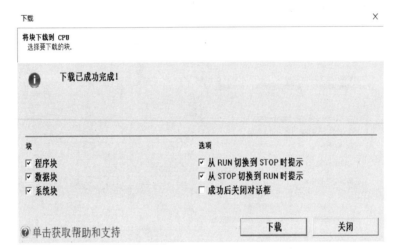

图 3-60　下载成功完成

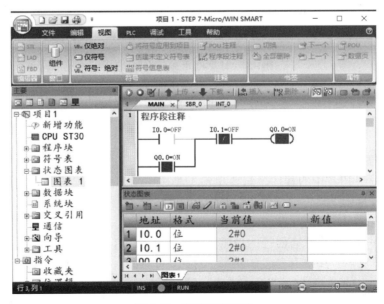

图 3-61　程序状态监控

【关键点】程序不能下载，可能有以下几种情况：

1）双击更新可访问的设备选项时，仍然找不到可访问的设备（即 PLC）。读者可按以下几种方法进行检查：

① 要检查网线是否将 PLC 与个人计算机连接好。如果网络连接显示 或者个人计算机的右下角显示 ，则表明网线没有将个人计算机与 PLC 连接上，解决方案是更换网线或重新拔出和插上网线，直到以上两个图标上的红色叉号消失为止。

② 如果安装了盗版的操作系统，也可能造成找不到可访问的设备。对于初学者，遇到这种情况特别不容易发现，因此安装正版操作系统是必要的。

③ 通信设置中，要选择个人计算机中安装的网卡的具体型号，不能选择其他的选项。

2）找到可访问的设备（即 PLC），但不能下载程序。可能的原因是，个人计算机的 IP 地址和 PLC 的 IP 地址不在一个网段中。

3）对于程序不能下载可能有以下两种误解：

① 将反连接网线换成正连接网线。尽管西门子公司建议 PLC 的以太网通信使用正线连接，但对于 S7-200 SMART PLC 的程序下载，这个纠错方法没有实际意义。这是因为 S7-200 SMART PLC 的 PN 口有自动交叉线功能，网线的正连接和反连接都可以下载程序。

② 双击更新可访问的设备选项时，仍然找不到可访问的设备。这是因为个人计算机的网络设置不正确。其实，个人计算机的网络设置只会影响程序的下载，并不影响 STEP 7-Micro/WIN SMART 访问 PLC。

第4章

S7-200 SMART PLC 编程基础

4.1 数据的存储类型

1. 数制

（1）二进制

二进制的 1 位（bit）只能取 0 和 1 两个不同的值。这可以用来表示开关量的两种不同的状态，如触点的断开和接通、线圈的通电和断电、灯泡的亮和灭等。在梯形图中，如果该位是 1 可以表示常开触点的闭合和线圈的得电；该位是 0 则表示常开触点的断开和线圈的断电。二进制用 2# 表示，如 2#1001110110011101 就是 16 位二进制常数。十进制的运算规则是逢十进一，二进制的运算规则是逢二进一。

（2）十六进制

十六进制的十六个数字是 0~9 和 A~F（对应于十进制中的 10~15）。每个十六进制数字可以用 4 位二进制表示，如 16#A 用二进制表示为 2#1010。十六进制的运算规则是逢十六进一。

（3）BCD 码

BCD 码用 4 位二进制数（或者 1 位十六进制数）表示一位十进制数，如一位十进制数 9 的 BCD 码是 1001。4 位二进制有 16 种组合，但 BCD 码只用到前十个，而后六个（1010~1111）没有在 BCD 码中使用。十进制的数字转换成 BCD 码是很容易的，如十进制的 366 转换成十六进制 BCD 码则是 W#16#0366。BCD 码的最高位 4 位二进制数用来表示符号，16 位 BCD 码字的范围是 -999~+999。32 位 BCD 码双字的范围是 -9999999~+9999999。不同数制的数的表示方法见表 4-1。

表 4-1 不同数制的数的表示方法

十进制	十六进制	二进制	BCD 码	十进制	十六进制	二进制	BCD 码
0	0	0000	00000000	8	8	1000	00001000
1	1	0001	00000001	9	9	1001	00001001
2	2	0010	00000010	10	A	1010	00010000
3	3	0011	00000011	11	B	1011	00010001
4	4	0100	00000100	12	C	1100	00010010
5	5	0101	00000101	13	D	1101	00010011
6	6	0110	00000110	14	E	1110	00010100
7	7	0111	00000111	15	F	1111	00010101

2. 数据的长度和类型

S7-200 SMART PLC 将数据存储于不同的存储单元，每个单元都有唯一的地址。该地址可以明确指出要存取的存储器位置。这就要允许用户程序直接存取这个信息。表 4-2 给出了不同长度的数据所能表示的十进制数值范围。

表 4-2　不同长度的数据表示的十进制数值范围

数 据 类 型	数 据 长 度	取 值 范 围
位（BIT）	1 位	0/1
字节（BYTE）	8 位（1 个字节）	0~255
字（WORD）	16 位（2 个字节）	0~65535
双字（DWORD）	32 位（2 个字或者 4 个字节）	0~4294967295
整数（INT）	16 位（2 个字节）	无符号（0~65535）， 有符号（−32768~32767）
双精度整数（DINT）	32 位（2 个字或者 4 个字节）	无符号（0~4294967295）， 有符号（−2147483648~2147483647）
实数（REAL）	32 位（2 个字或者 4 个字节）	$1.175495 \times 10^{-38} \sim 3.402823 \times 10^{38}$（正数） $-3.402823 \times 10^{38} \sim -1.175495 \times 10^{-38}$（负数）
字符串（STRING）	8 位（1 个字节）	

3. 常数

S7-200 SMART PLC 的许多指令都会用到的常数，常数有多种表示方法，如二进制、十进制和十六进制等。为二进制和十六进制时，要在数据前分别加 2# 或 16#，格式如下：二进制常数，2#1100；十六进制常数，16#234B1。

其他数据表示方法举例如下：ASCII 码，HELLOW；实数，−3.1415926；十进制，234。

几种错误的表示方法如下：

八进制的 33 表示成 8#33，十进制的 33 表示成 10#33，2 用二进制表示成 2#2。

读者要避免这些错误。

若要存取存储区的某一位，则必须指定地址，包括存储器标识符，字节地址和位号。图 4-1 给出了一个位寻址的例子。图中，在存储器区，字节地址（M3 代表 M 存储器的第 3 个字节）用句点（"."）与位地址（位 4）分开。

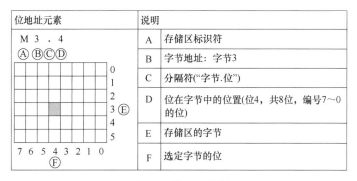

图 4-1　位寻址举例

【例 4-1】　如图 4-2 所示，如果 MD0 = 16#1F，那么 MB0、MB1、MB2 和 MB3 的数值是多少？M0.0 和 M3.0 是多少？

【解】　因为一个双字包含 4 个字节，2 个字包含 2 个 16 进制位，所以 MD0 = 16#1F = 16

#0000 001F。根据图 4-2 所示可知，MB0 = 0，MB1 = 0，MB2 = 0，MB3 = 16#1F。由于 MB0 = 0，所以 M0.0 = 0。由于 MB3 = 16#1F = 2#00011111，所以 M3.0 = 1。这点不同于三菱 PLC，注意区分。

图 4-2　字节、字、双字的起始地址

【例 4-2】　对于图 4-3 所示的梯形图，请检查有无错误？

【解】　这个程序从逻辑上看没有问题，但在实际运行时是有问题的。程序段 1 是起停控制，当 V0.0 常开触头闭合后开始采集数据，而且 A/D 转换的结果存放在 VW0 中，VW0 包含两个字节 VB0 和 VB1，而 VB0 包含 8 个位，即 V0.0 ~ V0.7。只要采集的数据经过 A/D 转换，使 V0.0 位为 0，则整个数据采集过程自动停止。初学者很容易犯类似的错误。将 V0.0 改为 V2.0，避开 VW0 中包含的 16 个位（V0.0 ~ V0.7 和 V1.0 ~ V1.7）即可完成功能。

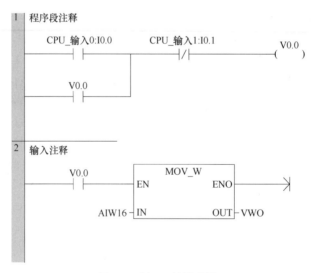

图 4-3　例 4-2 的梯形图

4.2　元件的功能与地址分配

1. 输入过程映像寄存器

输入过程映像寄存器（I）与输入端相连，是专门用来接收 PLC 外部开关信号的元件。在每次扫描周期的开始，CPU 对物理输入点进行采样，并将采样值写入输入过程映像寄存器中。CPU 可以按位、字节、字或双字来存取输入过程映像寄存器中的数据。

位格式：I［字节地址］.［位地址］，如 I0.0。

字节、字或双字格式：I［长度］［起始字节地址］，如 IB0、IW0、ID0。

2. 输出过程映像寄存器

输出过程映像寄存器（Q）是用来将 PLC 内部信号输出传送给外部负载（用户输出设备）。输出过程映像寄存器线圈是由 PLC 内部程序的指令驱动的。其线圈状态传送给输出单元，再由输出单元对应的硬触点来驱动外部负载。在每次扫描周期的结尾，CPU 将输出过程映像寄存器中的数值复制到物理输出点上。可以按位、字节、字或双字来存取输出过程映像寄存器。

位格式：Q［字节地址］.［位地址］，如 Q1.1。

字节、字或双字格式：Q［长度］［起始字节地址］，如 QB5、QW6、QD4。

3. 变量存储器

可以用变量存储器（V）存储程序执行过程中控制逻辑操作的中间结果，也可以用它来保存与工序或任务相关的其他数据，变量存储器不能直接驱动外部负载。它可以按位、字节、字或双字来存取 V 存储区中的数据。

位格式：V［字节地址］.［位地址］，如 V10.2。

字节、字或双字格式：［长度］［起始字节地址］，如 VB0、VW10、VD20。

4. 位存储器

位存储器（M）是 PLC 中数量最多的一种继电器。一般的辅助继电器与继电器控制系统中的中间继电器相似。位存储器不能直接驱动外部负载，负载只能由输出映像寄存器的外部触点驱动。位存储器的常开与常闭触点在 PLC 内部编程时可以无限次使用。可以用位存储区作为控制继电器来存储中间操作状态和控制信息，可以按位、字节、字或双字来存取位存储区。

位格式：M［字节地址］［位地址］，如 M2.7。

字节、字或双字格式：M［长度］［起始字节地址］，如 MB10、MW10、MD10。

注意，有的用户习惯使用 M 区作为中间地址，但 S7-200 SMART CPU 中 M 区地址空间很小，只有 32 个字节，往往不够用。而 S7-200 SMART CPU 中提供了大量的变量存储器存储空间，即用户数据空间。V 存储器相对很大，其用法与 M 相似，可以按位、字节或双字来存取 V 中的数据，如 V10.0、VB20、VW30、VD50 等。

【例 4-3】　对于图 4-4 所示的梯形图，Q0.0 控制一盏灯，试分析当系统上电后接通 I0.0 和系统断电后又上电时灯的明暗情况。

【解】　当系统上电后接通 I0.0，Q0.0 线圈带电并自锁，灯亮；系统断电后又上电，Q0.0 线圈处于断电状态，灯不亮。

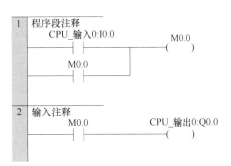

图 4-4　例 4-3 的梯形图

5. 特殊存储器

特殊存储器（SM）位为 CPU 与用户程序之间传递信息提供了一种手段。可以用这些位选择和控制 S7-200 SMART CPU 的一些特殊功能。例如，首次扫描标志位 SM0.1 可作为按照固定频率开关的标志位，或者显示数学运算或操作指令状态的标志位，并且可以按位、字节、字或双字来存取 SM 位。

位格式：SM［字节地址］.［位地址］，如 SM0.1。

节、字或双字格式：SM［长度］［起始字节地址］，如 SMB86、SMW22、SMD42。

特殊寄存器的范围为 SMB0 ~ SMB1549。其中，SMB0 ~ SMB29 和 SMB1000 ~ SMB1535 是只读存储器。

只读特殊存储器如下：

SMB0，系统状态位。

SMB1，指令执行状态位。

SMB2，自由端口接收字符。

SMB3，自由端口奇偶校验错误。

SMB4，中断队列溢出、运行时程序错误、中断已启用、自由端口发送器空闲和强制值。

SMB5，I/O 错误状态位。

SMB6、SMB7，CPU ID、错误状态和数字量 I/O 点。

SMB8 ~ SMB21，I/O 模块 ID 和错误。

SMW22 ~ SMW26，扫描时间。

SMB28、SMB29，信号板 ID 和错误。

SMB1000 ~ SMB1049，CPU 硬件/固件 ID。

SMB1050 ~ SMB1099 SB：信号板硬件/固件 ID。

SMB1100 ~ SMB1299 EM：扩展模块硬件/固件 ID。

读写特殊存储器如下：

SMB30（端口 0）和 SMB130（端口 1），集成 RS-485 端口（端口 0）和 CM01 信号板（SB）RS-232/RS-485 端口（端口 1）的端口组态。

SMB34 ~ SMB35，定时中断的时间间隔

SMB36 ~ SMB45（HSC0）、SMB46 ~ SMB55（HSCI）、SMB56 ~ SMB65（HSC2）、SMB136 ~ SMB145（HISC3），高速计数器组态和操作。

SMB66 ~ SMB85：PWM0 和 PWMI 高速输出。

SMB86 ~ SMB94 和 SMB186 ~ SMB194：接收消息控制。

SMW98：I/O 扩展总线通信错误。

SMW100 ~ SMW110：系统报警。

SMB136 ~ SMB145，HSC3 高速计数器。

SMB186 ~ SMB194，接收消息控制（请参见 SMB86 ~ SMB94）。

SMB566 ~ SMB575，PWM2 高速输出。

SMB600 ~ SMB649，轴 0 开环运动控制。

SMB650 ~ SMB699，轴 1 开环运动控制。

SMB700 ~ SMB749，轴 2 开环运动控制。

全部掌握特殊寄存器是比较困难的，具体使用时请参考系统手册。但是，像 SMB0（见表 4-3）是常用的特殊寄存器，应熟悉掌握。

表 4-3　特殊寄存器字节 SMB0（SM0.0 ~ SM0.7）

SM 位	描　　述
SM0.0	RUN 监控，PLC 在 RUN 时 SM0.0 始终为 1
SM0.1	初始化脉冲，PLC 由 STOP 转为 RUN 时，SM0.1 接通一个扫描周期
SM0.2	当 RAM 中保存的数据丢失时，SM0.2 接通一个扫描周期

SM 位	描　述
SM0.3	PLC 上电进入 RUN 时，SM0.3 接通一个扫描周期
SM0.4	该位提供一个周期为 1min、占空比为 0.5 的时钟
SM0.5	该位提供一个周期为 1s、占空比为 0.5 的时钟
SM0.6	该位为扫描时钟，本次扫描置 1、下次扫描置 0 交替循环，可作为扫描计算器的输入
SM0.7	该位指示 CPU 工作方式开关的位置，0=TERM，1=RUN，通常用来在 RUN 状态下启动自由口通信方式

【例 4-4】　对于图 4-5 所示的梯形图，Q0.0 控制一盏灯，请分析当系统上电后灯的明暗情况。

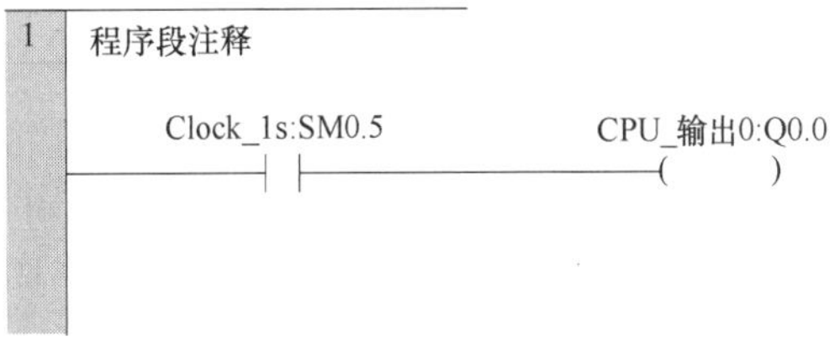

【解】　因为 SM0.5 时周期为 1s 的脉冲波信号，所以灯亮 0.5s，然后暗 0.5s，以 1s 为周期闪烁。SM0.5 常用于报警灯的闪烁。

图 4-5　例 4-4 的梯形图

6. 累加器

累加器（AC）是用来暂存数据的寄存器，可以在子程序之间传递参数，以及存储计算结果的中间值。S7-200 SMART PLC 提供了 4 个 32 位累加器，即 AC0～AC3。累加器可以按字节、字和双字的形式来存取累加器中的数值。其地址范围为 AC0～AC3。

格式：AC［累加器号］，如 AC1。

7. 局部变量存储器

局部变量存储器（L）与变量存储器很类似，主要区别在于局部变量存储器是局部有效的，变量存储器则是全局有效。全局有效是指同一个存储器可以被任何程序（如主程序、中断程序或子程序）存取，局部有效是指存储区和特定的程序相关联。局部变量存储器常用来作为临时数据的存储器或为子程序传递函数，在子程序中代参数使用。可以按位、字节、字或双字来存取局部变量存储区中的数据。其地址范围为 LB0～LB59。

位格式：L［字节地址］.［位地址］，如 L0.5。

字节、字或双字格式：L［长度］［起始字节地址］，如 LB34、LW20、LD4。

8. 高速计数器

高速计数器（HC）用于对频率高于扫描周期的外界信号进行计数，高速计数器使用主机上的专用端口接收这些高速信号。高速计数器是用于对高速事件计数的，独立于 CPU 的扫描周期。其数据为 32 位有符号的高速计算器的当前值。其地址范围为 HC0～HC5。

格式：HC［高速计数器号］，如 HC1。

9. 模拟量输入 AI

S7-200 SMART PLC 将模拟量值（如温度或电压）转换成 1 个字长（16 位）的数字量。可以用区域标识符（AI）、数据长度（W）及字节的起始地址来存取这些值。因为模拟输入量为 1 个字长，且从偶数位字节开始，所以必须用偶数字节地址来存取这些值。

10. 模拟量输出 AQ

S7-200 SMART PLC 将 1 个字长（16 位）数字值按比例转换为电流或电压。可以用区域标识符（AQ）、数据长度（W）及字节的起始地址来改变这些值。因为模拟量为 1 个字长，且从偶数字节开始，所以必须用偶数字节地址来改变这些值。模拟量输出值为只写数据。

11. 定时器

在 S7-200 SMART PLC 中，定时器（T）可用于时间累计，其分辨率（时基增量）分为 1ms、10ms 和 100ms 三种。定时器有以下两个变量：

1）当前值，为 16 位有符号整数，存储定时器所累计的时间。

2）定时器位，按照当前值和预置值的比较结果置位或复位（预置值是定时器指令的一部分）。

可以用定时器地址来存取这两种形式的定时器数据。究竟使用哪种形式取决于所使用的指令：如果使用位操作指令，则是存取定时器位；如果使用字操作指令，则是存取定时器当前值。

存取格式：T［定时器号］，如 T37。

S7-200 SMART PLC 中定时器可分为接通延时定时器、有记忆的接通延时定时器和断开延时定时器三种。它们是通过对一定周期的时钟脉冲波进行累计而实现定时功能的，时钟脉冲波的周期（分辨率）有 1ms、10ms、100ms 三种，当计时达到设定值时触点动作。

12. 计数器

在 S7-200 SMART PLC 中，计数器（C）可以用于累计其输入端脉冲波电平由低到高的次数。CPU 提供了三种类型的计数器：一种只能增加计数；一种只能减少计数；另外一种既可以增加计数，又可以减少计数。

计数器有以下两种形式：

1）当前值，为 16 位有符号整数，存储累计值。

2）计数器位，按照当前值和预置值的比较结果置位或复位（预置值是计数器指令的一部分）。

13. 顺控继电器存储器

顺控继电器存储器（S）用于组织机器操作或进入等效程序段的步骤，SCR 提供控制程序的逻辑分段。可以按位、字节、字或双字来存取 S 位。

位格式：S［字节地址］.［位地址］，如 S3.1。

字节、字或双字格式：S［长度］［起始字节地址］。

4.3 STEP 7 的编程语言

STEP 7 有梯形图、语句表和功能块图三种基本编程语言，可以相互转换。还有其他的一些编程语言，需要安装软件包。下面对一些编程语言加以简要介绍。

（1）顺序功能图（SFC）

STEP 7 中的顺序功能图是指 S7-Graph。它不是 STEP 7 的标准配置，需要安装软件包。顺序功能图是针对顺序控制系统进行编程的图形编程语言，特别适合编写顺序控制程序。

（2）梯形图（LAD）

梯形图直观易懂，适合数字量逻辑控制。其能流（Power Flow）与程序执行的方向一致。梯形图适合熟悉继电器电路的人员使用，应用最为广泛。设计复杂的触点电路时，最好用梯形图。

（3）功能块图（FBD）

"LOGO!" 系列微型 PLC 使用功能块图编程。功能块图适合熟悉数字电路的人员使用。

（4）语句表（STL）

语句表的功能比梯形图或功能块图强。语句表可供喜欢用汇编语言编程的用户使用。语句表输入快，可以在每条语句后面加上注释。设计高级应用程序时建议使用语句表。S7-200 SMART PLC 不支持此功能。

（5）S7-SCL 编程语言

STEP 7 的 S7-SCL（结构化控制语言）符合 EN 61131-3 标准。SCL 适合复杂的公式计算、复杂的计算任务和最优化算法，或者管理大量的数据等。S7-SCL 编程语言适合熟悉高级编程语言（如 PASCAL 或 C 语言）的人员使用。S7-200 SMART PLC 不支持此功能。

（6）S7-Higraph 编程语言

图形编程语言 S7-Higraph 属于可选软件包，它用状态图（state graphs）来描述异步、非顺序过程的编程语言。S7-Higraph 适合异步非顺序过程的编程。S7-200 SMART PLC 不支持此功能。

（7）S7-CFC 编程语言

S7-CFC（连续功能图）用图形方式连接程序库中可选软件包，以块的形式提供各种功能。CFC 适合连续过程控制的编程。它不是 STEP 7 的标准配置，需要安装软件包。S7-200 SMART PLC 不支持此功能。在 STEP 7 编程软件中，如果程序块没有错误，并且被正确地划分为程序段，则可在梯形图、功能块图和语句表之间转换。如果部分程序段不能转换，则用语句表表示。

4.4　位逻辑指令

基本逻辑指令是指构成基本逻辑运算功能指令的集合，包括基本位操作、置位/复位、边沿触发、逻辑栈、定时、计数、比较等逻辑指令。S7-200 SMART PLC 共有 27 条逻辑指令，现按用途分类如下。

1. 装载及线圈输出指令（见图 4-6）

LD（Load）：常开触点逻辑运算开始。

LDN（Load Not）：常闭触点逻辑运算开始。

＝（Out）：线圈输出。

指令使用说明如下：

1）LD 指令，对应梯形图从左侧母线开始，连接常开触点。

2）LDN 指令，对应梯形图从左侧母线开始，连接常闭触点。

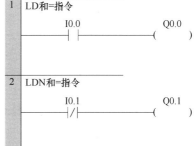

图 4-6　装载及线圈输出指令应用举例

3）＝（Out）指令，可用于输出过程映像寄存器、辅助继电器、定时器及计数器等，一般不用于输入过程映像寄存器。

4）LD、LDN 的操作数为 I、Q、M、SM、T、C、S。＝的操作数为 Q、M、SM、T、C、S。

图 4-6 所示的梯形图的含义解释：当程序段 1 中的常开触点 I0.0 接通，则线圈 Q0.0 得

电；当程序段 2 中的常闭触点 I0.1 接通，则线圈 Q0.1 得电。此梯形图的含义与之前的电气控制中的电气图类似。

扫一扫看视频

2. 与和与非指令（见图 4-7）

A(And)：与指令，即常开触点串联。

AN(And Not)：与非指令，即常闭触点串联。

指令使用说明如下：

1) A、AN，是单个触点串联指令，可连续使用。

2) A、AN 的操作数为 1、Q、M、SM、T、C、S。

图 4-7 所示的梯形图的含义解释：当程序段 1 中的常开触点 I0.0、M0.0 同时接通，则线圈 Q0.0 得电，常开触点 I0.0、M0.0 都不接通，或者只有一个接通，线圈 Q0.0 不得电，常开触点 I0.0、M0.0 是串联（与）关系；当程序段 2 中的常开触点 I0.1、常闭触点 M0.1 同时接通，则线圈 Q0.1 得电，常开触点 I0.1 和常闭触点 M0.1 是串联（与非）关系。

扫一扫看视频

3. 或和或非指令（见图 4-8）

O(Or)：或指令，即常开触点并联

ON(Or Not)：或非指令，即常闭触点并联。

1) O、ON，是单个触点并联指令，可连续使用。

2) O、ON 的操作数为 I、Q、M、SM、T、C、S。

图 4-8 所示的梯形图的含义解释：当序段 1 中的常开触点 I0.0、M0.0，常闭触点 M0.1 有一个或多个接通，则线圈 Q0.0 得电，常开触点 I0.0、M0.0 和常闭触点 M0.1 是并联（或、或非）关系。

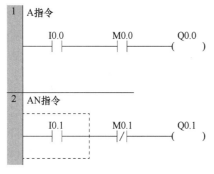
图 4-7　与和与非指令应用举例

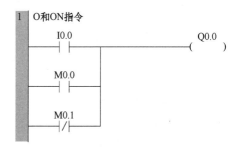
图 4-8　或和或非指令应用举例

4.5　S7-200 SMART PLC 指令系统

4.5.1　怎样学习功能指令

功能指令可分为较常用的指令、与数据的基本操作有关的指令、与 PLC 的高级应用有关的指令和用得较少的指令。

初学功能指令时，首先可以按指令的分类浏览所有指令。初学者有必要花大量的时间去熟悉功能指令使用中的细节，应重点了解指令的基本功能和有关的基本概念，应通过读程序、编程序和调试程序来学习功能指令。

4.5.2　S7-200 SMART PLC 的指令规约

1. 使能输入与使能输出

使能输入端 EN 有能流流入方框指令时，指令才能被执行，如图 4-9 所示。

EN 输入端有能流且指令执行时无错误，则使能输出端 ENO 将能流传递给下个方框指令或线圈。

语句表用 AENO 指令来产生与方框指令的 ENO 相同的效果。删除 AENO 指令后，方框指令将由串联变为并联。

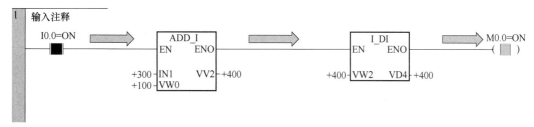

图 4-9　ENO 为 ON 的梯形图程序状态

2. 梯形图中的指令

条件输入指令，必须通过触点电路连接到左侧母线上。不需要条件的指令，必须直接连接在左侧母线上。输入语句表指令时，必须使用英文的标点符号。

3. 能流指示器

图 4-10 中的双箭头表示开路能流指示器。必须解决开路问题，程序段才能成功编译。可将其他梯形图元件附加到 ENO 端的可选能流指示器。没有在该位置添加元件，程序段也能成功编译。

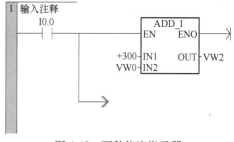

图 4-10　两种能流指示器

4.5.3　基本位逻辑指令

位逻辑指令针对触点和线圈进行运算操作。其中有关触点及线圈的指令是应用最多的。使用时，要弄清指令的逻辑含义，以及指令的梯形图与语句表两种表达形式〔其中语句表（STL）了解即可〕。

1. 常开、常闭指令（见表 4-4）

表 4-4　常开、常闭指令

梯 形 图	指 令 表	功 能 说 明
——┤├——	LD Bit	当位等于 1 时，通常打开（LD，A，O）触点为 1
——┤/├——	LDN Bit	当位等于 0 时，通常打开（LD，A，O）触点为 1

位的读取与写入，位的读取在梯形图中就是放置触点，写入就是放置线圈。如图 4-11 所示，第一个程序段，通过放置触点 I0.0 来读取二进制位 I0.0（即过程映像输入寄存器的每 0 字节第 0 位）对应输入 I0.0，并把其状态写入到标志寄存器的 M0.1；第二个程序段是把 M0.1 的当前值复制给 Q0.0。所以要记住放置触点就是读某个位，放置线圈就是写某个位。

常开触点和常闭触点称为标准触点，其操作数为 I、Q、V、M、SM、S、T、C、L 等。

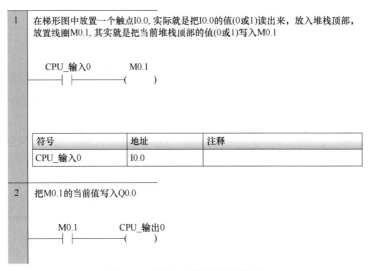

图 4-11　触点和线圈应用举例

2. 取反指令（见表 4-5）

表 4-5　取反指令

梯　形　图	指　令　表	功　能　说　明
—| NOT |—	NOT	当使能位到达 NOT（取反）触点时，即停止。当使能位未达到 NOT（取反）触点时，则供给使能位

取反指令触点是将其左边电路的逻辑运算结果取反，逻辑运算结果若为 1 则变为 0。

3. 沿指令（见表 4-6）

表 4-6　沿指令

指令名称	梯　形　图	功　能　说　明
上升沿	—|P|—	由 OFF 到 ON 产生宽度为一个扫描周期的上升沿
下降沿	—|N|—	由 ON 到 OFF 产生宽度为一个扫描周期的下降沿

4. 线圈输出指令（见表 4-7）

表 4-7　线圈输出指令

梯　形　图	指　令　表	功　能　说　明	操　作　元　件
—( )—	=	将运算结果输出到继电器	I、Q、V、M、SM、S、T、C、L

扫一扫看视频

单一网络段最多只能并联输出 32 个线圈点，单一网络段最多只能串联 31 个触点。

单一网络段最多只能并联 16 个指令盒，单一网络段最多只能串联 10 个指令盒。

5. 置位、复位指令（见表 4-8）

表 4-8　置位、复位指令

梯　形　图	指　令　表	功　能　说　明	操　作　数
—(S)—	S Bit N	把操作数（bit）从指定的地址开始的 N 个点都置 1 并保持	N 的范围为 1~255

(续)

梯 形 图	指 令 表	功 能 说 明	操 作 数
——(R)——	R Bit N	把操作数（bit）从指定的地址开始的 N 个点都复位清 0 并保持	N 的范围为 1~255

置位线圈指令 S 在相关工作条件满足时，从指定的位地址开始 N 个位地址都被置位（变为 1），N＝1~255。工作条件失去后，这些位仍保持置 1。

复位需用线圈复位指令。执行复位线圈指令 R 时，从指定的位地址开始的 N 个位地址都被复位（变为 0），N＝1~255。

扫一扫看视频

4.5.4　SR、RS 触发器指令

SR、RS 触发器指令见表 4-9。

表 4-9　SR、RS 触发器指令

梯 形 图	指令表	功 能 说 明	操 作 数
I0.0　　　　Q0.0 —| |—[S1　OUT]—( )— 　　　　[SR] I0.1 —| |—[R]	SR	如果设置（S1）和复位（R）信号均为 1，则输出（OUT）为 1	I、Q、VS、T、C、L、M、SM
I0.2　　　　Q0.1 —| |—[S　OUT]—( )— 　　　　[RS] I0.3 —| |—[R1]	RS	如果设置（S1）和复位（R）信号均为 1，则输出（OUT）为 0	I、Q、V、S、T、C、L、M、SM

置位优先触发器是一个置位优先的锁存器。当置位信号（S1）为真时，输出为真。

复位优先触发器是一个复位优先的锁存器。当复位信号（R1）为真时，输出为假。

基本位逻辑指令和 SR、RS 触发器指令应用举例。

1. 设备启保停控制程序（见图 4-12）

启动按钮 I0.0，停止按钮 I0.1，输出线圈 Q0.0。

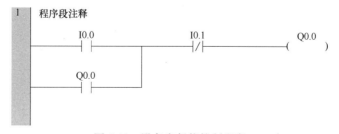

图 4-12　设备启保停控制程序

2. 单按钮启停控制

I0.0 按钮单独来控制 Q0.0 的启动和停止，按下 I0.0 按钮接通 Q0.0 并保持；再次按下 I0.0 断开 Q0.0。

（1）使用常开、常闭、线圈等的单按钮启停程序（见图4-13）

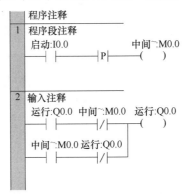

图4-13　使用常开、常闭、线圈等的单按钮启停程序

（2）使用置位优先触发器的单按钮启停程序（见图4-14）

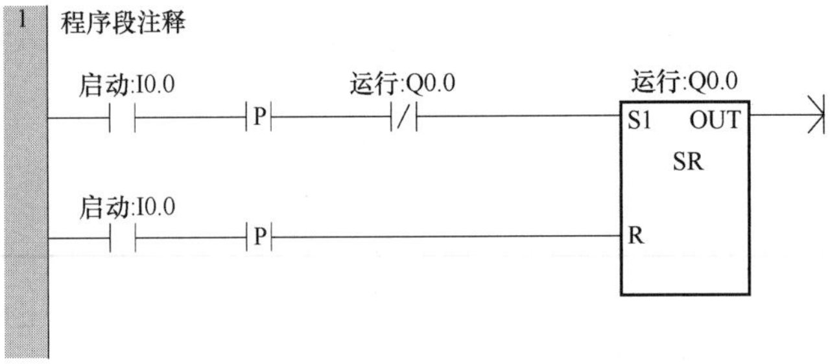

图4-14　使用置位优先触发器的单按钮启停程序

（3）使用复位优先触发器的单按钮启停程序（见图4-15）

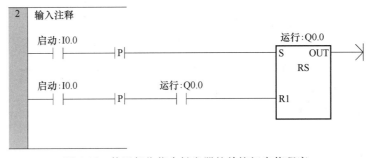

图4-15　使用复位优先触发器的单按钮启停程序

3. 两地分别控制同一设备的启停程序（见图4-16）

两地均有启动按钮和停止按钮，均可以单独启动和停止设备。A地点的启动按钮I0.0，停止按钮I0.1；B地点的启动按钮I0.2，停止按钮I0.3；输出线圈Q0.0。

4. 两地同时控制同一设备的启停程序（见图4-17）

两地均有启动按钮和停止按钮，两地同时按下启动按钮，设备才能启动，两地任意一方按下停止按钮则设备停止。A地点的启动按钮I0.0，停止按钮I0.1，B地点的启动按钮I0.2，停止按钮I0.3，输出线圈Q0.0。

电机的正反转控制，I0.0与电机正转启动按钮连接，I0.1与电机反转启动按钮连接，10.2与电机停止按钮（常闭）连接，I0.3与电机热继电器（常开）连接，Q0.0接通电机

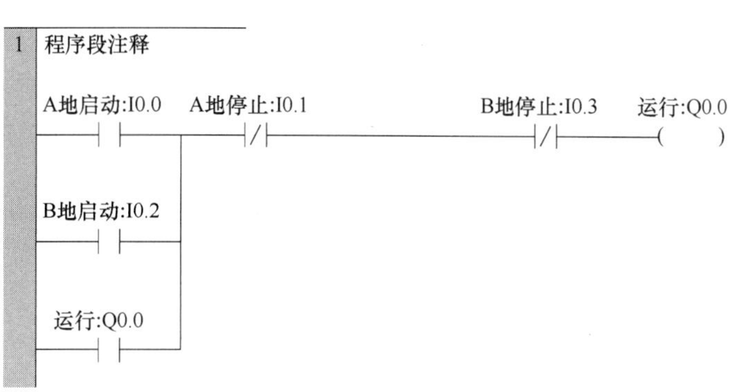

图 4-16　两地分别控制同一设备的启停程序

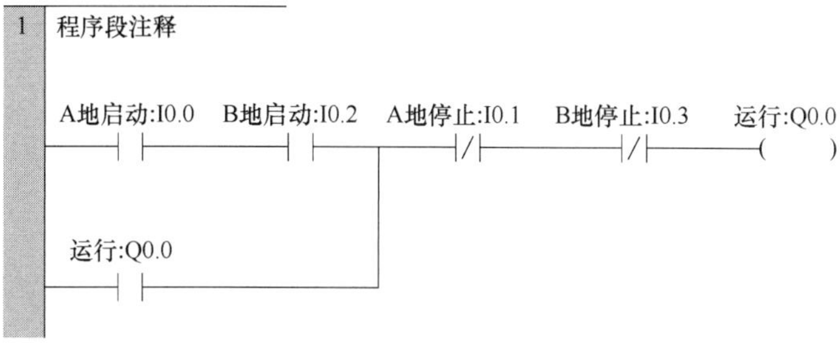

图 4-17　两地同时控制同一设备的启停程序

正转，Q0.1 接通电机反转。电机正反转梯形图如图 4-18 所示。虽然有 Q0.0 和 Q0.1 的常闭触点互锁，但由于 PLC 的扫描速度极快，Q0.0 的断开和 Q0.1 的接通几乎是同时发生的，若 PLC 的外围电路无互锁触点，就会使正转接触器断开，其触点间的电弧未灭时，反转接触器已经接通，可能导致电源瞬时短路。为了避免这种情况的发生，外部电路需要互锁，正反转切换时，最好能延时一段时间。读者可以想一想，若停止按钮与常开触点相连，则梯形图应该做何变化。

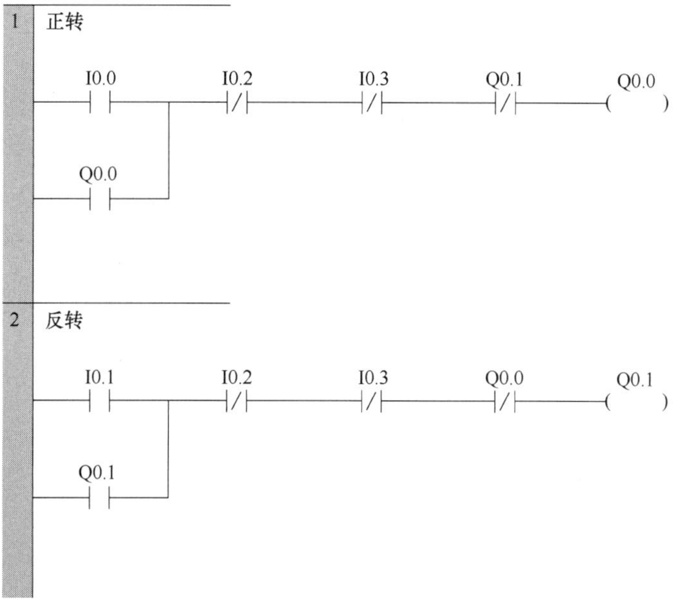

图 4-18　电机正反转梯形图

5. 四台电机顺序启动、逆序停止程序（见图 4-19）

每按一次启动按钮，启动一台电机；每按一次停止按钮，停掉最后启动的那台电机；按下紧急停止按钮，停止所有的电机。I0.0 为启动按钮，I0.1 为停止按钮，I0.2 为紧急停止按钮，Q0.0~Q0.3 为电机控制的输出点。

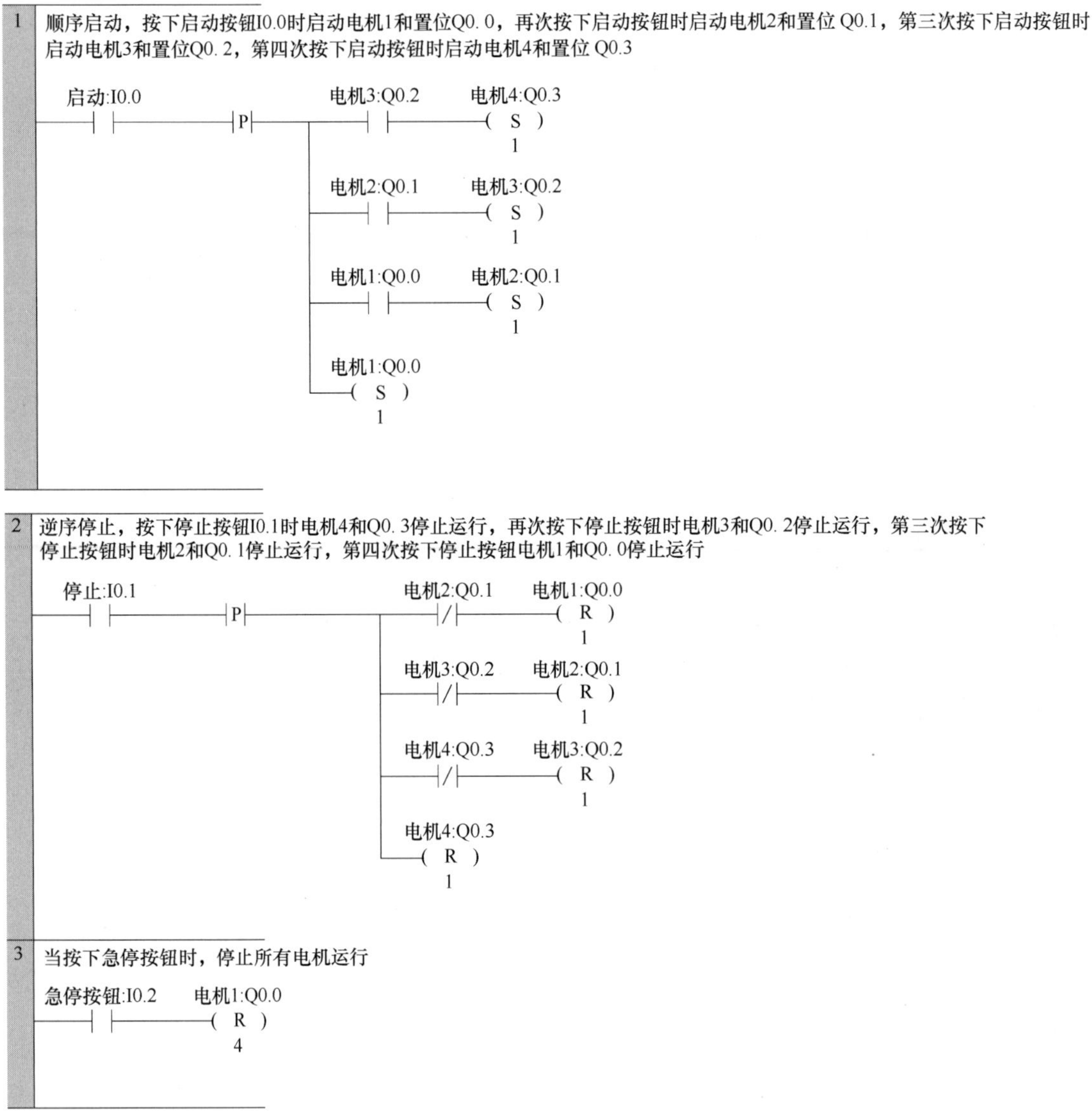

```
1  顺序启动，按下启动按钮I0.0时启动电机1和置位Q0.0，再次按下启动按钮时启动电机2和置位Q0.1，第三次按下启动按钮时
   启动电机3和置位Q0.2，第四次按下启动按钮时启动电机4和置位Q0.3

   启动:I0.0              电机3:Q0.2    电机4:Q0.3
   ──┤├──────┤P├──┬───────┤├──────────( S )
                  │                      1
                  │       电机2:Q0.1    电机3:Q0.2
                  ├───────┤├──────────( S )
                  │                      1
                  │       电机1:Q0.0    电机2:Q0.1
                  ├───────┤├──────────( S )
                  │                      1
                  │       电机1:Q0.0
                  └───────( S )
                             1
```

```
2  逆序停止，按下停止按钮I0.1时电机4和Q0.3停止运行，再次按下停止按钮时电机3和Q0.2停止运行，第三次按下
   停止按钮时电机2和Q0.1停止运行，第四次按下停止按钮电机1和Q0.0停止运行

   停止:I0.1          电机2:Q0.1    电机1:Q0.0
   ──┤├──────┤P├──┬───┤/├──────────( R )
                  │                   1
                  │   电机3:Q0.2    电机2:Q0.1
                  ├───┤/├──────────( R )
                  │                   1
                  │   电机4:Q0.3    电机3:Q0.2
                  ├───┤/├──────────( R )
                  │                   1
                  │   电机4:Q0.3
                  └───( R )
                         1
```

```
3  当按下急停按钮时，停止所有电机运行

   急停按钮:I0.2    电机1:Q0.0
   ──┤├───────────( R )
                     4
```

图 4-19　四台电机顺序启动、逆序停止程序

4.5.5　定时器指令

1. 定时器分类

S7-200 SMART PLC 的定时器为增量型定时器，用于实现时间控制，它可以按照工作方式和时间基准分类。

（1）按照工作方式分类

定时器可分为通电延时型（TON）、有记忆的通电延时型或保持型（TONR）、断电延时型（TOF）三种类型。

（2）按照时间基准分类

按照时间基准（简称时基），定时器可分为 1ms、10ms、100ms 三种类型。时间基准不同，定时精度、定时范围和定时器的刷新方式也不同。

定时器的工作原理是，定时器的使能端输入有效后，当前值寄存器对 PLC 内部的时基脉冲波增 1 计数，最小计时单位为时基脉冲波的宽度。时间基准代表着定时器的定时精度（分辨率）。

定时器的使能端输入有效后，当前值寄存器对时基脉冲波增计数，当计数值大于或等于定时器的预置值后，状态位置 1。从定时器输入有效到状态位置 1 经过的时间称为定时时间。定时时间等于时基乘以预置值，时基越大，定时时间越长，但精度越差。

1ms 定时器每隔 1ms 刷新一次。因为时基与扫描周期和程序处理无关，所以当扫描周期较长时，定时器在一个周期内可能被多次刷新，其当前值在一个扫描周期内不一定保持一致。

10ms 定时器在每个扫描周期开始时自动刷新。由于每个扫描周期只刷新一次，故在每次程序处理期间，其当前值为常数。

100ms 定时器在定时器指令执行时被刷新，下一条执行的指令即可使用刷新后的结果，使用方便可靠。但应当注意的是，如果定时器的指令不是每个周期都执行（条件跳转时），定时器就不能及时刷新，可能会导致出错。

定时器工作方式和分辨率见表 4-10。

表 4-10　定时器工作方式和分辨率

定时器类型	分辨率	最大定时值	定时器值
TONR （可保持）	1ms	32.767s（0.546min）	T0，T64
	10ms	327.67s（5.46min）	T1~T4，T65~T68
	100ms	3276.7s（54.6min）	T5~T31，T69~T95
TON，TOF （不保持）	1ms	32.767s（0.546min）	T32，T96
	10ms	327.67s（5.46min）	T33~T36，T97~T100
	100ms	3276.7s（54.6min）	T37~T63，T101~T255

S7-200 SMART PLC 的 256 个定时器工作方式有 TON、TOF 和 TONR，以及 3 种时基标准（TON 和 TOF 共享同一组定时器，不能重复使用）。定时器操作和 PLC 上电循环见表 4-11。

表 4-11　定时器操作和 PLC 上电循环

类型	当前值≥预设值	使能输入 IN 的状态	上电循环/首次扫描
TON	定时器位接通 当前值继续定时到 32767	ON：当前值=定时值 OFF：定时器位断开，当前值=0	定时器位=OFF 当前值=0
TONR	定时器位接通 当前值继续定时到 32767	ON：当前值=定时值 OFF：定时器位和当前值保持最后状态和值	定时器位=OFF 当前值可以保持
TOF	定时器位断开 当前值=预设值，停止定时	ON：定时器位接通，当前值=0 OFF：在接通-断开转换之后，定时器开始定时	定时器位=OFF 当前值=0

定时器指令的有效操作数见表 4-12。

表 4-12　定时器指令的有效操作数

输入/输出	数 据 类 型	操 作 数
Txxx	WORD	定时器编号（T0~T255）
IN	BOOL	I、Q、V、M、SM、S、T、C、L、能流
PT	INT	? IW、QW、VW、MW、SMW、SW、T、C、LW、AC、AIW、*VD、*LD、*AC、常数

2. 工作原理分析

下面分别叙述 TON、TONR、TOF 定时器的使用方法。这三类定时器均有使能输入端 N 和预置值输入端 PT。PT 预置值的数据类型为 INT，最大预置值是 32767。

（1）通电延时型（TON）定时器

使能端 IN 输入有效时，定时器开始计时，当前值从 0 开始递增，大于或等于预置值 PT 时，定时器输出状态位置 1。使能端输入无效（断开）时，定时器复位（当前值清 0，输出状态位置 0）。

TON 定时器应用举例编程梯形图如图 4-20 所示。其中，一台电机，有一个启动按钮 I0.0 和一个停止按钮 I0.1，按下启动按钮时电机延时 5s 后运行，按下停止按钮后电机立即停止。

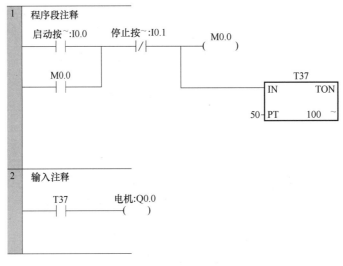

图 4-20　TON 定时器应用举例编程梯形图

（2）有记忆的通电延时型（TONR）定时器

使能端输入有效时，定时器开始计时，当前值递增，当前值大于或等于预置值时，输出状态位置 1。使能端输入无效时，当前值保持（记忆），使能端再次接通有效时，在原记忆值的基础上递增计时。TONR 定时器采用线圈的复位指令进行复位操作，当复位线圈有效时，定时器当前值清 0，输出状态位置 0。

TONR 定时器应用举例编程梯形图如图 4-21 所示。

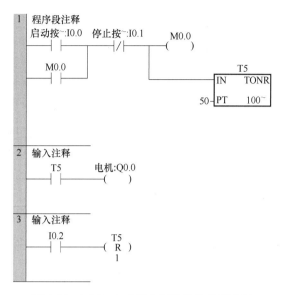

图 4-21　TONR 定时器应用举例编程梯形图

【关键点】 TONR 定时器的线圈带电后，必须复位才能断电。达到预设时间后，TON 和 TONR 定时器继续定时，直到达到最大值 32767 时才停止定时。

（3）断电延时型（TOF）定时器

使能端输入有效时，定时器输出状态位立即置 1，当前值清 0。使能端断开时，开始计时，当前值从 0 递增，当前值达到预置值时，定时器状态位复位置 0，并停止计时，当前值保持。

TOF 定时器应用举例编程梯形图如图 4-22 所示。该例是控制车库中一盏灯，当人离开车库后，按下停止按钮，5s 后灯熄灭。

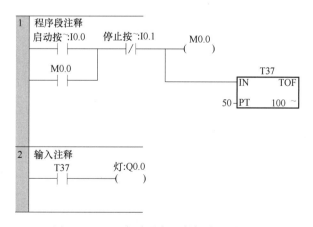

图 4-22　TOF 定时器应用举例编程梯形图

【例 4-5】 定时器应用 1。有红、黄、绿 3 盏小灯，当按下启动按钮，3 盏小灯每隔 2s 轮流点亮，并循环；当按下停止按钮，3 盏小灯全部熄灭。

【解】 方法 1 程序梯形图如图 4-23 所示。

扫一扫看视频

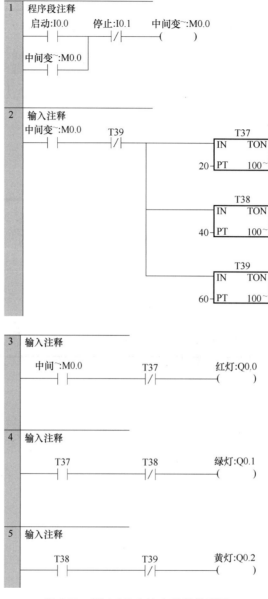

图 4-23　例 4-5 的方法 1 程序梯形图

方法 2 程序梯形图如图 4-24 所示。

【例 4-6】　定时器应用 2。5 台电机顺序启动逆序停止：按下启动按钮 I0.0，第一台电机启动 Q0.0 输出，每过 5s 启动一台电机，直至 5 台电机全部启动；当按下停止按钮 I0.1，停掉最后启动的那台电机，每过 5s 停止前一台，直至 5 台电机全部停止；任意时刻按下停止按钮都可以停掉最后启动的那台电机。

【解】　程序梯形图如图 4-25 所示。

【例 4-7】　定时器应用 3。利用定时器控制电机正转 2s 停 2s，反转 2s 停 2s，反复循环，直到按下停止按钮，电机停止。

【解】　程序梯形图如图 4-26 所示。

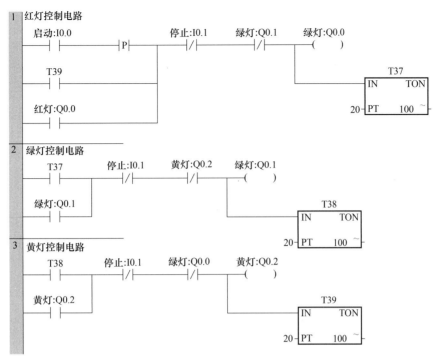

图 4-24　例 4-5 的方法 2 程序梯形图

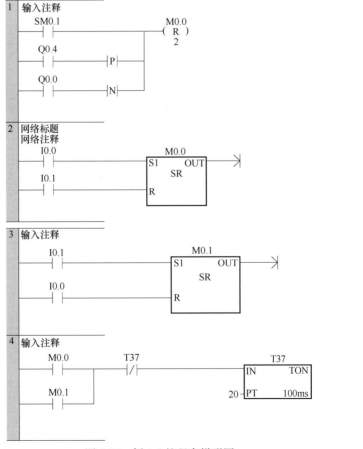

图 4-25　例 4-6 的程序梯形图

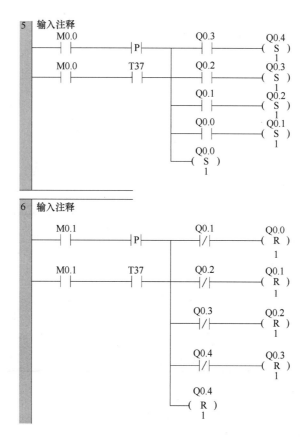

图 4-25 例 4-6 的程序梯形图（续）

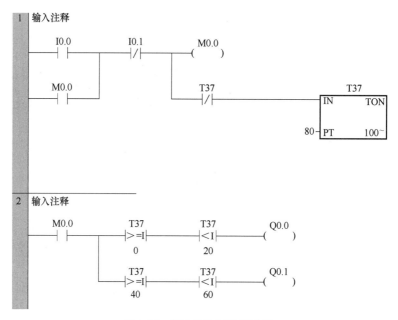

图 4-26 例 4-7 的程序梯形图

【例 4-8】 大功率电机的星三角控制：一个启动按钮 I0.0，一个停止按钮 I0.1，一个主输出 Q0.0，星形输出 Q0.1，三角形输出 Q0.2，用两个定时器，一个启动延时用，一个是星形转三角形时延时 0.2s 用，要加互锁。

【解】 程序梯形图如图 4-27 所示。

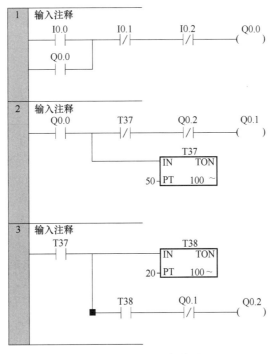

图 4-27 例 4-8 的程序梯形图

4.5.6 计数器指令

计数器利用输入脉冲波上升沿累计脉冲波个数，S7-200 SMART PLC 有加计数 CTU、加减计数 CTUD 和减计数 CTD 共三类计数指令。有的资料上将加计数器称为"递加计数器"。计数器的使用方法和结构与定时器基本相同，主要由预置值寄存器、当前值寄存器和状态位等组成。

在梯形图指令符号中，CU 表示增 1 计数脉冲波输入端，CD 表示减 1 计数脉冲波输入端，R 表示复位脉冲波输入端，LD 表示减计数器复位脉冲波输入端，PV 表示预置值输入端，数据类型为 INT，预置值最大为 32767。计数器的范围为 C0~C255。计数器指令的梯形图格式如下：

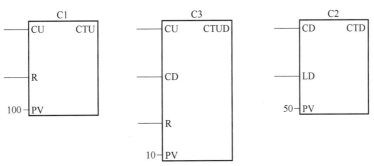

计数器指令有效操作数见表 4-13。

表 4-13　计数器指令有效操作数

输入/输出	数据类型	操 作 数
Cxx	WORD	常数（C0~C255）
CU、CD、LD、R	BOOL	I、Q、V、M、SM、S、T、C、L、逻辑流
PV	INT	IW、QW、VW、MW、SMW、SW、LW、T、C、AC、AIW、*VD、*LD、*AC、常数

计数器工作规律见表 4-14。

表 4-14　计数器工作规律

类型	操 作	计 数 器 位	上电周期/首次扫描
CTU	CU 增加当前值，直至达到 32767	当前值≥预设值时，计数器位接通	计数器位关断，当前值可保留
CTD	CD 减少当前值，直至达到 0	当前值=0 时，计数器位接通	计数器位关断，当前值可保留
CTUD	CU 增加当前值。CD 减少当前值。当前值持续增加或减少，直至计数器复位	当前值≥预设值时，计数器位接通	计数器位关断，当前值可保留

1. 加计数器 CTU

当 CU 端的输入脉冲波上升沿时，计数器的当前值增 1，当前值保存在 Cxx（如 C0）中。当前值大于或等于预置值 PV 时，计数器状态位置 1。复位输入 R 有效时，计数器状态位复位，当前计数器值清 0。当计数值达到最大（即 32767）时，计数器停止计数。加计数器端口定义如图 4-28 所示。

扫一扫看视频

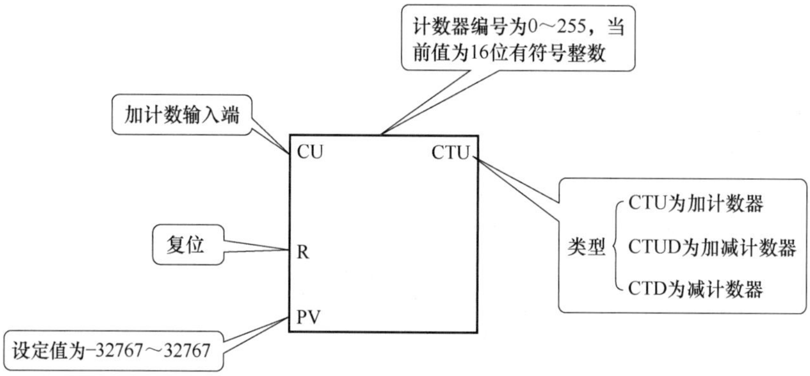

图 4-28　加计数器端口定义

【例 4-9】　用一个按钮控制一盏灯的亮和灭，即奇数次按时灯亮，偶数次按时灯灭。

【解】　当 I0.0 第一次合上时，V0.0 接通一个扫描周期，使得 Q0.0 线圈得电一个扫描周期；当下次扫描周期到达，Q0.0 常开触点闭合自锁，灯亮。当 I0.0 第二次合上时，V0.0 接通一个扫描周期，C0 计数为 2，Q0.0 线圈断电，使得灯灭，同时计数器复位。其梯形图如图 4-29 所示。

【例 4-10】　编写一段程序，实现延时 6h 后点亮一盏灯，并设计启停控制。

【解】　S7-200 SMART PLC 的定时器的最大定时时间是 3276.7s，还不到 1h，因此要延时 6h 需要特殊处理，具体方法是用一个定时器 T37 定时 30min；每到定时的 30min，计数器计数增加 1，直到计数 12 次，定时时间就是 6h。其梯形图如图 4-30 所示。

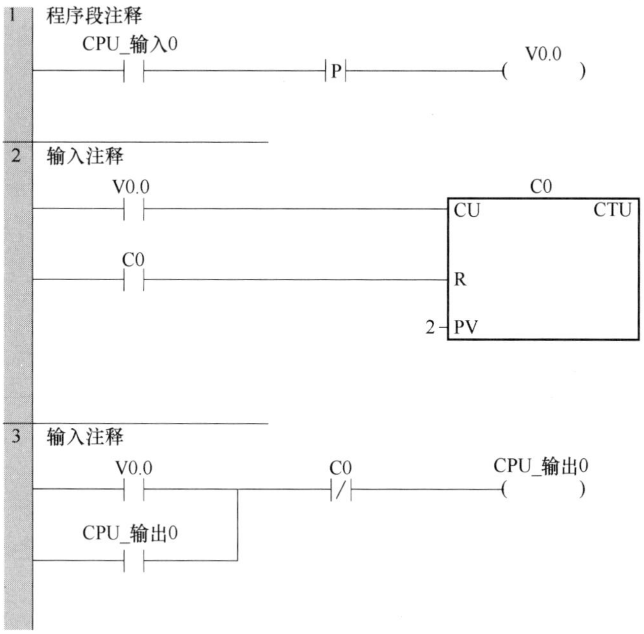

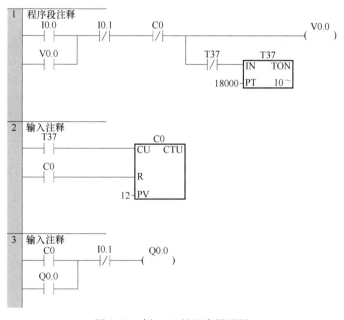

图 4-29　例 4-9 的程序梯形图

图 4-30　例 4-10 的程序梯形图

2. 加减计数器 CTUD

加减计数器有两个脉冲波输入端,CU 用于加计数,CD 用于递减计数。执行加减计数指令时,CU 或 CD 端的计数脉冲波上升沿进行增 1 或减 1 计数。当前值大于或等于计数器的预置值时,计数器状态位置位。复位输入 R 有效时,计数器状态位复位,当前值清 0。有的资料称加减计数器为增减计数器。加减计数器端口定义如图 4-31 所示。

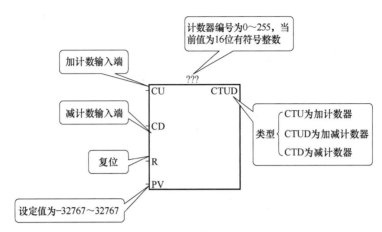

图 4-31　加减计数器端口定义

【例 4-11】　对某一端口上输入的信号进行计数，当计数达到某个变量存储器的设定值 10 时，PLC 控制灯泡发光。同时，对该端口的信号进行减计数，当计数值小于另外一个变量存储器的设定值 5 时，PLC 控制灯泡熄灭，同时计数值消零。

【解】　程序梯形图如图 4-32 所示。

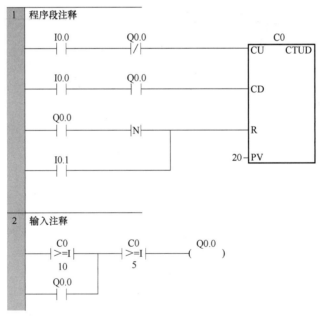

图 4-32　例 4-11 的程序梯形图

3. 减计数器 CTD

复位输入 LD 有效时，计数器把预置值 PV 装入当前值寄存器，计数器状态位复位。在 CD 端的每个输入脉冲波上升沿，减计数器的当前值从预置值开始递减计数；当前值等于 0 时，计数器状态位置位，并停止计数。有的资料称减计数器为"递减计数器"。减计数器端口定义如图 4-33 所示。

【例 4-12】　对某一端口上输入信号计数，当达到设定值 10 时，PLC 控制灯泡发光。当按下复位按钮时，PLC 控制灯泡熄灭，同时计数值复位。

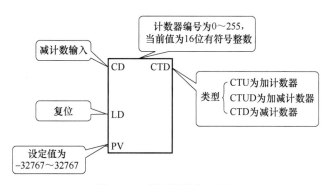

图 4-33　减计数器端口定义

【解】　程序梯形图如图 4-34 所示。

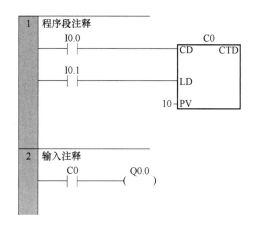

图 4-34　例 4-12 的程序梯形图

4.5.7　比较指令

比较指令用于比较两个数值或字符串，满足比较关系式给出的条件时，触点闭合。比较指令为实现上、下限控制及数值条件判断提供了方便。

数值比较指令的运算有 =、>=、<=、>、< 和 <> 6 种。而字符串比较指令只有 = 和 <> 两种。

字节比较指令用于比较两个字节型无符号整数值 IN1 和 IN2 的大小，=B、>=B、<=B、>B、<B 和 <>B。

整数比较指令用于比较两个字节的有符号整数值 INI 和 IN2 的大小，其范围是 16#8000 ~ 16#7FFF（10 进制 -32768~32767）= I、>=I、<=I、>I，<I 和 <>I。

双字整数比较指令用于比较两个有符号双字 INI 和 IN2 的大小，其范围是 16#800000 ~ 16#7FFFFFFF，=D、>=D、<=D、>D、<D 和 <>D。

实数比较指令用于比较两个实数 1N1 和 IN2 的大小，是有符号的比较．=R、>=R、<=R、>R、<R 和 <>R。

【例 4-13】　某轧钢厂的成品库可存放钢卷 1000 个，因为不断有钢卷入库、出库，需要对库存的钢卷进行统计。当库存低于下限 100 时，指示灯 HL1 亮；当库存大于 900 时，指示灯 HL2 亮；当达到库存上限 1000 时报警器 HA 响，停止入库。

【解】 程序梯形图如图 4-35 所示。

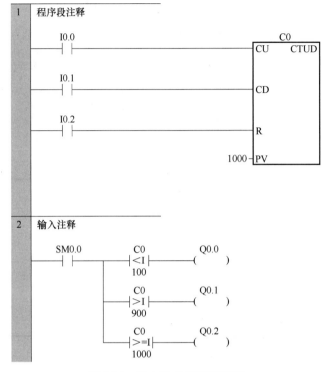

图 4-35 例 4-13 的程序梯形图

【例 4-14】 十字路口交通灯控制：①在十字路口，要求东西方向和南北方向各通行 8s，并周而复始；②在南北方向通行时，东西方向的红灯亮 8s，而南北方向的绿灯先亮 4s，后再闪 2s（0.5s 暗，0.5s 亮）后黄灯亮 2s；③在东西方向通行时，南北方向的红灯亮 8s，而东西方向的绿灯先亮 4s，后再闪 2s（0.5s 暗，0.5s 亮）后黄灯亮 2s。

【解】 输入有，启动 I0.0 和停止 I0.1；输出有，东西方向的红灯 Q0.0、黄灯 Q0.1、绿灯 Q0.2，南北方向、红灯 Q1.0、黄灯 Q1.1、绿灯 Q1.2。

程序梯形图如图 4-36 所示。

图 4-36 例 4-14 的程序梯形图

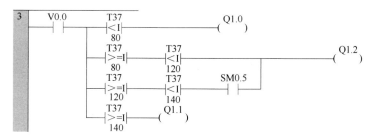

图 4-36　例 4-14 的程序梯形图（续）

4.5.8　数据处理指令

数据处理指令包括数据传送指令、数据转换指令等。数据传送指令非常有用，特别是在数据初始化、数据运算和通信时经常用到。

1. 数据传送指令

数据传送指令见表 4-15。

表 4-15　数据传送指令

LAD	STL	指令名	注　释

MOV_B / MOV_W / MOV_DW / MOV_R	MOVB IN, OUT
	MOVW IN, OUT
	MOVD IN, OUT
	MOVR IN, OUT
		传送字节、字、双字、实数	指令将输入字节、字、双字、实数（IN）移至输出字节、字、双字、实数（OUT），不改变原来的数值

BLKMOV_B / BLKMOV_W / BLKMOV_D	BMB, IN, OUT, N BMW, IN, OUT, N BMD, IN, OUT, N	成块传送字节、字、双字	指令将字节、字、双字数目（N）从输入地址（IN）移至输出地址（OUT），N 的范围是 1～255
SWAP	SWAP IN	交换	指令交换字（IN）的最高位字节和最低位字节
MOV_BIR / MOV_BIW	BIR IN, OUT BIW IN, OUT	传送字节立即读取 传送字节立即写入	指令读取实际输入 IN（作为字节），并将结果写入 OUT，但进程映像寄存器未更新

93

数据传送指令是在不改变原存储单元值（内容）的情况下，将输入端 IN 存储单元的值复制到输出端 OUT 存储单元中。该指令可用于存储单元的清零、程序初始化等。

传送包括单个数据传送及一次性传送多个连续字块的传送。每种又可依传送数据的类型分为字节、字、双字或实数等几种情况。

数据传送指令应用举例。

① 按下按钮 I0.0 时把常数 100 赋给 VW0（见图 4-37）

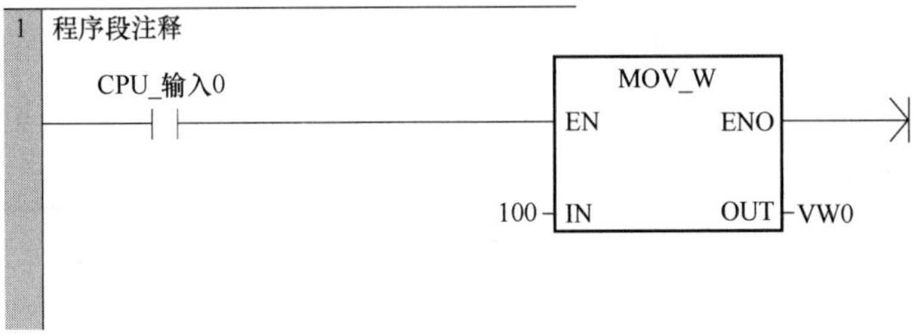

图 4-37　按下按钮 I0.0 时把常数 100 赋给 VW0 的梯形图

② 按下按钮 I0.0 时把 VW0 的常数赋给 VW10（见图 4-38）。

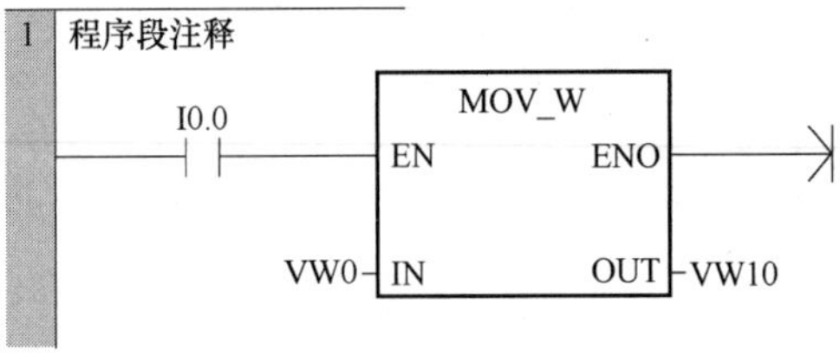

图 4-38　按下按钮 I0.0 时把 VW0 的常数赋给 VW10 的梯形图

③ 按下 I0.0 时把从 VB0 开始的 10 个字节里的值复制到从 VB100 开始的 10 个字节（见图 4-39）。

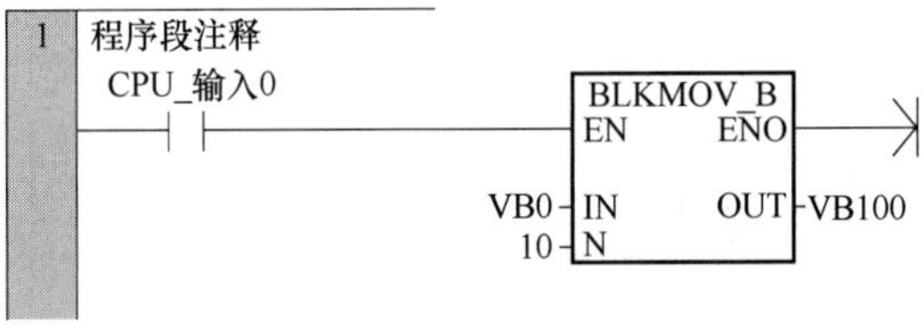

图 4-39　按下按钮 I0.0 时把从 VB0 开始的 10 个字节里的值复制到
从 VB100 开始的 10 个字节的梯形图

【例 4-15】　某设备可做两种型号的产品，由一个选择开关 I0.0 进行切换选择。当 I0.0 接通时为大型号的产品，按下启动按钮 I0.1 后 Q0.0 输出 10s 自动停止。当 I0.0 关断时为小型号的产品，按下启动按钮 I0.1 后 Q0.0 输出 5s 自动停止。

【解】　程序梯形图如图 4-40 所示。

2. 数据转换指令

数据转换指令是将数据由一种格式转换成另外一种格式来进行存储。例如，要对一个整数型数据和双整数型数据进行算术运算，一般要将整数型数据转换成双整数型数据。常用的数据转换指令见表 4-16。

扫一扫看视频

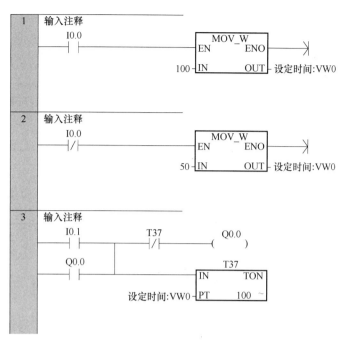

图 4-40　例 4-15 的程序梯形图

表 4-16　常用的数据转换指令

STL	LAD	说　明
BTI	B_I	将字节数值（IN）转换成整数数值，并将结果置入 OUT 指定的变量中
ITB	I_B	将整数数值（IN）转换成字节数值，并将结果置入 OUT 指定的变量中
ITD	I_DI	将整数数值（IN）转换成双精度整数数值，并将结果置入 OUT 指定的变量中
DTI	DI_I	将双精度整数数值（IN）转换成整数数值，并将结果置入 OUT 指定的变量中
DTR	DI_R	将双精度整数数值（IN）转换成 32 位实数数值，并将结果置入 OUT 指定的变量中
BTI	BCD_I	将二进制编码的十进制数值（IN）转换成整数数值，并将结果置入 OUT 指定的变量中
ITB	I_BCD	将整数数值（IN）转换成二进制编码的十进制数值，并将结果置入 OUT 指定的变量中
RND	ROUND	将实数数值（IN）转换成双精度整数数值，并将结果置入 OUT 指定的变量中
TRUNC	TRUNC	将 32 实数数值（IN）转换成 32 位双精度整数数值，并将结果的整数部分置入 OUT 指定的变量中

（1）整数转换双精度整数指令 I_DI

I_DI 指令是将 IN 端指定的内容以整数的格式读入，然后将其转换为双精度整数格式输出到 OUT 端。

【例 4-16】　程序梯形图如图 4-41 所示，IN 端的整数存储在 MW0 中（用 16 进制表示为 16#0016），当 I0.0 闭合时，转换完成后 OUT 端的 MD2 中的双精度整数是多少？

【解】　当 I0.0 闭合时激活整数转换成双精度整数指令，IN 端的整数存储在 MW0 中（用 16 进制表示为 16#0016），转换完成后 OUT 端的 MD2 中的双精度整数为 16#00000016。但要注意的是，MW2 = 16#0000，而 MW4 = 16#0016。

（2）双精度整数转换成实数指令 DI_R

DI_R 指令是将 IN 端指定的内容以双精度整数的格式读入，然后将其转换成实数码格式输出到 OUT 端。实数在算术运算中是很常用的。

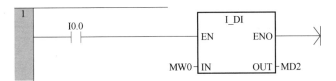

图 4-41 例 4-16 的程序梯形图

【例 4-17】 程序梯形图如图 4-42 所示，IN 端的双精度整数存储在 MD0 中，用十进制表示为 16，转换完成后 OUT 端的 MD4 中的实数是多少？

【解】 当 I0.0 闭合时，激活双精度整数转换成实数指令，IN 端的双精度整数存储在MD0 中（用十进制表示为 16），转换完成后 OUT 端 MD4 中的实数为 16.0。一个实数要用 4个字节存储。

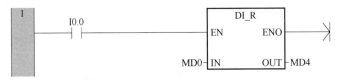

图 4-42 例 4-17 的程序梯形图

【关键点】 应用 I_DI 指令后，数值的大小并未改变，但转换是必需的，因为只有相同的数据类型，才可以进行数学运算。例如，要将一个整数和双精度整数相加，则比较保险的做法是先将整数转化成双精度整数，再做双精度加整数法。

DI_I 指令是将双精度整数转换成整数的指令，并将结果存入 OUT 指定的变量中。若双精度整数太大，则会溢出。

DI_R 是双精度整数转换成实数的指令，并将结果存入 OUT 指定的变量中。

（3）BCD 码转换为整数指令 BCD_I

BCD_I 指令是将二进制编码的十进制 WORD 数据类型值从 IN 端输入，转换为整数WORD 数据类型值，并将结果载入 OUT 端。

（4）取整指令 ROUND

ROUND 指令将实数进行四舍五入取整后转换成双精度整数格式。

【例 4-18】 程序梯形图如图 4-43 所示。IN 端的实数存储在 MD0 中，假设这个实数为3.14，进行四舍五入运算后 OUT 端的 MD4 中的双精度整数是多少？假设这个数为 3.88 进行四舍五入运算后 OUT 端的 MD4 中的双精度整数是多少？

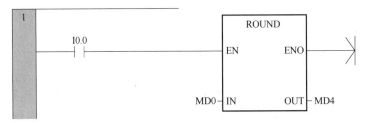

图 4-43 例 4-18 的程序梯形图

【解】 当 I0.0 闭合时，激活实数四舍五入指令，IN 端的实数存储在 MD0 中，假设这个实数为 3.14，进行四舍五入运算后，OUT 端的 MD4 中的双精度整数是 3；假设这个实数为 3.88，进行四舍五入运算后，OUT 端的 MD4 中的双精度整数是 4。

【关键点】ROUND 指令是取整（四舍五入）指令，而 TRUNC 指令是截取指令，将输入的 32 位实数转换成整数，只有整数部分保留，舍去小数部分，结果为双精度整数，并将结果存入 OUT 指定的变量中。例如，输入是 32.2，执行 ROUND 或 TRUNC 指令，结果转换成 32。但是，输入是 32.5，执行 TRUNC 指令，结果转换成 32；执行 ROUND 指令，结果转换成 33。请注意区分。

【例 4-19】　将英寸转换成厘米，已知单位为英寸的长度保存在 VW0 中，数据类型为整数；英寸和厘米的单位转换系数为 2.54，保存在 VD12 中，数据类型为实数；要将最终单位为厘米的结果保存在 VD20 中，且结果为整数。编写程序实现这一功能。

【解】　要将单位为英寸的长度转化成单位为厘米的长度，必须要用到实数乘法，因此乘数必须为实数，而已知的英寸长度是整数，所以先要将整数转换成双精度整数，再将双精度整数转换成实数，最后将乘积取整就得到结果。其程序梯形图如图 4-44 所示。

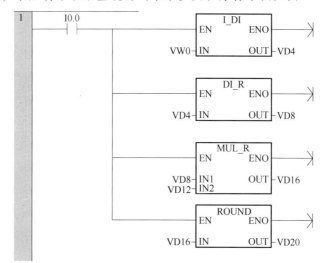

图 4-44　例 4-19 的程序梯形图

4.5.9　整数算术运算指令

S7-200 SMART PLC 的整数算术运算分为加法运算、减法运算、乘法运算和除法运算。其中每种运算方式又有整数型和双精度整数型两种。

（1）加整数指令 ADD_I

当允许 EN 端为高电平时，输入端 IN1 和 IN2 的整数相加，结果送入 OUT 端中。IN1 和 IN2 端的数可以是常数。加整数的表达式是，IN1+IN2＝OUT。

【例 4-20】　程序梯形图如图 4-45 所示。MW0 中的整数为 11，MW2 中的整数为 21，则当 I0.0 闭合时，整数相加，结果 MW4 中的数是多少？

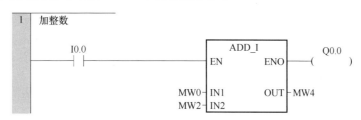

图 4-45　例 4-20 的程序梯形图

【解】 当 I0.0 闭合时，激活加整数指令，IN1 端的整数存储在 MW0 中，这个数为 11；IN2 端的整数存储在 MW2 中，这个数为 21；整数相加的结果存储在 OUT 端的 MW4 中的数是 32。由于没有超出计算范围，所以 Q0.0 输出为 1。假设 IN1 端的整数为 9999，IN2 端的整数为 30000 则超过整数相加的范围。由于超出计算范围，所以 Q0.0 输出为 0。

> 【关键点】 整数相加未超出范围时，当 I0.0 闭合时，Q0.0 输出为高电平，否则 Q0.0 输出为低电平。

加双精度整数指令 ADD_DI 与加整数指令 ADD_I 类似，只不过其数据类型为双精度整数，在此不再赘述。

（2）减双精度整数指令 SUB_DI

当允许输入端 EN 为高电平时，输入端 IN1 和 IN2 中的双精度整数相减，结果送入 OUT 端。IN1 和 IN2 的数可以是常数。减双精度整数的表达式是，IN1−IN2＝OUT。

【例 4-21】 程序梯形图如图 4-46 所示，IN1 的双精度整数存储在 MD0 中，数值为 22；IN2 的双精度整数存储在 MD4 中，数值为 11；当 I0.0 闭合时，双精度整数相减的结果存储在 OUT 端的 MD4 中，其结果是多少？

【解】 当 I0.0 闭合时，激活减双精度整数指令，IN1 的双精度整数存储在 MD0 中，假设这个数为 22；IN2 的双精度整数存储在 MD4 中，假设这个数为 11。那么，双精度整数相减的结果存储在 OUT 端的 MD4 中的数是 11。由于没有超出计算范围，所以 Q0.0 输出为 1。

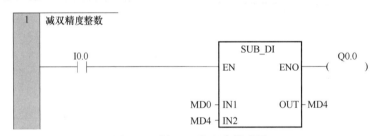

图 4-46　例 4-21 的程序梯形图

扫一扫看视频

扫一扫看视频

减整数指令 SUB_I 与减双精度整数指令 SUB_DI 类似，只不过其数据类型为整数，在此不再赘述。

（3）乘整数指令 MUL_I

当允许输入端 EN 为高电平时，输入端 IN1 和 IN2 的整数相乘，结果送入 OUT 端。IN1 和 IN2 的数可以是常数。乘整数的表达式是，IN1×IN2＝OUT。

【例 4-22】 程序梯形图如图 4-47 所示。IN1 的整数存储在 MW0 中，数值为 11；IN2 的整数存储在 MW2 中，数值为 11；当 I0.0 闭合时，整数相乘的结果存储在 OUT 端的 MW4 中，其结果是多少？

【解】 当 I0.0 闭合时，激活乘整数指令，OUT＝IN1×IN2，整数相乘的结果存储在 OUT 端的 MW4 中，结果是 121。由于没有超出计算范围，所以 Q0.0 输出为 1。

两个整数相乘得双精度整数的乘积指令 MUL，其两个乘数都是整数，乘积为双精度整数，注意 MUL 和 MUL_I 指令的区别。

双精度乘整数指令 MUL_DI 与乘整数指令 MUL_1 类似，只不过双精度乘整数数据类型为双精度整数，在此不再赘述。

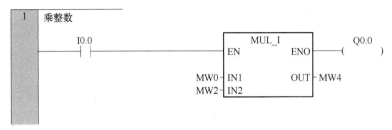

图 4-47　例 4-22 的程序梯形图

（4）除双精度整数指令 DIV_DI

当允许输入端 EN 为高电平时，输入端 IN1 的双精度整数除以 IN2 的双精度整数，结果为双精度整数，送入 OUT 端，不保留余数。IN1 和 IN2 的数可以是常数。

【例 4-23】　程序梯形图如图 4-48 所示。IN1 的双精度整数存储在 MD0 中，数值为 11；IN2 的双精度整数存储在 MD4 中，数值为 2；当 I0.0 闭合时，双精度整数相除的结果存储在 OUT 端的 MD8 中，其结果是多少？

【解】　当 I0.0 闭合时，激活除双精度整数指令，IN1 的双精度整数存储在 MD0 中，数值为 11；IN2 的双精度整数存储在 MD4 中，数值为 2。那么，双精度整数相除的结果存储在 OUT 端的 MD8 中的数是 5，不产生余数。由于没有超出计算范围，所以 Q0.0 输出为 1。

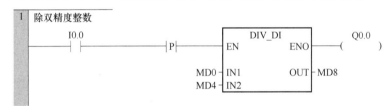

图 4-48　例 4-23 的程序梯形图

【关键点】除双精度整数法不产生余数。整数除指令 DIV_I 与除双精度整数指令 DIV_DI 类似，只不过其数据类型为整数，在此不再赘述。整数相除的商和余数指令 DIV，其除数和被除数都是整数，输出为双精度整数，其中高位是一个 16 位余数，其低位是一个 16 位商，注意 DIV 和 DVI_DI 的区别。

【例 4-24】　程序梯形图如图 4-49 所示。开始时 AC1 中为 4000，AC0 中为 6000，VD100 中为 200，VW200 中为 41，问执行运算后，AC0、VD100 和 VD202 中的数值是多少？

【解】　累加器 AC0 和 AC1 可以装入字节、字、双字和实数等数据类型的数据，可见其使用比较灵活。DIV 指令的除数和被除数都是整数，而结果为双精度整数。对于本例被除数为 4000，除数为 41，双精度整数结果存储在 VD202 中。其中，余数 23 存储在 VW202 中，商 97 存储在 VW204 中。

（5）递增递减运算指令

递增递减运算指令，在输入端 IN 上加 1 或减 1，并将结果置入 OUT。递增递减指令的操作数类型为字节、字和双字。

字节递增和字节递减运算（INC_B 和 DEC_B）。使能端输入有效时，将一个字节的无符号数 IN 增 1 或减 1，并将结果送至 OUT 指定的存储器单元输出。

字递增和字递减运算（INC_W 和 DEC_W）。使能端输入有效时，将字长的符号数 IN 增 1 或减 1，并将结果送至 OUT 指定的存储器单元输出。

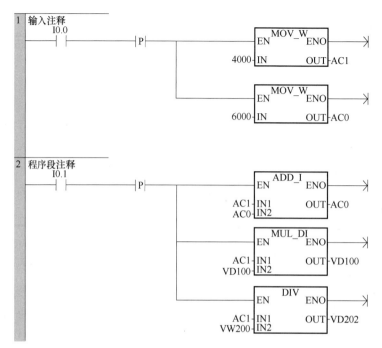

图 4-49 例 4-24 的程序梯形图

双字递增和双字递减运算（INC_DW/DEC_DW）。使能端输入有效时，将双字长的符号数 IN 增 1 或减 1，并将结果送至 OUT 指定的存储器单元输出。

【例 4-25】 程序梯形图如图 4-50 所示。初始时 AC0 中的内容为 125，VD100 中的内容为 128000，试分析运算结果。

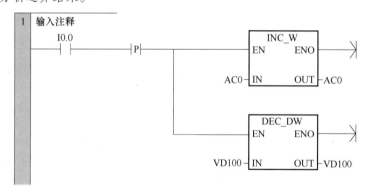

图 4-50 例 4-25 的程序梯形图

【解】

	程序运行操作 双字增 1			程序运行操作 双字减 1		
AC0	初始时	125	VD100	初始时	128000
	运行结果	126		运行结果	127999

【例 4-26】 有一个电炉，加热功率有 1000W、2000W 和 3000W 三档，电炉有 1000W 和 2000W 两种电加热丝。要求用一个按钮选择三个加热档，当按一次按钮时，1000W 电阻丝加热，即第一档；当按两次按钮时，2000W 电阻丝加热，即第二档；当按三次按钮时，1000W 和 2000W 电阻丝同时加热，即第三档；当按四次按钮时停止加热。请编写程序。

【解】　程序梯形图如图 4-51 所示。

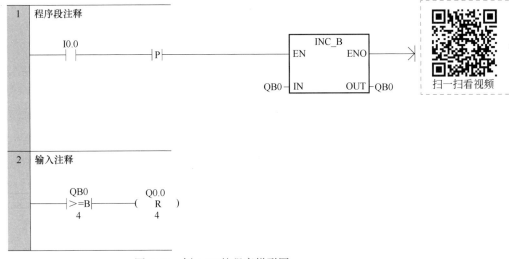

图 4-51　例 4-26 的程序梯形图

4.5.10　浮点数运算函数指令

浮点数运算函数有浮点算术运算函数、三角函数、对数函数、幂运函数和 PID 等。浮点算术运算函数又分为加法运算、减法运算、乘法运算和除法运算函数。浮点数运算函数指令，如加实数指令 ADD_R，当允许输入端 EN 为高电平时，输入端 IN1 和 IN2 中的实数相加，结果送入 OUT。IN1 和 IN2 中的数可以是常数。加实数的表达式是，IN1+IN2＝OUT。浮点数运算函数指令见表 4-17。

表 4-17　浮点数运算函数指令

梯 形 图	描　述
ADD_R	将两个 32 位实数相加，并产生一个 32 位实数结果（OUT）
SUB_R	将两个 32 位实数相减，并产生一个 32 位实数结果（OUT）
MUL_R	将两个 32 位实数相乘，并产生一个 32 位实数结果（OUT）
DIV_R	将两个 32 位实数相除，并产生一个 32 位实数商
SQRT	求浮点数的二次方根
EXP	求浮点数的自然指数
LN	求浮点数的自然对数
SIN	求浮点数的正弦函数
COS	求浮点数的余弦函数
TAN	求浮点数的正切函数
PID	PID 运算

下面用一个梯形图例子来说明加实数指令 ADD_R，如图 4-52 所示。当 I0.0 闭合时，激活加实数指令，IN1 的实数存储在 MD0 中，假设这个数为 10.1；IN2 的实数存储在 MD4 中，

假设这个数为 21.1。那么，实数相加的结果存储在 OUT 端的 MD8 中的数是 31.2。

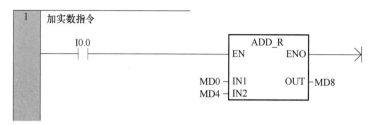

图 4-52　加实数指令应用示例的程序梯形图

减实数指令 SUB_R、乘实数指令 MUL_R 和除实数指令 DIV_R 的使用方法与前面的指令用法类似，在此不再赘述。

MUL_DI、DIV_DI 和 MUL_R、DIV_R 的输入都是 32 位，输出的结果也是 32 位，但前者的输入和输出是双精度整数，属于双精度整数运算；后者输入和输出的是实数，属于浮点运算。简单来说，后者的输入和输出数据中有小数点，而前者没有，后者的运算速度要慢得多。

值得注意的是，乘除运算对特殊标志位 SM1.0（零标志位）、SM1.1（溢出标志位），SM1.2（负数标志位）、SM1.3（被 0 除标志位）会产生影响。若 SM1.1 在乘法运算中被置1，表明结果溢出，则其他标志位状态均置 0，无输出。若 SM1.3 在除法运算中被置 1，说明除数为 0，则其他标志位状态保持不变，原操作数也不变。

> 【关键点】浮点数的算术指令的输入端可以是常数，必须是带有小数点的常数，如 5.0，不能为 5，吞则会出错。

4.5.11　数学功能指令

数学功能指令包含正弦指令 SIN、余弦指令 COS、正切指令 TAN、自然对数指令 LN、自然指数指令 EXP 和二次方根指令 SQRT 等。这些指令使用比较简单。

用一个例子来说明求正弦指令 SIN，其程序梯形图如图 4-53 所示。当 I0.0 闭合时，激活求正弦指令，IN 的实数存储在 VD0 中，假设这个数为 0.5，实数求正弦的结果存储在 OUT 端的 VD8 中的数是 0.479。

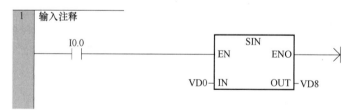

图 4-53　正弦指令应用示例的程序梯形图

> 【关键点】三角函数的输入值是弧度，而不是角度。

余弦指令 COS 和正切指令 TAN 的使用方法与前面的指令用法类似，在此不再赘述。

4.5.12　编码和解码指令

编码指令 ENCO 将输入字 IN 的最低有效位的位号写入输出字节 OUT 的最低有效"半字

节"（4 位）中。解码指令 DECO 根据输入字的输出字 IN 的低 4 位所表示的位号，置输出字 OUT 的相应位为 1（见图 4-54）。也有人称解码指令为译码指令。

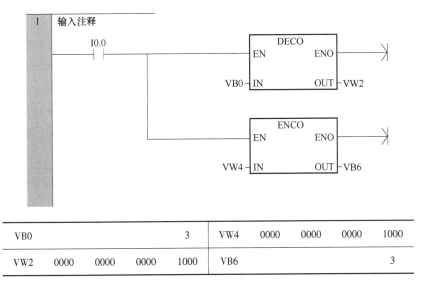

VB0				3	VW4	0000	0000	0000	1000
VW2	0000	0000	0000	1000	VB6				3

图 4-54　编码和解码指令应用示例的程序梯形图

解码指令 DECO 的动作可以理解为 IN 中的数值对应 OUT 目标中的位（数→位）。

编码指令 ENCO 的动作可以理解为 IN 中的最低有效位对应 OUT 目标中的数（位→数）。

【例 4-27】　5 台风机顺序启动，逆序停止，每按一次启动按钮 I0.0 启动一台风机，每按一次停止按钮 I0.1 停止一台风机。

【解】　程序梯形图如图 4-55 所示。

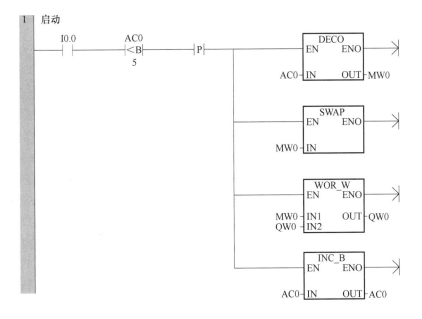

图 4-55　例 4-27 的程序梯形图

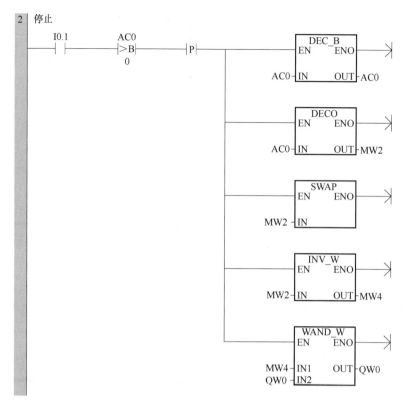

图 4-55 例 4-27 的程序梯形图（续）

4.5.13 时钟指令

读取实时时钟指令 READ_RTC 从 CPU 的实时时钟读取当前日期和时间，8 字节时间缓冲区依次存放年的低 2 位、月、日、时、分、秒、0 和星期的代码，星期日为 1。日期和时间的数据类型为字节型 BCD 码。

设置实时时钟指令 SET_RTC 将 8 字节时间日期值写入 CPU 的实时时钟。

时钟指令见表 4-18。

表 4-18　时钟指令

梯 形 图	描 述
READ_RTC	读取实时时钟指令
SET_RTC	设置实时时钟指令
READ_RTCX	读取扩展实时时钟指令
SET_RTCX	设置扩展实时时钟指令

读取实时时钟指令 READ_RTC 从硬件时钟读取当前时间和日期，并将其载入以地址 T 起始的 8 个字节（如起始地址设置为 VB100）的时间缓冲区。注意，用读取指令读取出来的实时时钟数据为 BCD 格式，如果需要用十进制来显示的话，需要将数据格式从 B 先转化为 W 的，再用 BCD 转 I，这样就能直观读取相应数值。

设置实时时钟指令 SET_RTC 将当前时间和日期写入用 T 指定的在 8 个字节的时间缓冲区开始的硬件时钟。时钟指令存储器示例见表 4-19。

表 4-19　时钟指令存储器示例

地 址 偏 移	T	T+1	T+2	T+3	T+4	T+5	T+6	T+7
数据类	年	月	日	时	分	秒	保留	星期
数值范围 BCD（16 进制）	00~99	01~12	01~31	00~23	00~59	00~59	0	0~7
例如设置起始址为 VB100	VB100	VB101	VB102	VB103	VB104	VB105	VB106	VB107

地址偏移的第 6 字节（保留），不管用户程序设置什么数据，始终为 0。

1 为星期日，7 为星期六，0 为表示禁止计星期。

读取实时时钟指令应用示例的程序梯形图如图 4-56 所示。

扫一扫看视频

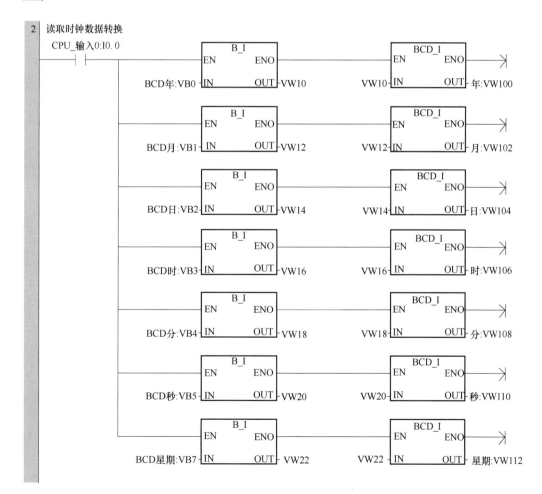

图 4-56　读取实时时钟指令应用示例的程序梯形图

设置实时时钟指令应用示例的程序梯形图如图 4-57 所示。

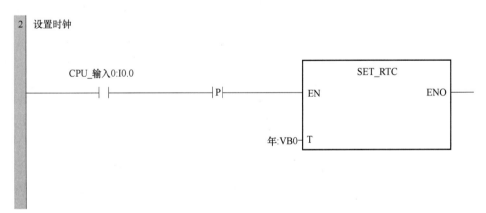

图 4-57　设置实时时钟指令应用示例的程序梯形图

还有个简单的方法设置时钟，不需要编写程序，只要进行简单的设置即可，设置方法如下：

单击菜单栏中的"PLC"→"设置时钟"，弹出"CPU 时钟操作"界面，单击"读取 PC"按钮，获取计算机的当前时间，如图 4-58 所示。

如图 4-58 所示，单击"设置"按钮可以将当前计算机的时间设置到 PLC 中，当然读者也可以设置其他时间。

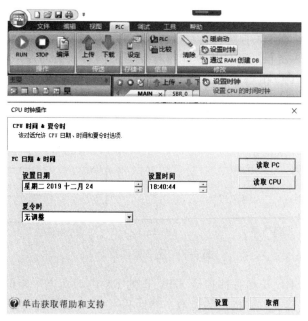

图 4-58　设置时钟的简单方法

【例 4-28】　某实验室的一个房间，要求每天 16：30～18：00 开启一个加热器，请用 PLC 实现此功能。

【解】　先用 PLC 读取实时时间，因为读取的时间是 BCD 码格式，所以之后要将 BCD 码转化成整数，如果实时时间在 16：30～18：00，那么则开启加热器，梯形图如图 4-59 所示。

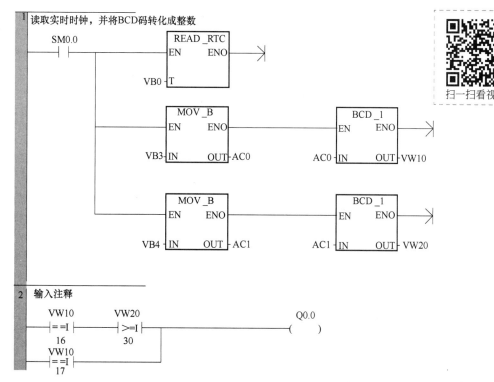

图 4-59　例 4-28 的程序梯形图

4.5.14 移位循环指令

STEP 7-Micro/WIN 提供的移位指令能将存储器的内容逐位向左或向右移动。移动的位数由 N 决定。向左移 N 位相当于累加器的内容乘以 2^N，向右移相当于累加器的内容除以 2^N。移位指令在逻辑控制中使用也很方便。

字节移动指令如图 4-60 所示。

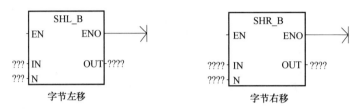

图 4-60　字节移动指令

当字节左移指令 SHL_B 和右移指令 SHR_B 的 EN 位为高电平 1 时，将执行移位指令，将 IN 端指定的内容左移或右移指定的位数，然后写入 OUT 端指定的目的地址中。如果移位数目 N 大于或等于 8，则数值最多被移位 8 次。最后一次移出的位保存在 SM1.1 中。

字移动指令如图 4-61 所示。

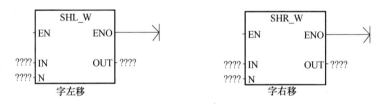

图 4-61　字移动指令

当字左移指令 SHL_W 和右移指令 SHR_W 的 EN 位为高电平 1 时，将执行移位指令，将 IN 端指定的内容左移或右移指定的位数，然后写入 OUT 端指定的目的地址中。如果移位数目 N 大于或等于 16，则数值最多被移位 16 次。最后一次移出的位保存在 SM1.1 中。

【例 4-29】　程序梯形图如图 4-62 所示。假设 IN 中的字 MW0 为 2#1001 11011111 1011，当 I0.0 闭合时，OUT 端的 MW0 中的数是多少？

【解】　当 I0.0 闭合时，激活左移指令，IN 中的字存储在 MW0 中的数为 2#1001 1101 1111 1011，向左移 4 位后，OUT 端的 MW0 中的数是 2#1101 1111 1011 0000。

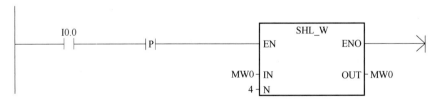

图 4-62　例 4-29 的程序梯形图

【关键点】上面梯形图中有一个上升沿，这样 I0.0 每闭合一次，左移 4 位；若没有上升沿，那么闭合一次，则可能左移很多次。这点读者要特别注意。

双字移动指令如图 4-63 所示。

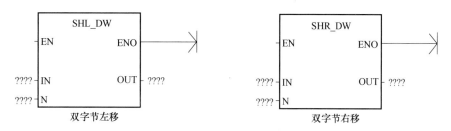

图 4-63　双字移动指令

当双字左移指令 SHL_DW 和右移指令 SHR_DW 的 EN 位为高电平 1 时，将执行移位指令，将 IN 端指定的内容左移或右移指定的位数，然后写入 OUT 端指定的目的地址中。如果移位数目 N 大于或等于 32，则数值最多被移位 32 次。最后一次移出的位保存在 SM1.1 中。

字节循环左移和字节循环右移指令如图 4-64 所示。

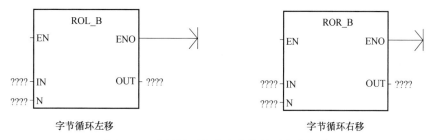

图 4-64　字节循环左移和字节循环右移指令

字节循环左移和字节循环右移指令将 IN 端输入字节数值向左或向右旋转 N 位，并将结果载入 OUT 端输出字节。旋转具有循环性。

如果移位数目 N 大于或等于 8，执行旋转之前先对位数 N 进行模数 8 操作，从而使位数在 0~7。

如果移动位数为 0，则不执行旋转操作。如果执行旋转操作，旋转的最后一位数值被复制至溢出位 SM1.1。

如果移动位数不是 8 的整倍数，旋转出的最后一位数值被复制至溢出内存位 SM1.1。如果旋转数值为 0，设置 0 内存位 SM1.0。

字循环左移和字循环右移指令如图 4-65 所示。

图 4-65　字循环左移和字循环右移指令

字循环左移和字循环右移指令将 IN 端输入字数值向左或向右旋转 N 位，并将结果载入 OUT 端输出字。旋转具有循环性。

如果移位数目 N 大于或等于 16，执行旋转之前先对位数 N 进行模数 16 操作，从而使位数在 0~15。

如果移动位数为 0，则不执行旋转操作。如果执行旋转操作，旋转的最后一位数值被复制至溢出位 SM1.1。

如果移动位数不是 16 的整倍数，旋转出的最后一位数值被复制至溢出内存位 SM1.1。如果旋转数值为 0，设置 0 内存位 SM1.0。

双字循环左移和双字循环右移指令如图 4-66 所示。

图 4-66　双字循环左移和双字循环右移指令

双字循环左移和双字循环右移指令将 IN 端输入字节数值向左或向右旋转 N 位，并将结果载入 OUT 端输出双字。旋转具有循环性。

如果移位数目 N 大于或等于 32，执行旋转之前先对位数 N 进行模数 32 操作，从而使位数在 0~31。

如果移动位数为 0，则不执行旋转操作。如果执行旋转操作，旋转的最后一位数值被复制至溢出位 SM1.1。

如果移动位数不是 32 的整倍数，旋转出的最后一位数值被复制至溢出内存位 SM1.1。如果旋转数值为 0，设置 0 内存位 SM1.0。

移位寄存器指令如图 4-67 所示。

移位寄存器位指令 SHRB 将位状态 DATA 数值移入移位寄存器（如 SM0.0 为 1）。

S_BIT，指定移位寄存器的最低位（如 Q0.0）。

N，指定移位寄存器的长度和移位方向（移位加 = N，移位减 = -N）。

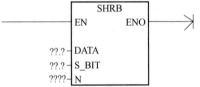

图 4-67　移位寄存器指令

SHRB 指令移出的每个位被放置在溢出内存位 SM1.1 中。

该指令由最低位 S_BIT 和由长度 N 指定的位数定义。

在"移位减"（用长度 N 的负值表示）中，输入数据移入移位寄存器的最高位中，并移出最低位 S_BIT。移出的数据被放置在溢出内存位 SM1.1 中。

在"移位加"（用长度 N 的正值表示）中，输入数据 DATA 移入移位寄存器的最低位中（由 S_BIT 指定），并移出移位寄存器的最高位。移出的数据被放置在溢出内存位 SM1.1 中。

移位寄存器的最大长度为 64 位（无论正负）。

移位指令和循环指令应用举例。

① 6 个灯循环点亮，即 Q0.0~Q0.5 每隔 1s 点亮一个灯，周期循环（见图 4-68）。

② 5 台电机顺序启动、顺序停止（见图 4-69）

按下启动按钮 I0.0，Q0.0~Q0.4 顺序每隔 1s 启动 1 台（Q 点输出），按下停止按钮 I0.1，Q0.0~Q0.4 顺序每隔 1s 停止 1 台（Q 点不输出），要求在启动过程中不可以停止，停止过程中不可以启动。

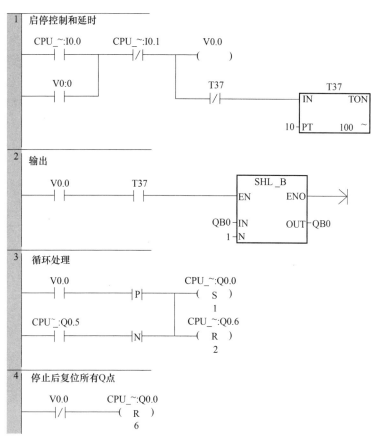

图 4-68　6 个灯循环点亮的程序梯形图

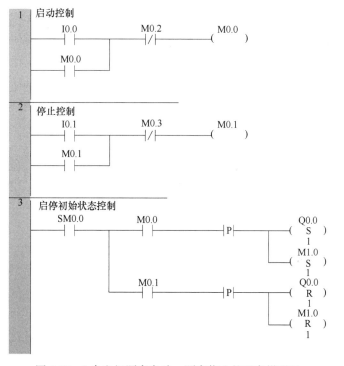

图 4-69　5 台电机顺序启动、顺序停止的程序梯形图

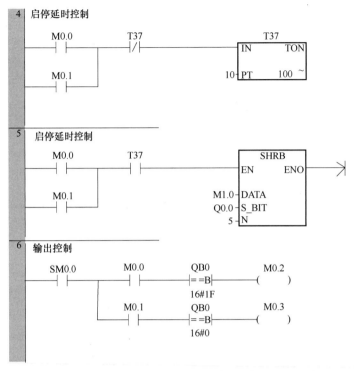

图 4-69 5 台电机顺序启动、顺序停止的程序梯形图（续）

4.6 S7-200 SMART PLC 的程序控制指令及其应用

程序控制指令用于程序执行流程的控制，包含跳转指令、循环指令、子程序指令、中断指令和顺控继电器指令。对于一个扫描周期而言，跳转指令可以使程序出现跳跃以实现程序段的选择；循环指令可用于一段程序的重复循环执行；子程序指令可调用某些子程序，增强程序的结构化，使程序的可读性增强，使程序更加简洁；中断指令则是用于中断信号引起的子程序调用；顺控继电器指令可形成状态程序段中各状态的激活及隔离。

4.6.1 跳转指令

跳转指令 JMP 和跳转地址标号 LBL 配合实现程序的跳转。使能端输入有效时，程序跳转到指定标号 n 处（同一程序内），跳转标号 n = 0 ~ 255；使能端输入无效时程序顺序执行。跳转指令见表 4-20。

表 4-20 跳转指令

梯 形 图	功 能
—(n JMP)	跳转到标号 n 处（n = 0 ~ 255）
n LBL	跳转标号 n（n = 0 ~ 255）

使用跳转指令要注意以下几点：

1）允许多条跳转指令使用同一标号，但不允许一个跳转指令对应两个标号，同一个指令中不能有两个相同的标号。

2）跳转指令具有程序选择功能，类似 BASIC 语言的 GOTO 指令。

3）主程序、子程序和中断服务程序中都可以使用跳转指令。SCR 程序段中也可以使用跳转指令，但要特别注意。

4）若跳转指令中使用上升沿或下降沿的脉冲指令时，跳转只执行一个周期，但若使用 SM0.0 作为跳转条件，跳转则称为无条件跳转。

在实际工作中，常用跳转指令来实现手动挡与自动挡之间的切换。例如，电机的星三角起停控制系统，其 I/O 分配表见表 4-21。

表 4-21　星三角起停控制系统 I/O 分配

挡位	挡位选择	启动	星转三角	停止	星形输出	三角形输出	主输出
手动	I0.0 = 1	I0.1	I0.3	I0.2	Q0.0	Q0.1	Q0.2
自动	I0.0 = 0		T37				

跳转指令应用示例梯形图如图 4-70 所示。

扫一扫看视频

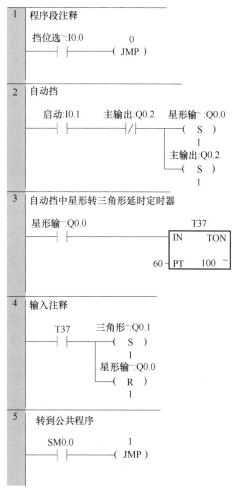

图 4-70　跳转指令应用示例梯形图

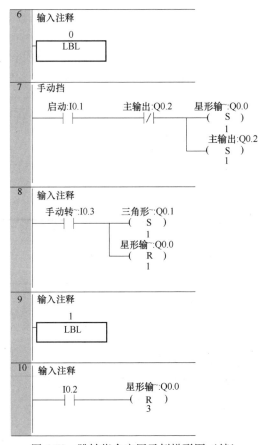

图 4-70　跳转指令应用示例梯形图（续）

扫一扫看视频

4.6.2　循环指令

对于循环指令 FOR 和 NEXT，使用时每一条 FOR 指令对应一条 NEXT 指令，用于控制程序某部分重复执行。S7-200 SMART PLC 支持循环嵌套功能，嵌套深度可达 8 层。

如要执行 FOR 和 NEXT 指令之间的程序，必须指定索引值或当前循环计数 INDX。

起始值 INIT 和结束值 FINAL。NEXT 指令标记 FOR 循环结束。使用 FOR 和 NEXT 指令描述为指定计数重复的循环。可以嵌套 FOR 和 NEXT 1 个循环（在 FOR 和 NEXT 循环中放置一个 FOR 和 NEXT 循环），深度可达八层。例如，假定 INIT 值为 1，FINAL 值为 10。FOR 与 NEXT 指令之间的程序被执行 10 次，INDX 值递增——1，2，3，…，10。如果 INDX>FINAL，则不执行循环。每次执行 FOR 和 NEXT 指令之间的程序后，INDX 值递增，并将结果与 FINAL 比较。如果 INDX>FINAL，则循环终止。

当程序执行到循环体时，第一次 INIT 被复制到 INDX 中并与 FINAL 比较，然后执行 FOR 与 NEXT 指令之间的程序。之后每执行一次循环体，INDX 增加 1 并同 FINAL 比较，如果当前值大于结束值，则退出循环。

使能端无效时，循本体程序不执行。FOR 指令和可以嵌套，最多为 8 层。

实际循环次数 = FINAL−INIT+1

【例 4-30】　程序梯形图如图 4-71 所示，单击 2 次按钮 I0.0 后，VW0 和 VB10 中的数值是多少？

【解】　单击 2 次按钮，执行 2 次循环程序，VB10 执行 20 次加 1 运算，所以 VB10 结果为 20。执行 1 次或 2 次循环程序，VW0 中的值都为 11。

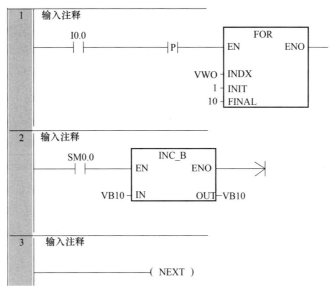

图 4-71　例 4-30 的程序梯形图

【关键点】I0.0 后面要有一个上升沿"P"（或者"N"），否则按下一次按钮，运行 INC 指令的次数是不确定数，一般远多于程序中的 10 次。

用循环指令实现间接寻址（指针）

间接寻址是指，数据存放在存储器或寄存器中，在指令中只出现所需数据所在单元的内存地址，即指令给出的是存放操作数地址的存储器单元的地址，而存储器单元地址的地址称为地址指针。

指针以双字的形式存储其他存储区的地址。只能用 V 存储器、L 存储器或累加器寄存器（AC1、AC2、AC3）作为指针。要建立指针，必须以双字的形式，将需要间接寻址的存储器地址移动到指针中。指针也可以为子程序传递参数。

S7-200 SMART PLC 允许指针访问存储区 Q、V、M、S、AI、AQ、SM、T（仅限于当前值）和 C（仅限于当前值）。无法用间接寻址的方式访问位地址，也不能访问 HC 或 L 存储区。

要使用间接寻址，应该用符号"&"加上要访问的存储区地址来建立一个指针。指令的输入操作数应该以符号"&"开头来表明是存储区的地址，而不是其内容将移动到指令的输出操作数（指针）中。

当指令中的操作数是指针时，应该在操作数前面加上 ＊ 号。

下面先介绍用一般方法实现间接寻址的步骤：

1）建立一个指针（见图 4-72）。将一块地址连续的存储区域作为间接寻址的地址范围。需要以指针的方式指出此存储区域的首字节地址。

2）读指针（见图 4-73）。

3）写指针（见图 4-74）。

4）指针偏移（见图 4-75）。

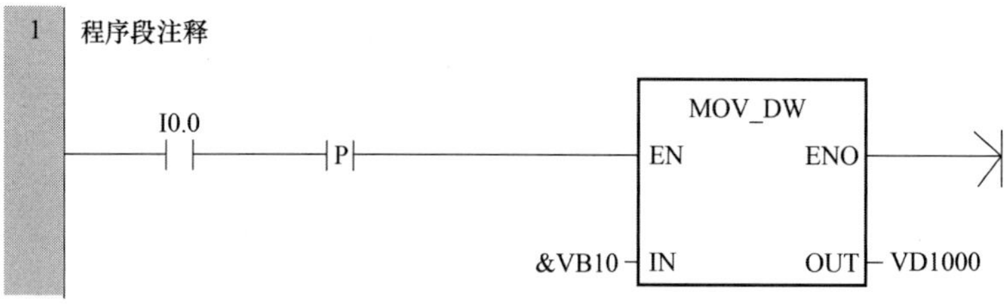

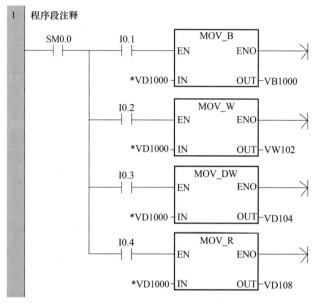

图 4-72　建立一个指针的程序梯形图

图 4-73　读指针的程序梯形图

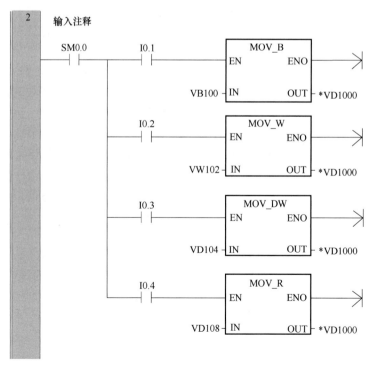

图 4-74　写指针的程序梯形图

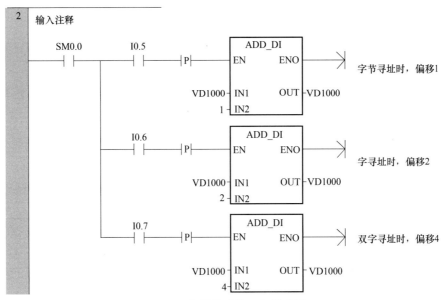

图 4-75　指针偏移的程序梯形图

下面结合两个程序梯形图示例来具体说明如何用循环指令实现间接寻址

【例 4-31】　当 I0.0 接通时，将数字 1，2，3，…，100 分别存入 VB1，VB2，VB3，…，VB100，如何实现？

【解】　如果按照上面所述，这里只要用 100 个 MOV 指令才可以，那这样的话，工程会非常大。

那么换个角度思考这个问题，可以使用一个 MOV 指令，让它在一个扫描周期之内执行100 次，第一次执行的时候 IN 端为 1，OUT 端对应 VB1；第二次执行的时候 IN 端为 2，OUT端对应 VB2；直到执行第 100 次时，会将 100 给 VB100。

接下来就要考虑如何让 IN 端的数据随着 MOV 指令的执行次数从 1 变化到 100，OUT 端对应的地址随着 MOV 指令的执行从 VB1 变化到 VB100。

其实让 MOV 指令执行 100 次和让 IN 接口从 1 变化到 100，这个用循环指令 FOR 就可以实现。而 OUT 端的地址是不可能变化的，但是可以使用指针的方式来实现。当读取指针时，地址形式上不会变化，但读取的数据就可以是不同地址中的数据。

其程序梯形图如图 4-76 所示。

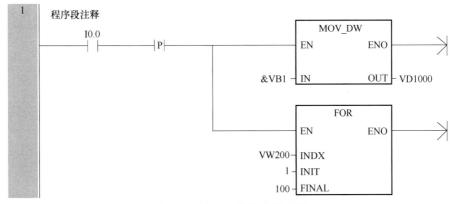

图 4-76　例 4-31 的程序梯形图

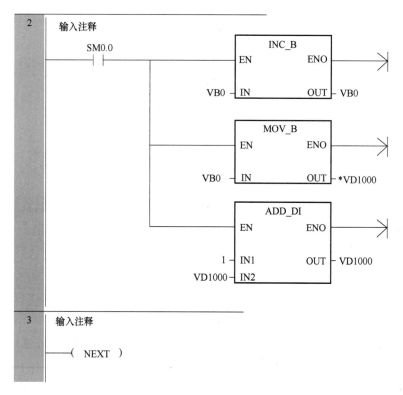

图 4-76 例 4-31 的程序梯形图（续）

【例 4-32】 计算 VW0+VW2+VW4+…+VW10 等于多少？

【解】 用循环指令实现指针，I0.0 接通时，将运算结果存入 VD1000 中。其程序梯形图如图 4-77 所示。

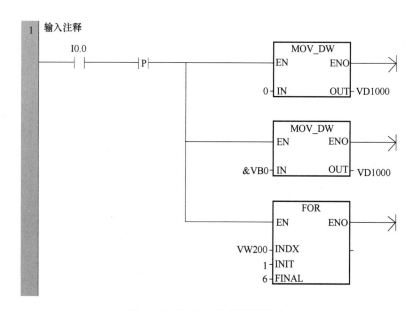

图 4-77 例 4-32 的程序梯形图

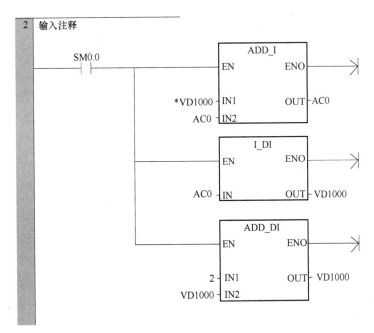

图 4-77   例 4-32 的程序梯形图（续）

4.6.3   子程序

一般 S7-200 SMART PLC 复杂的控制程序由主程序 OB1、子程序和中断程序组成。STEP 7Micro/Win SMART 在程序编辑器窗口里为每个程序组织单元（POU）提供一个独立的页，主程序总是第 1 页，后面是子程序和中断程序。一个项目最多可以有 128 个子程序。

因为每个 POU 中在程序编辑器窗口中是分页存放的，子程序或中断程序在执行到末尾自动返回，不必加返回指令；在子程序或中断程序中，可以使用条件返回指令。

子程序常用于需要多次反复执行相同任务的地方，只需写一次子程序，别的程序在需要的时候调用它，因而无须重写该程序。子程序的调用是有条件的，未调用它时不会执行子程序中的指令，因此使用子程序可减少扫描时间。

在编写复杂的 PLC 程序时，最好把全部控制功能划分为若干个符合工艺控制要求的子功能块，每个子功能块由一个或多个子程序组成。子程序使程序结构简单清晰，易于调试、查错和维护。如果在子程序中尽量使用 L 存储器中的局部变量，避免使用全局变量或全局符号，因为这样与其他 POU 几乎没有地址冲突，可以很方便地将子程序移植到其他项目。

注意，不能使用跳转语句跳入或跳出子程序。

子程序可以把整个用户程序按照功能进行结构化。一个"好"的程序总是把全部的控制功能分为几个符合工艺控制规律的子功能块，每个子功能块可以由一个或多个子程序组成。这样的结构也非常有利于分步调试，以免许多功能综合在一起无法判断问题的所在。而且，几个类似的项目也只需要对同一个程序进行不多的修改就能适用。更好的组织程序结构，也便于调试和阅读。子程序在执行到末尾时自动返回，不必加返回指令。

S7-200 SMART CPU 最多可以调用 128 个子程序。

还要注意的是，子程序可以嵌套调用，即子程序中再调用子程序，一共可以嵌套 8 层。子程序可以带参数调用，在子程序的局部变量表中设置参数的类型。

利用子程序要了解以下几方面：

1. 查看局部变量表

局部变量用局部变量表（简称为变量表）定义。单击"视图"菜单的"窗口"区域中的"组件"按钮，再单击打开的下拉式菜单中的"变量表"，变量表将出现在程序编辑器下面。用鼠标右键单击上述菜单中的"变量表"，可以用快捷命令将变量表放在快速访问工具栏上。

2. 局部变量的类型

（1）临时变量 TEMP

临时变量是暂时保存在局部数据区中的变量。只有在执行某个 POU 时，它的临时变量才被使用。临时变量使用公用的存储区，类似没有人管理的布告栏，谁都可以往上面贴布告，后贴的布告会将原来的布告覆盖掉。在每次调用 POU 之后，不再保存它的临时变量的值。某个 POU 的调用结束后，它的临时变量的值可能被后来调用的同一级 POU 的临时变量覆盖。每次调用 POU 时，首先应初始化临时变量（写入数值），然后再使用它，简称为先赋值后使用。

主程序和中断程序的局部变量表中只有 TEMP 变量。子程序的局部变量表中还有下面要介绍的 3 种局部变量。

（2）输入参数 IN

输入参数用来将调用它的 POU 提供的数据传入子程序。如果参数是直接寻址，如 VB10，指定地址的值被传入子程序。如果参数是间接寻址，如 * AC1，用指针指定的地址的值被传入子程序。如果参数是常数（如 16#1234）或地址（如 &VB100），常数或地址的值被传入子程序。

（3）输出参数 OUT

输出参数用于将子程序的执行结果返回给调用它的 POU。由于输出参数并不保留子程序上次执行时分配给它的值，所以每次调用子程序时必须给出输出参数分配值。

（4）输入输出参数 IN_OUT

其初始值由调用它的 POU 传送子程序，并用同一参数将子程序的执行结果返回给调用它的 POU。常数和地址（如 &VB100）不能作为 OUT 和 IN_OUT。

如果要在多个 POU 中使用同一个变量，应使用全局变量，而不是局部变量。

3. 在局部变量表中增加和删除变量

首先应在变量表中定义局部变量，然后才能在 POU 中使用它们。在程序中使用符号时，程序编辑器首先检查相应的 POU 的局部变量表，然后检查符号表。如果符号名在这两个表中均未定义，程序编辑器则将它视为未定义的全局符号，这类符号用绿色下划线指示。

每个子程序最多可以使用 16 个输入和输出参数。如果下载超出此限制的程序，将返回错误。

主程序和中断程序只有 TEMP 变量。用右键单击它们的局部变量表中的某一行，在弹出的菜单中执行"插入"→"行"，将在所选行上面插入新的行。执行弹出的菜单中的"插入"→"下方的行"，在所选行的下面插入新的行。

子程序的局部变量表有预先定义为 IN、IN_OUT、OUT 和 TEMP 的一系列行，不能改变它们的顺序。如果要新增新的局部变量，必须用鼠标右键单击已有的行，并用弹出菜单在所选行的上面或下面插入相同类型的新的行。

选中变量表中的某一行，单击变量表窗口工具栏上的按钮，将在所选行的上面自动生成一个新的行，其变量类型与所选变量的类型相同。

单击变量表中某一行最左边的变量序号，该行的背景色变为深蓝色，按<Delete>键可以删除该行，也可以用右键快捷菜单中的命令删除选中的行。

选择变量类型与要定义的变量类型相符的空白行，然后在"符号"列输入变量的符号名，符号名最多由 23 个字符组成，第一个字符不能是数字。单击"数据类型"列，用出现的下拉式列表设置变量的数据类型。

4. 局部变量的地址分配

在局部变量表中定义变量时，只需指定局部变量的类型（TEMP、IN、IN_OUT 或 OUT）和数据类型，不用指定存储器地址。程序编辑器自动地在局部存储器中为所有局部变量指定存储器地址。起始地址为 LB0，1~8 个连续的位参数分配一个字节，字节中的位地址 Lx.0~Lx.7（x 为字节地址）。字节、字和双字的值在局部存储器中按字节顺序分配，如 LBx、LWx 或 LDx。

5. 局部变量数据类型检查

局部变量作为子程序的参数传递时，在该子程序的局部变量表中指定的数据类型必须与调用它的 POU 中的变量的数据类型匹配。

【例 4-33】　利用子程序实现手自动切换控制。

1）手动。五台电机顺序启动、逆序停止。每按一次启动按钮启动一台电机，每按一次停止按钮，停掉最后启动的那台电机；按下紧急停止按钮，停止所有的电机。I0.0 为启动按钮，I0.1 为停止按钮，I0.2 为紧急停止按钮，Q0.0~Q0.4 为电机控制的输出点。

2）自动。按下启动按钮 I0.0，第一台电机启动 Q0.0 输出，每过 5s 启动一台电机，直至五台电机全部启动；当按下停止按钮 I0.1，停掉最后启动的电机，每过 5s 停止一台，直至五台电机全部停止；任意时刻按下停止按钮都可以停掉最后启动的那台电机。

【解】　主程序梯形图如图 4-78 所示。

扫一扫看视频

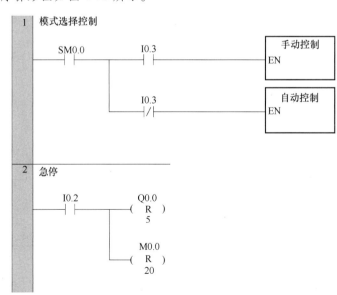

图 4-78　例 4-33 的主程序梯形图

手动控制子程序梯形图如图 4-79 所示。

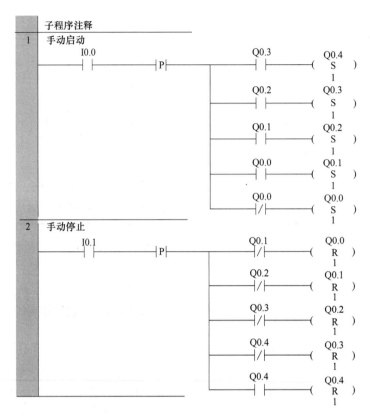

图 4-79　例 4-33 的手动控制子程序梯形图

自动控制子程序梯形图如图 4-80 所示。

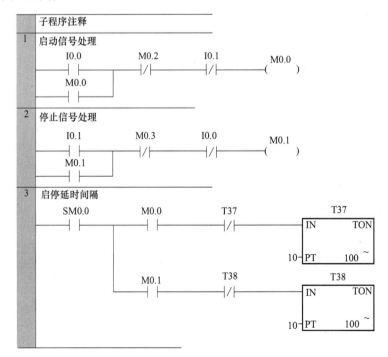

图 4-80　例 4-33 的自动控制子程序梯形图

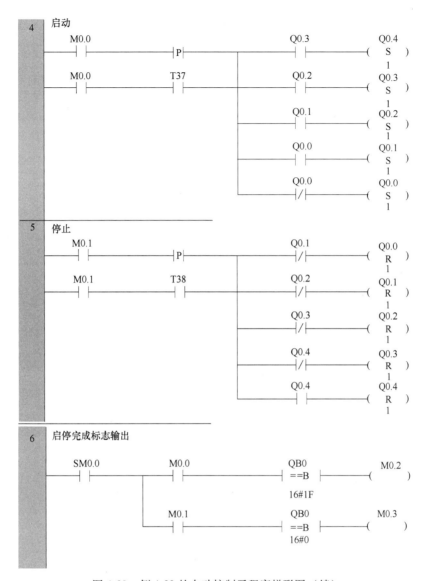

图 4-80　例 4-33 的自动控制子程序梯形图（续）

【例 4-34】　设计 V 存储区连续的若干个字的累加和的子程序，在 OB1 中调用它，在 I0.0 的上升沿，求 VW100 开始的 10 个数据字的和，并将运算结果存放在 VD0。

【解】　当 I0.0 的上升沿时，计算 VW100～VW118 中 10 个字的和。调用指定的 POINT 的值 "&VB100" 是源地址指针的初始值，即数据从 VW100 开始存放，数据字个数 NUM 为数 10，求和的结果存放在 VD0 中。

变量表如图 4-81 所示。

主程序梯形图如图 4-82 所示。

子程序梯形图如图 4-83 所示。

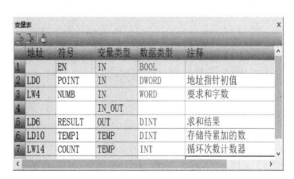

	地址	符号	变量类型	数据类型	注释
1		EN	IN	BOOL	
2	LD0	POINT	IN	DWORD	地址指针初值
3	LW4	NUMB	IN	WORD	要求和字数
4			IN_OUT		
5	LD6	RESULT	OUT	DINT	求和结果
6	LD10	TEMP1	TEMP	DINT	存储待累加的数
7	LW14	COUNT	TEMP	INT	循环次数计数器

图 4-81　例 4-34 的变量表

图 4-82　例 4-34 的主程序梯形图

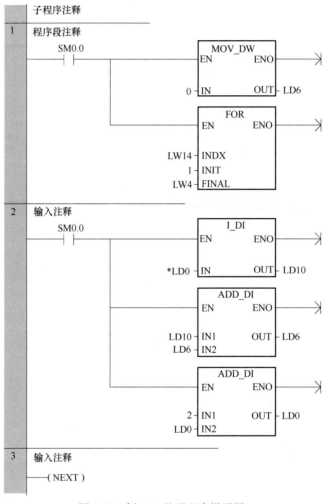

图 4-83　例 4-34 的子程序梯形图

【关键点】带参数子程序在多次调用时，子程序内不能出现上升沿、下降沿、定时器、计数器这些指令。

4.6.4　中断指令

PLC 采用的循环扫描的工作方式，突发事件或意外情况不能得到及时处理和响应，为了解决此问题，PLC 提供了中断这种工作方式。PLC 处理中断事件需要执行中断程序，中断程序是用户编写的，当中断事件发生时由操作系统调用。所谓中断事件是指，能够用中断功能处理的特定事件。S7-200 SMART PLC 为每个中断事件规定了一个中断事件号。响应中断事件而执行的程序称为中断服务程序。把中断事件号和中断服务程序关联起来才能执行中断处理功能。若要关闭某中断事件，则需要取消中断事件与中断程序之间的联系。这些功能在 PLC 中可以使用相关的中断指令来完成。

中断事件可能在 PLC 程序扫描循环周期中任意时刻发生。执行中断服务程序前后，系统会自动保护和恢复被中断的程序运行环境，以避免中断程序对主程序可能造成的影响。

S7-200 SMART CPU 支持三类中断事件：通信口中断、I/O 中断、时基中断。以上中断事件中通信中断优先级最高，定时中断优先级最低。任何时刻只能执行一个用户中断程序。中断程序执行过程中发生的其他中断事件不会影响该中断的执行，而是按照优先级和发生时序排队。队列中优先级高的中断事件首先得到处理，优先级相同的中断事件先到先处理。

S7-200 SMART CPU 的 34 种中断源见表 4-22。

表 4-22　S7-200 SMART CPU 的 34 种中断源

序号	中断描述	经济型 CPU	标准型 CPU	序号	中断描述	经济型 CPU	标准型 CPU
0	I0.0 上升沿	Y	Y	18	HSC2 外部复位	Y	Y
1	I0.0 下降沿	Y	Y	19、20	保留	N	N
2	I0.1 上升沿	Y	Y	21	定时器中断 T32，CT＝PT（当前时间＝预设时间）	Y	Y
3	I0.1 下降沿	Y	Y	22	定时器中断 T96，CT＝PT（当前时间＝预设时间）	Y	Y
4	I0.2 上升沿	Y	Y	23	端口 0 接收消息完成	Y	Y
5	I0.2 下降沿	Y	Y	24	端口 1 接收消息完成	N	Y
6	I0.3 上升沿	Y	Y	25	端口 1 接收字符	N	Y
7	I0.3 下降沿	Y	Y	26	端口 1 发送完成	N	Y
8	端口 0 接收字符	Y	Y	27	HSC0 方向改变	Y	Y
9	端口 0 发送完成	Y	Y	28	HSC0 外部复位	Y	Y
10	定时中断 0（SMB34 控制时间间隔）	Y	Y	29～31	保留	N	N
11	定时中断 1（SMB35 控制时间间隔）	Y	Y	32	HSC3，CV＝PV（当前值＝预设值）	Y	Y
12	HSC0，CV＝PV（当前值＝预设值）	Y	Y	33、34	保留	N	N
13	HSC1，CV＝PV（当前值＝预设值）	Y	Y	35	上升沿，信号板输入 0	N	Y
14、15	保留	N	N	36	下降沿，信号板输入 0	N	Y
16	HSC2，CV＝PV（当前值＝预设值）	Y	Y	37	上升沿，信号板输入 1	N	Y
17	HSC2 方向改变	Y	Y	38	下降沿，信号板输入 1	N	Y

注："Y" 表明对应的 CPU 有相应的中断功能，"N" 表明对应的 CPU 没有相应的中断功能。

（1）通信端口中断

CPU 的串行通信端口可通过程序进行控制。通信端口的这种操作模式称为自由端口模式。在自由端口模式下，程序定义波特率、每个字符的位数、奇偶校验和协议。接收和发送中断可简化程序控制的通信。

（2）I/O 中断

I/O 中断包括上升或下降沿中断和高速计数器中断。CPU 可以为输入通道 I0.0、I0.1、I0.2 和 I0.3（以及带有可选数字量输入信号板的标准 CPU 的输入通道 I7.0 和 I7.1）生成输入上升或下降沿中断。可对这些输入点中的每一个来捕捉上升沿或下降沿事件。这些上升沿或下降沿事件可用于指示在事件发生时必须立即处理的状况。

（3）时基中断

基于时间的中断包括定时中断和定时器 T32、T96 中断。可使用定时中断指定循环执行的操作。以 1ms 为增量来设置周期时间，其范围是 1～255ms。对于定时中断 0，必须在 SMB34 中写入周期时间；对于定时中断 1，必须在 SMB35 中写入周期时间。

每次定时器到时，定时中断事件都会将控制权传递给相应的中断例程。通常，可以使用定时中断来控制模拟量输入的采样或定期执行 PID 回路。

将中断例程连接到定时中断事件时，启用定时中断并且开始定时。连接期间，系统捕捉周期时间值，因此 SMB34 和 SMB35 的后续变化不会影响周期时间；要更改周期时间，必须修改周期时间值，然后将中断例程重新连接到定时中断事件；重新连接时，定时中断功能会清除先前连接的所有累计时间，并开始用新值计时。

定时中断启用后，将连续运行；每个连续时间间隔后，会执行连接的中断例程。如果退出 RUN 模式或分离定时中断，定时中断将禁用。如果执行了全局 DISI 指令（中断禁止指令），定时中断会继续出现，但是尚未处理所连接的中断例程。每次定时中断出现均排队等候，直至中断启用或队列已满。

使用定时器 T32、T96 中断可及时响应指定时间间隔的结束。仅 1ms 分辨率的接通延时（TON）和断开延时（TOF）定时器 T32 和 T96 支持此类中断，否则 T32 和 T96 正常工作。启用中断后，如果在 CPU 中执行正常的 1ms 定时器更新期间，激活定时器的当前值等于预设时间值，将执行连接的中断例程。可通过将中断例程连接到 T32（事件 21）和 T96（事件 22）来启用这些中断。

中断指令（见表 4-23）共有 6 条，包括中断连接、中断分离、清除中断事件、中断禁止、中断启用和从中断有条件返回。

表 4-23　中断指令

梯 形 图	说 明	功 能
ATCH EN ENO INT EVNT	中断连接	中断连接指令，将中断事件 EVNT 与中断例程编号 INT 相关联，并启用中断
DTCH EN ENO EVNT	中断分离	中断分离指令，解除中断事件 EVNT 与中断例程的关联，并禁用中断事件

（续）

梯 形 图	说　明	功　能
CLR_EVNT EN　　ENO EVNT	清除中断事件	清除中断事件指令，从中断队列中移除所有类型为 EVNT 的中断事件。使用该指令可将不需要的中断事件从中断队列中清除。如果该指令用于清除假中断事件，则应在从队列中清除事件之前分离事件。否则，在执行清除事件指令后，将向队列中添加新事件
—(RETI)	从中断有条件返回	从中断有条件返回指令，可用于根据前面的程序逻辑的条件从中断返回
—(DISI)	中断禁止	中断禁止指令，全局性禁止对所有中断事件的处理
—(ENI)	中断启用	中断启用指令，全局性启用对所有连接的中断事件的处理

使用中断注意事项如下：

1）中断例程中不能使用中断禁止指令 DISI、中断启用指令 ENI、高速计数器定义指令 HDEF 和结束指令 END。应保持中断例程编程逻辑简短，这样执行速度会更快，其他过程也不会延退很长时间。如果不这样做，则可能会出现无法预料的情形，从而导致主程序控制的设备异常运行。

2）多个中断事件可以调用同一个中断程序，一个中断事件不可以连接多个中断程序。中断程序或中断程序调用的子程序不会再被中断。

3）程序中有多个中断程序时，要分别编号。在建立中断程序时，系统会自动编号，也可以更改编号。

【例 4-35】　在 I0.0 的上升沿，通过中断使 Q0.0 立即置位；在 I0.1 的下降沿，通过中断使 Q0.0 立即复位。

【解】　主程序梯形图如图 4-84 所示。

扫一扫看视频

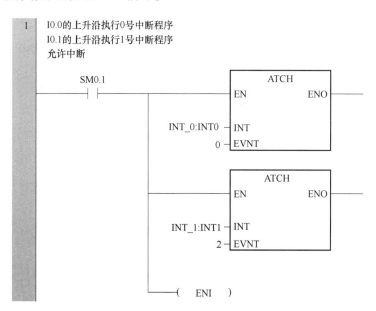

图 4-84　例 4-35 的主程序梯形图

127

中断程序梯形图如图 4-85 所示。

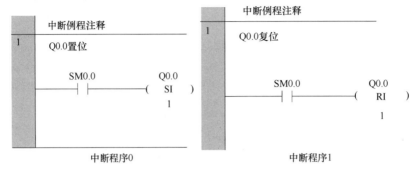

图 4-85　例 4-35 的中断程序梯形图

【例 4-36】　设计一段程序，VD0 中的数值每隔 100ms 增加 1。

【解】　主程序梯形图如图 4-86 所示。

扫一扫看视频

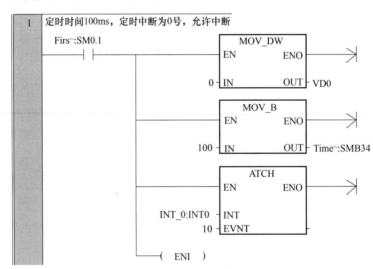

图 4-86　例 4-36 的主程序梯形图

中断程序梯形图如图 4-87 所示。

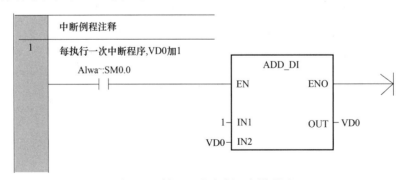

图 4-87　例 4-36 的中断程序梯形图

【例 4-37】　用定时中断 0，设计一段程序，实现周期为 2S 的精确定时

【解】　SMB34 是存放定时中断 0 的定时长短的特殊寄存器，其最大定时时间是 255ms，2s 就是 8 次 250ms 的延时。

主程序梯形图如图 4-88 所示。

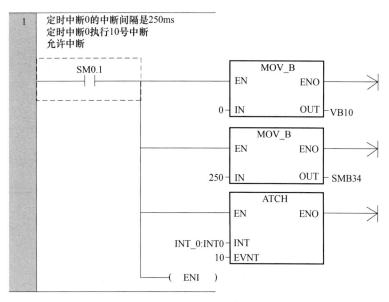

图 4-88　例 4-37 的主程序梯形图

中断程序梯形图如图 4-89 所示。

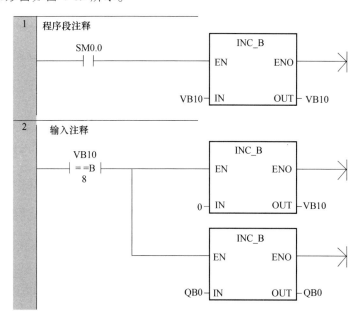

图 4-89　例 4-37 的中断程序梯形图

4.6.5　顺控继电器指令

1. 顺序控制简介

所谓顺序控制就是按照生产工艺预先规定的顺序，在各个输入信号的作用下，根据内部状态和时间的顺序，在生产过程中各个执行机构自动、有秩序地进行操作。

顺序控制设计法的关键是根据系统的工艺过程，绘制顺序功能图 SFC（Sequential

Function Chart，SFC)，简称功能图。顺序功能图是一种真正的图形化的编程语言，对一个顺序控制问题，不管有多复杂，都可以用图形的方式把问题表达或叙述清楚。大部分基于 IEC 61131-3 编程标准的 PLC 都支持 SFC，即可以用 SFC 直接编制程序。但多数非 IEC 61131-3 的 PLC 产品（包括 S7-200 系列）都不接收 SFC 直接编制的程序。对于不支持 SFC 的 PLC 而言，一般都是根据控制要求设计顺序功能图，再根据功能图指令将其转化为梯形图程序。

【例 4-38】 某一冲压机的初始位置是冲头抬起处于高位，当操作者接下启动按钮时，冲头向工件冲击，到最低位置时，触动低位行程开关；然后冲头抬起，回到高位，触动高位行程开关，停止运行。

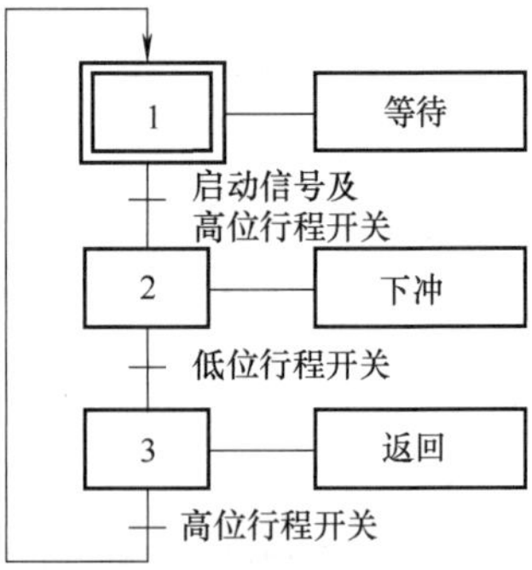

图 4-90 例 4-38 的冲压机运行顺序功能图

【解】 冲压机运行顺序功能图如图 4-90 所示。

2. 顺控继电器指令说明

S7-200 SMART PLC 提供了三个顺控继电器指令（见表 4-24）。

表 4-24 顺控继电器指令

梯 形 图	操 作 对 象	注 释	功 能 描 述
??.? SCR	S（位）	(???) 位状态只对 S 有效	顺序状态开始
??.? —(SCRT)	S（位）	(???) 位状态只对 S 有效	顺序状态转移
—(SCRE)	S（位）	无	顺序状态结束

（1）SCR 段简介

从 SCR 指令开始到 SCRE 指令结束的所有指令组成一个顺控继电器段，即 SCR 段。SCR 指令标记一个 SCR 段的开始。当该段的状态器置位时，允许该 SCR 段工作。SCR 段必须用 SCRE 指令结束。当 SCRT 指令的输入端有效时，一方面置位下一个 SCR 段的状态器 S，以便使下一个 SCR 段开始工作；另一方面又同时使该段的状态器复位，使该段停止工作。

（2）SCR 段的功能

每一个 SCR 段一般有以下三种功能：

1）驱动处理。即，在该段状态器有效时，要做什么工作；有时也可能不做任何工作。

2）指定转移条件和目标。即，满足什么条件后状态转移到何处。

3）转移源自动复位功能。即，状态发生转移后，置位下一个状态的同时自动复位原状态。

（3）SCRE 指令

使用 SCRE 指令可以结束正在执行的 SCR 段，使条件发生处和 SCRE 之间的指令不再执行。该指令不影响 S 位和堆栈。使用 SCRE 指令后会改变正在进行的状态转移操作。

3. 顺控继电器指令使用说明

1）顺控继电器指令仅对元件 S 有效。顺控继电器也具有一般继电器的功能，所以对它能够使用其他指令。

2）SCR 段程序能否执行，取决于该状态器 S 是否被置位。SCRE 指令与下一个 SCR 段之间的指令逻辑不影响下一个 SCR 段程序的执行。

3）不能把同一个 S 位用于不同程序中，如主程序中用了 S0.1，在子程序中就不能再使用 S0.1。

4）在 SCR 段中不能使用 JMP 和 LBL 指令，即不允许跳入、跳出或在内部跳转。

5）在 SCR 段中不能使用 FOR、NEXT 和 END 指令。

6）在状态发生转移后，所有的 SCR 段的元器件一般也要复位，如果希望继续输出可使用置位、复位指令。

7）在使用功能图时，状态的编号可以不按顺序编排。

【例 4-39】 用 PLC 控制一盏灯亮 1s 后熄灭，再控制另一盏灯亮 1s 后熄灭，周而复始重复以上过程。

【解】 在已知顺序功能图的情况下，用顺控继电器指令编写程序是很容易的。

顺序功能图如图 4-91 所示。

程序梯形图如图 4-92 所示。

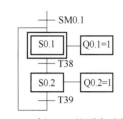

图 4-91 例 4-39 的顺序功能图

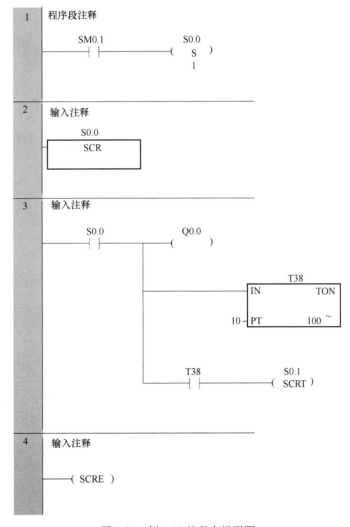

图 4-92 例 4-39 的程序梯形图

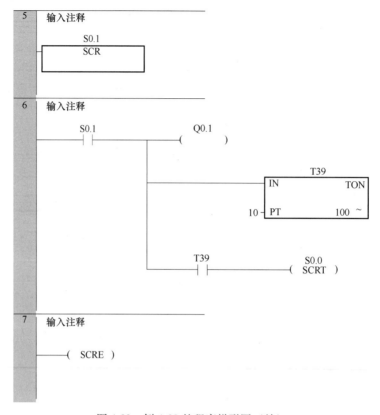

图 4-92   例 4-39 的程序梯形图（续）

【例 4-40】   在每个交通十字路口都要有红绿灯管理指示行人及车辆的行进，我们的交通才能形成一个有序系统。那么红绿灯是如何控制的呢？根据图 4-93 所示的某十字路口红绿灯示意图及时序图编写控制程序。

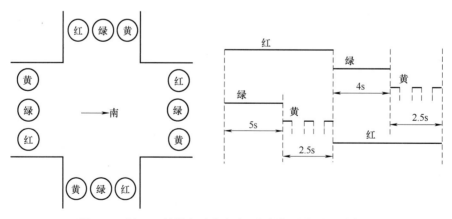

图 4-93   例 4-40 的某交通十字路口红绿灯示意图及时序图

【解】   该交通十字路口红绿灯 I/O 点的分配如图 4-94 所示。
该交通十字路口红绿灯 PLC 接线图如图 4-95 所示。
该交通十字路口红绿灯程序梯形图如图 4-96 所示。

符号表

	符号	地址	注释
1	南北黄计数	VB11	
2	东西黄计数	VB10	
3	南北计时	T40	
4	南北绿计时	T39	
5	东西黄计时	T38	
6	东西绿计时	T37	
7	状态4	S0.3	
8	状态3	S0.2	
9	状态2	S0.1	
10	开机脉冲	SM0.1	
11	状态1	S0.0	
12	东西黄	Q0.5	
13	东西绿	Q0.4	
14	东西红	Q0.3	
15	南北黄	Q0.2	
16	南北绿	Q0.1	
17	南北红	Q0.0	

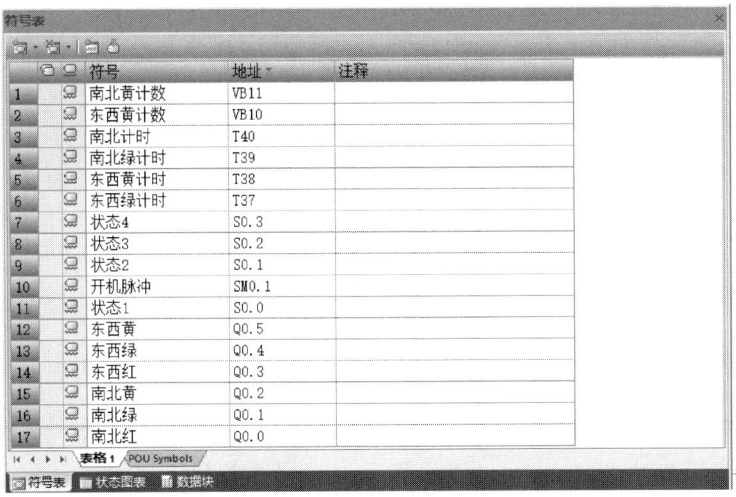

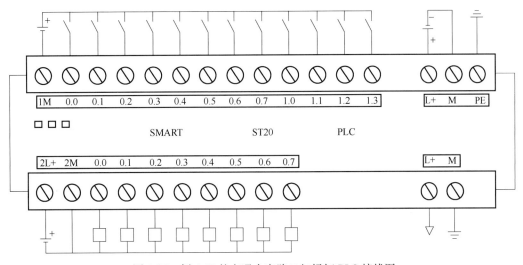

图 4-94　例 4-40 的交通十字路口红绿灯 I/O 点的分配

图 4-95　例 4-40 的交通十字路口红绿灯 PLC 接线图

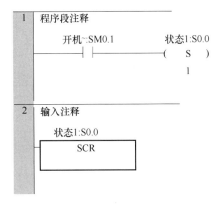

图 4-96　例 4-40 的交通十字路口红绿灯程序梯形图

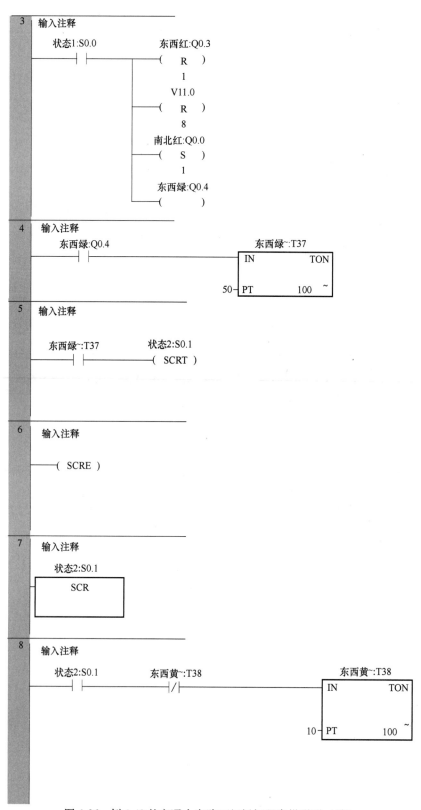

图 4-96 例 4-40 的交通十字路口红绿灯程序梯形图（续）

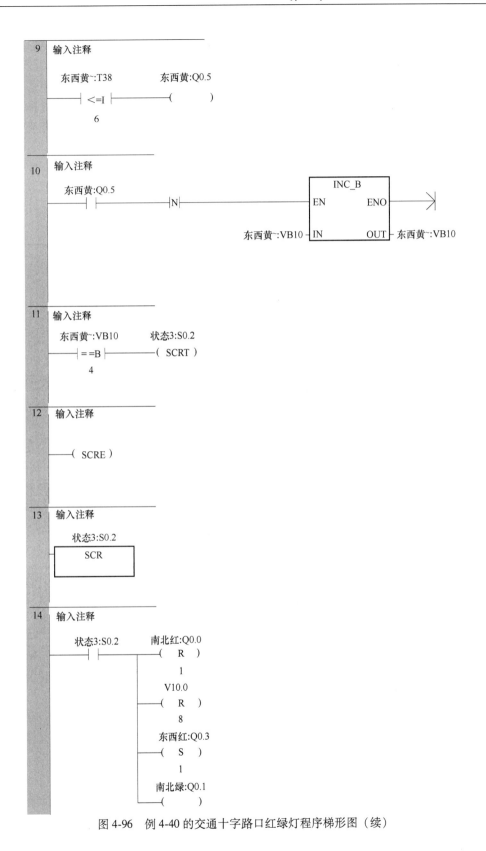

图 4-96　例 4-40 的交通十字路口红绿灯程序梯形图（续）

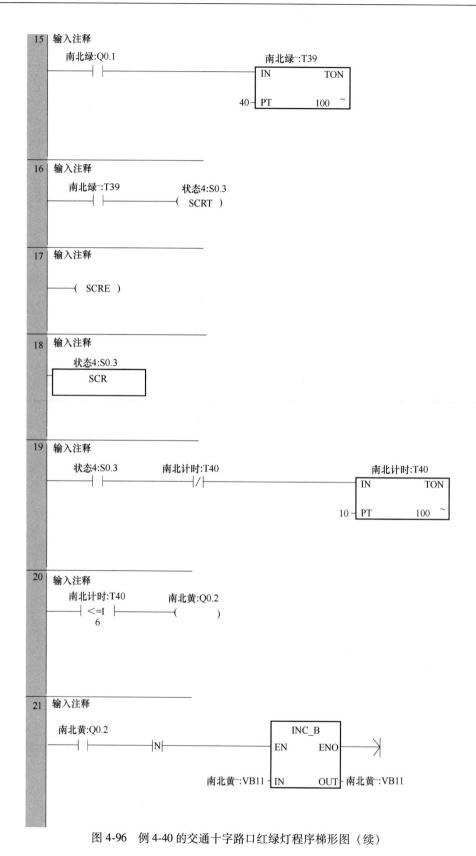

图 4-96 例 4-40 的交通十字路口红绿灯程序梯形图（续）

图 4-96　例 4-40 的交通十字路口红绿灯程序梯形图（续）

4.6.6　程序控制指令的应用

【**例 4-41**】　某系统测量温度，当温度超过一定数值（保存在 VW10 中）时，报警灯以 1s 为周期闪光，警铃鸣叫，使用 S7-200 SMART PLC 和模块 EMAE04，编写此程序。

【**解**】　温度是一个变化较慢的量，可每 100ms 从模块 EMAM03 的通道 0 中采样 1 次，并将数值保存在 VW0 中。

主程序梯形图如图 4-97 所示。

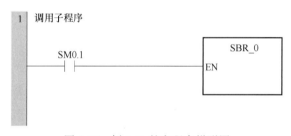

图 4-97　例 4-41 的主程序梯形图

子程序梯形图如图 4-98 所示。

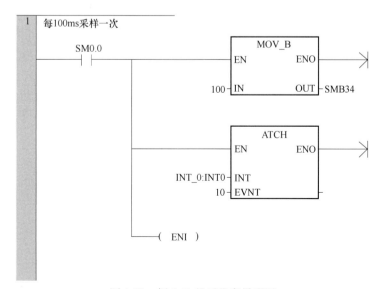

图 4-98　例 4-41 的子程序梯形图

中断程序梯形图如图 4-99 所示。

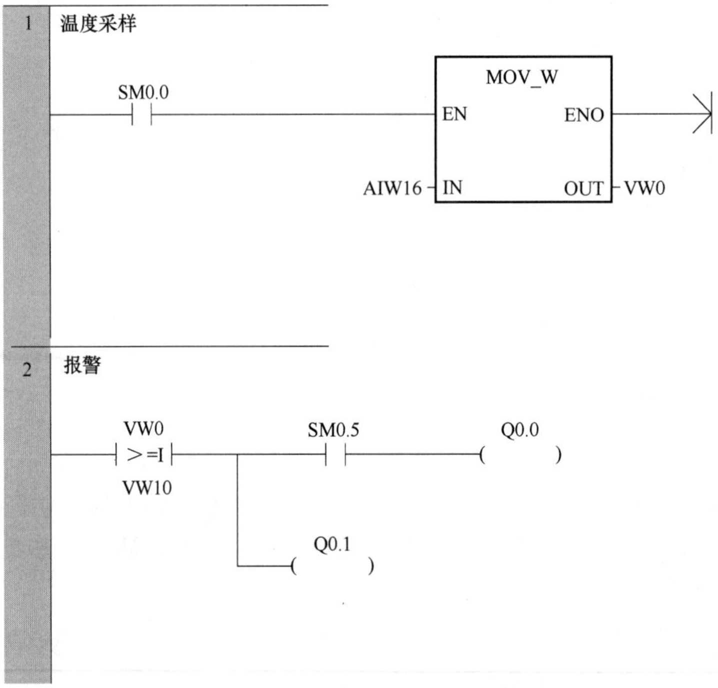

图 4-99   例 4-41 的中断程序梯形图

第5章

S7-200 SMART CPU 高速计数器

S7-200 SMART CPU 集成有硬件高速计数器。固件版本 V1.0 的 CPU SR20、CPU SR40、CPU ST40、CPU SR60 和 CPU ST60 可以使用 4 个 60kHz 单相高速计数器或 2 个 40kHz 的两相高速计数器，而 CPU CR40 可以使用 4 个 30kHz 单相高速计数器或 2 个 20kHz 的两相高速计数器。

固件版本 V2.0 到 V2.2 的标准型 CPU（ST/SR20、ST/SR30、ST/SR40、ST/SR60）可以使用 4 个 200kHz 单相高速计数器或 2 个 100kHz 的两相高速计数器，而紧凑型 CPU CR40、CPU CR60 可以使用 4 个 100kHz 单相高速计数器或 2 个 50kHz 的两相高速计数器。利用这些高速计数器可以对超出 CPU 通用计数器能力的脉冲波信号进行测量。

S7-200 SMART CPU 提供了多个高速计数器（HSC0～HSC5）以响应快速脉冲波输入信号。高速计数器的计数速度比 PLC 的扫描速度要快得多，因此高速计数器可独立于用户程序工作，不受扫描时间的限制。用户通过相关指令，设置相应的特殊存储器控制高速计数器的工作。高速计数器的一个典型的应用是利用光电编码器测量转速和位移。

5.1 高速计数器的工作模式和输入

高速计数器有 8 种工作模式，每个高速计数器都有时钟、方向控制、复位启动等特定输入。对于双向计数器，两个时钟都可以运行在最高频率上，高速计数器的最高计数频率取决于 CPU 的类型。在正交模式下，可选择 1×（1 倍速）或 4×（4 倍速）输入脉冲波频率的内部计数频率。高速计数器有 8 种 4 类工作模式，如下所示：

（1）无外部方向输入信号的单相计数器（模式 0 和模式 1）

用高速计数器的控制字的第 3 位控制加减计数，该位为 1 时为加计数，为 0 时则为减计数。

（2）有外部方向输入信号的单相计数器（模式 3 和模式 4）

方向信号为 1 时，为加计数；方向信号为 0 时，为减计数。

（3）有加计数时钟脉冲波和减计数时钟脉冲波输入的双相计数器（模式 6 和模式 7）

若加计数脉冲波和减计数脉冲波的上升沿出现的时间间隔短，高速计数器认为这两个事件同时发生，当前值不变，也不会有计数方向的变化指示，否则高速计数器能捕捉到每个独立的信号。

（4）AB 相正交计数器（模式 9 和模式 10）

它的两路计数脉冲波的相位相差 90°，正转时 A 相时钟脉冲波比 B 相时钟脉冲波超前 90°。反转时，A 相时钟脉冲波比 B 相时钟脉冲波滞后 90°。利用该特点，正转时加计数，反转时减计数。

高速计数器的输入分配和功能见表 5-1。

表 5-1 高速计数器的输入分配和功能

计数器	时钟 A	Dir/ 时钟 B	复位	单相最大时钟/输入速率	双相/正交最大时钟/输入速率
HSC0	I0.0	I0.1	I0.4	S 型号 CPU：200kHz C 型号 CPU：100kHz	S 型号 CPU：最大 1 倍计数速率为 100kHz 最大 4 倍计数速率为 400kHz C 型号 CPU：最大 1 倍计数速率为 50kHz 最大 4 倍计数速率为 200kHz
HSC1	I0.1			S 型号 CPU：200kHz C 型号 CPU：100kHz	
HSC2	I0.2	I0.3	I0.5	S 型号 CPU：200kHz C 型号 CPU：100kHz	S 型号 CPU：最大 1 倍计数速率为 100kHz 最大 4 倍计数速率为 400kHz C 型号 CPU：最大 1 倍计数速率为 50kHz 最大 4 倍计数速率为 200kHz
HSC3	I0.3			S 型号 CPU：200kHz C 型号 CPU：100kHz	
HSC4	I0.6	I0.7	I1.2	SR30 和 ST30 型号 CPU：200kHz SR20、ST20、SR40、ST40、SR60 和 ST60 型号 CPU：30kHz C 型号 CPU：不适用	SR30 和 ST30 型号 CPU：最大 1 倍计数速率为 100kHz 最大 4 倍计数速率为 400kHz SR20、ST20、SR40、ST40、SR60 和 ST60 型号 CPU： 最大 1 倍计数速率为 20kHz 最大 4 倍计数速率为 80kHz C 型号 CPU：不适用
HSC5	I1.0	I1.1	I1.3	S 型 CPU：30kHz C 型号 CPU：不适用	S 型号 CPU：最大 1 倍计数速率为 20kHz 最大 4 倍计数速率为 80kHz C 型号 CPU：不适用

高速计数器 HSC0、HSC2、HSC4 和 HSC5 支持八种计数模式，分别是模式 0、1、3、4、6、7、9 和 10。HC1 和 HC3 只支持一种计数模式，即模式 0。

高速计数器的硬件输入接口与普通数字量接口使用相同的地址。已经定义用于高速计数器的输入点不能再用于其他功能。但某些模式下，没有用到的输入点还可以用作开关量输入点。高速计数器的模式及输入点见表 5-2。

表 5-2 高速计数器的模式及输入点

模 式		描 述	输 入 点		
		HSC0	I0.0	I0.1	I0.4
		HSC1	I0.1		
		HSC2	I0.2	I0.3	I0.5
		HSC3	I0.3		
		HSC4	I0.6	I0.7	I1.2
		HSC5	I1.0	I1.1	I1.3
0		带有内部方向控制的单相计数器	时钟		
1			时钟		复位

（续）

模　式	描　　述	输　入　点		
3	带有外部方向控制的单相计数器	时钟	方向	
4		时钟	方向	复位
6	带有增减计数时钟的双相计数器	增时钟	减时钟	
7		增时钟	减时钟	复位
9	A/B 相正交计数器	时钟 A	时钟 B	
10		时钟 A	时钟 B	复位

 ## 5.2　高速计数器的控制字节和寻址

HSC 指令在执行期间使用控制字节。分配计数器和计数器模式之后，即可对计数器的动态参数进行编程。每个高速计数器的 SM 存储器内均有一个控制字节。高速计数器的控制字节及其含义见表 5-3，高速计数器的寻址见表 5-4。

表 5-3　高速计数器的控制字节及其含义

HSC0	HSC1	HSC2	HSC3	HSC4	HSC5	描　　述
SM37.0	不支持	SM57.0	不支持	SM147.0	SM157.0	复位有效电平控制：0 为高电平激活时复位，1 为低电平激活时复位
SM37.2	不支持	SM57.2	不支持	SM147.2	SM157.2	AB 正交相计数器的计数速率选择：0 为 4×计数速率，1 为 1×计数速率
SM37.3	SM47.3	SM57.3	SM137.3	SM147.3	SM157.3	计数方向控制位：0 为减计数，1 为加计数
SM37.4	SM47.4	SM57.4	SM137.4	SM147.4	SM157.4	向 HSC 写入计数方向 0 为不更新，1 为更新方向
SM37.5	SM47.5	SM57.5	SM137.5	SM147.5	SM157.5	向 HSC 写入新预置：0 为不更新，1 为更新预设值
SM37.6	SM47.6	SM57.6	SM137.6	SM147.6	SM157.6	向 HSC 写入新当前值：0 为不更新，1 为更新当前值
SM37.7	SM47.7	SM57.7	SM137.7	SM147.7	SM157.7	启用 HSC：0 为禁用 HSC，1 为启用 HSC

表 5-4　高速计数器的寻址

高速计数器号	HSC0	HSC1	HSC2	HSC3	HSC4	HSC5
新当前值（新 CV）	SMD38	SMD48	SMD58	SMD138	SMD148	SMD158
新预置值（新 PV）	SMD42	SMD52	SMD62	SMD142	SMD152	SMD162
当前计数值（仅读出）	HC0	HC1	HC2	HC3	HC4	HC5

 ## 5.3　高速计数器指令介绍

高速计数器定义指令（HDEF）用于选择特定高速计数器（HSC0~5）的工作模式。模式选择定义高速计数器的时钟、方向和复位功能。必须为多达 6 个激活的高速计数器各使用一条高速计数器定义指令。S 型号 CPU1 有六个 HSC。C 型号 CPU2 有四个 HSC。

高速计数器（HSC）指令根据 HSC 特殊存储器位的状态组态和控制高速计数器（见表 5-5）。

参数 N 指定高速计数器编号。高速计数器最多可组态为八种不同的工作模式。每个计数器都有专用于时钟、方向控制、复位的输入，这些功能均受支持。在 AB 正交相，可以选择一倍(1×)或四倍（4×）的最高计数速率。所有计数器均以最高速率运行，互不干扰。

表 5-5　高速计数器指令格式

梯形图	输入/输出	参数说明	数据类型
HDEF EN ENO HSC MODE	HSC	HSC 编号常数（0、1、2、3、4 或 5）	BYTE
	MODE	模式编号常数，有八种可能的模式 （0、1、3、4、6、7、9 或 10）	BYTE
HSC EN ENO N	N	HSC 编号常数（0、1、2、3、4 或 5）	WORD

例如，高速计数器定义第一次扫描，包括以下两项（见图 5-1）：

1）将复位输入设为高电平有效并选择 4×模式。

2）将 HSC0 组态为具有复位输入的 AB 正交相（模式 10）。

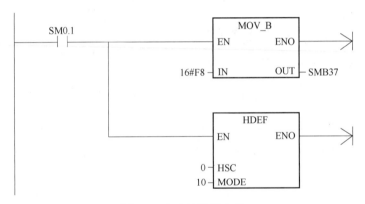

图 5-1　高速计数器定义

5.4　高速计数器在转速测量中的应用

1. 光电编码器简介

利用 PLC 高速计数器测量转速，一般要用到光电编码器。光电编码器是集光、机、电技术于一体的数字化传感器，可以高精度测量被测物的转角或直线位移量。光电编码器通过测量被测物体的旋转角度或直线距离，并将测量到的旋转角度转化为脉冲波电信号输出。控制器（PLC 或数控系统的 CNC）检测到这个输出的电信号即可得到速度或位移。

（1）光电编码器的分类

按测量方式，可分为旋转编码器、直尺编码器。按编码方式，可分为绝对式编码器、增量式编码器和混合式编码器。

（2）光电编码器的应用场合

光电编码器在机器人、数控机床上得到广泛应用，一般而言只要用到伺服电机就可能用到光电编码器。

2. 应用实例

方法一，直接编写程序

以下用一个例子说明高速计数器在转速测量中的应用。

【例 5-1】　一台电机上配有一台光电编码器（光电编码器与电机同轴安装），试用 S7-200 SMART CPU 测量电机的转速。

【解】　由于光电编码器与电机同轴安装，所以光电编码器的转速就是电机的转速。

软硬件配置如下：

1）1 套 STEP 7-Micro/WIN SMART V2.4。

2）1 台 CPU ST40。

3）1 台光电编码器（1024 线）。

4）一根以太网电缆。

光电编码器接线图如图 5-2 所示。

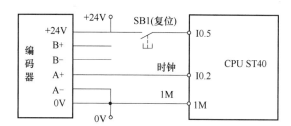

图 5-2　光电编码器接线图

> 【关键点】光电编码器的输出脉冲波信号有+5V 和+24V（或者+18V），而多数 S7-200 SMART CPU 的输入端的有效信号是+24V（PNP 接法时），因此，在选用光电编码器时要注意最好不要选用+5V 输出的光电编码器。因编码器是 PNP 型输出的，这一点非常重要，涉及程序的初始化，在选型时要注意。此外，编码器的 A-端口要与 PLC 的 1M 短接，否则不能形成回路。

那么若只有+5V 输出的光电编码器是否可以直接用于以上回路测量速度呢？答案是不能，但经过晶体管升压后是可行的，具体解决方案读者自行思考。

3. 编写程序

本例的编程思路是先对高速计数器进行初始化，启动高数计数器，在 100ms 内高数计数器计数个数，转化成每分钟编码器旋转的圈数就是光电编码器的转速，即电机的转速。光电编码器为 1024 线。也就是说，高数计数器每收到 1024 个脉冲波，电机就转 1 圈。电机的转速公式如下：

$$n = \frac{N \times 10 \times 60}{1024} = \frac{N \times 75}{2^7}$$

式中　n 为电机的转速；N 为 100ms 内高数计数器计数个数（收到脉冲波个数）。

直接编写的光电编码器测速应用程序（见图 5-3）。

方法二，使用指令向导编写程序

初学者利用高速计数器直接编程是有一定的难度。STEP 7-Micro/WIN SMART 软件内置的指令向导，为初学者提供了简单方案，能快速生成初始化程序。下面介绍这种方法。

扫一扫看视频

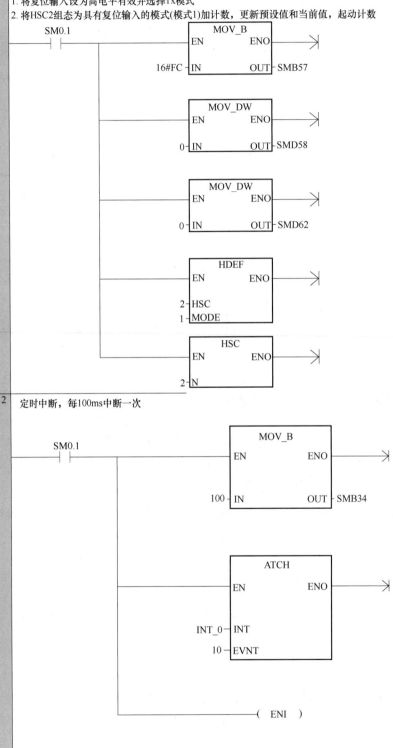

图 5-3　直接编写的光电编码器测速应用程序

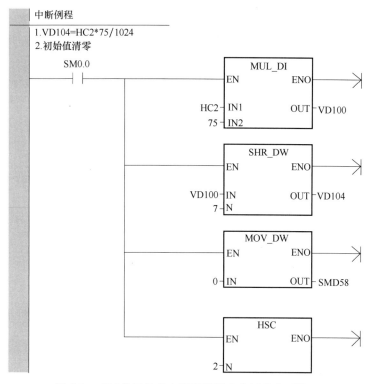

图 5-3　直接编写的光电编码器测速应用程序（续）

1）在 STEP 7-Micro/WIN SMART 中的命令菜单中选择"工具"→"向导"→"高速计数器"，也可以在项目树中选择"向导"→高速计数器向导，如图 5-4 所示。

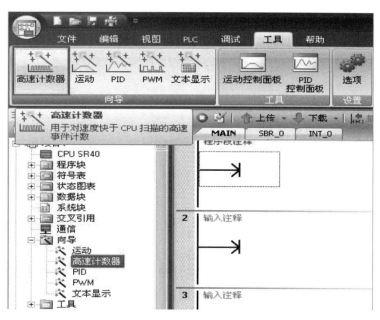

图 5-4　选择 HSC 向导

2）选择 HSC 编号，如图 5-5 所示。

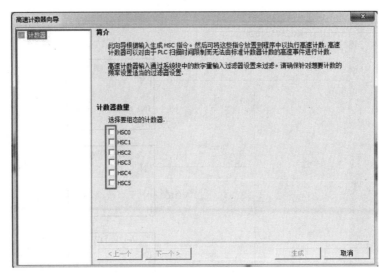

图 5-5　选择 HSC 编号

3）在左侧树形目录中选择"高速计数器"，为 HSC 命名，如图 5-6 所示。

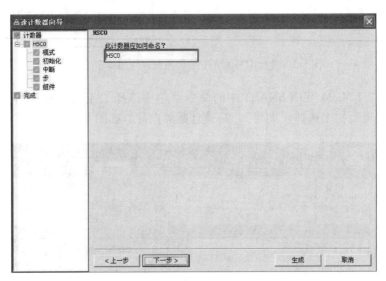

图 5-6　为 HSC 命名

4）选择 HSC 模式，如图 5-7 所示。

5）HSC 初始化，如图 5-8 所示。

图 5-8 中，各序号的意义如下：

① 为初始化子程序命名，或者使用默认名称。

② 设置计数器预设值，可以为整数、双字地址或符号名，如 5000、VD100、PV_HC0。用户可使用全局符号表中双字整数对应的符号名。如果用户输入的符号名尚未定义，单击"生成"，弹出图 5-9 所示对话框。

之后，单击"是"，弹出图 5-10 所示对话框。

图 5-10 中，填入地址和注释，注意地址必须为双字地址，注释可以不填。

146

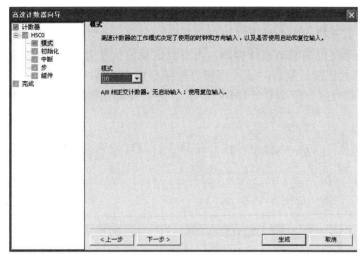

图 5-7　选择 HSC 模式

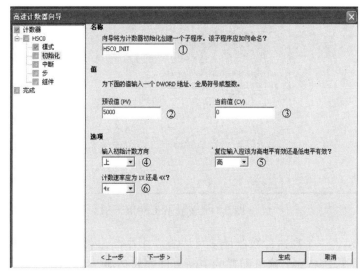

图 5-8　HSC 初始化

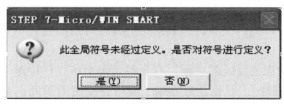

图 5-9　符号定义提示对话框

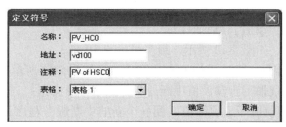

图 5-10　符号定义对话框

③ 设置计数器当前值，可以为整数、双字地址或符号名，如 5000、VD100、CV_HC0。

④ 初始化计数方向，为上或下。

⑤ 对于带外部复位端的高速计数器，可以设定复位信号为高电平有效或低电平有效。

⑥ 使用 A/B 相正交计数器时，可以将计数频率设为 1 倍速或 4 倍速。使用非 A/B 相正交计数器时，此项为虚。S7-200 SMART 均不支持带外部启动端的高速计数器，因此此项为虚。

【关键点】所谓"高/低电平有效"指的是在物理输入端口上的有效逻辑电平，即可以使 LED 灯点亮的电平。这取决于源型/漏型输入接法，并非指实际电平的高、低。

6）配置 HSC 中断，如图 5-11 所示。

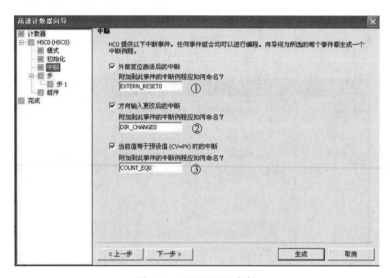

图 5-11　配置 HSC 中断

如图 5-11 所示，一个高速计数器最多可以有 3 个中断事件，在白色框中可填写中断服务程序名称或使用默认名称。这里配置的中断事件并非必须，系由用户根据自己的控制工艺要求选用。

图 5-11 中，各序号的意义如下：

① 外部复位输入有效值时中断，如果使用的高速计数器模式不具有外部复位端，则此项为虚。

② 方向控制输入状态改变时的中断。有 3 种情况会产生该中断——单相计数器的内部或外部方向控制位改变瞬间；双相计数器增、减时钟交替的瞬间；A/B 相脉冲波相对相位（超前或滞后）改变时瞬间。

③ 当前值等于预设值时产生的中断。通过向导，可以在该中断的服务程序中重新设置高速计数器的参数，如预设值、当前值。

7）配置 HSC 步数，如图 5-12 所示，最多可设置 10 步。

8）定义高速计数器每一步的操作。HSC 第一步，如图 5-13 所示。

在这里配置的是当前值等于预设值中断的服务程序中的操作：

① 向导会自动为当前值等于预设值匹配一个新的中断服务程序，用户可以对其重新命名，或者使用默认的名称。

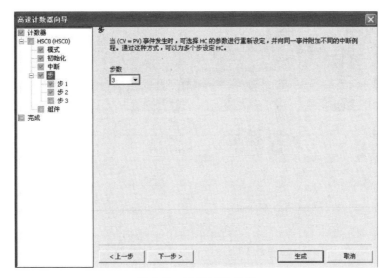

图 5-12　配置 HSC 步数

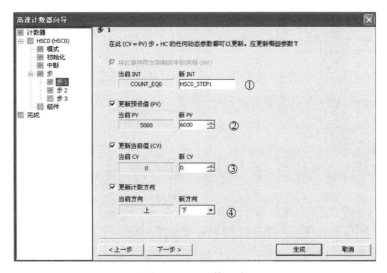

图 5-13　HSC 第一步

② 勾选后，用户在右侧输入新的预设值。

③ 勾选后，用户在右侧输入新的当前值。

④ 选用的高速计数器模式内部方向控制位。

使用相同的方法可完成其余两步的设置。

9）完成向导，如图 5-14 所示。

单击向导窗口左侧树形目录中的选项"组件"可以看到此时向导生成的子程序和中断程序名称及描述，单击"生成"按钮，完成向导。

【关键点】STEP 7-Micro/WIN SMART 高速计数器指令向导采用树形目录的形式，用户可以直接在目录树中选择相应选项进行设置，这种方式便于用户在完成指令向导后根据实际需求进行快速修改。

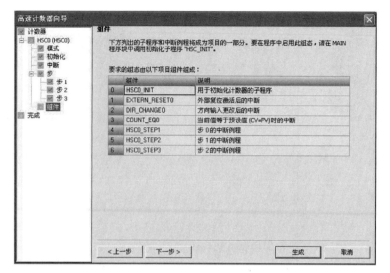

图 5-14 完成向导

10）调用 HSC 子程序，如图 5-15 所示。

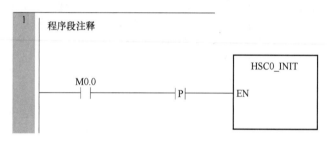

图 5-15 调用 HSC 子程序

【关键点】HSC0_INIT 为初始化子程序，请在主程序块中使用 SM0.1 或一条边沿触发指令调用一次此子程序。向导生成的中断服务程序及子程序都未上锁，用户可以根据自己的控制需要进行修改。

扫一扫看视频

【例 5-2】 通过向导实现高速计数器。

硬件配置如下：

1）1 套 STEP 7-Micro/WIN SMART V2.4。

2）1 台 SMART CPU，固件版本 V2.4（其他版本亦可）

3）1 根以太网电缆（TP 电缆）

要实现的功能如下：

使用高速计数器 0 的模式 0，来实现计数功能，即测量 I0.0 的脉冲波数量。程序内当计数值到 2500 后，进入中断清零，重新计数。如果遇到无法测量频率较高的计数值时，可以考虑适当缩短 I0.0 的滤波时间。

【解】 例 5-2 主程序，如图 5-16 所示。

例 5-2 子程序，如图 5-17 所示。

例 5-2 中断程序，如图 5-18 所示。

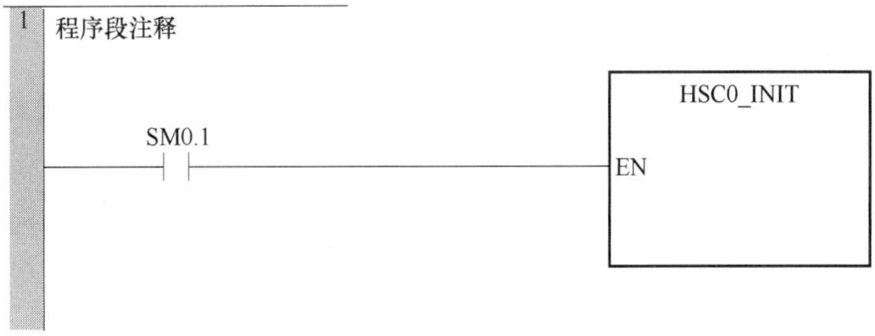

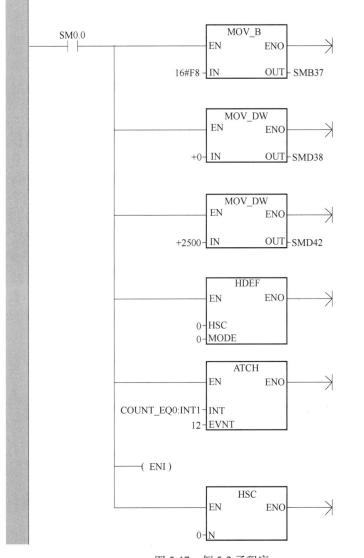

1
程序段注释
SM0.1
HSC0_INIT
EN

图 5-16　例 5-2 主程序

1
要在程序内启用该组态，请使用SM0.1 或沿触发指令从MAIN程序块将该子程序调用一次，
针对模式0组态HC0；CV=0；PV=2500；加计数；
将中断COUNT_EQ0 附加到事件12 (HCO 的CV = PV)，
启用中断并启动计数器。
SM0.0
MOV_B
EN
ENO
16#F8
IN
OUT
SMB37
MOV_DW
EN
ENO
+0
IN
OUT
SMD38
MOV_DW
EN
ENO
+2500
IN
OUT
SMD42
HDEF
EN
ENO
0
HSC
0
MODE
ATCH
EN
ENO
COUNT_EQ0:INT1
INT
12
EVNT
(ENI)
HSC
EN
ENO
0
N

图 5-17　例 5-2 子程序

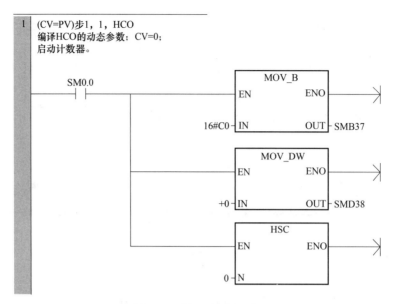

图 5-18　例 5-2 中断程序

5.5　如何在 S7-200 SMART CPU 断电后保持高速计数器的当前值

要注意的一点是，S7-200 SMART CPU 的断电数据保持，不支持高速计数器的范围设置，因此高速计数器的当前值在 CPU 每次断电后都会复位为数值 0。要使 S7-200 SMART CPU 高速计数器的当前值在 CPU 断电重启后依然保持，可以通过以下的编程来实现。

下面以向导生成高速计数器 0 的模式 0 为例，来说明如何在 S7-200 SMART CPU 断电后保持高速计数器的当前值，具体可参考以下三个部分的编程来实现：

1）首先，在除了第一个扫描周期之外的其他周期，需要将高速计数器 0 的当前值 HC0 传送到寄存器 VD1000 中，如图 5-19 所示，以保证寄存器 VD1000 始终存储的是 HC0 的当前值。

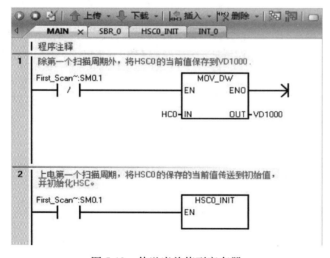

图 5-19　传送当前值到寄存器

2）其次，在上电的第一周期将寄存器 VD1000 存储的数值传送到高速计数器的当前值寄存器 SMD38，保证高速计数器以 VD1000 为初始值开始计数，并初始化高速计数器 0。

这里，HSC 初始化程序是通过 HSC 向导生成的，只需要在向导生成的程序"HSC0_INIT"上进行简单修改就可以了，如图 5-20 所示。

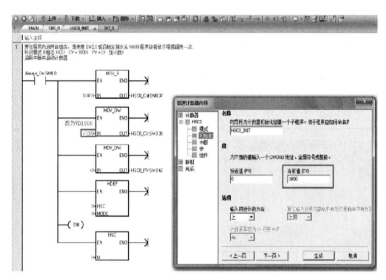

图 5-20　初始化 HSC0

3）最后，在系统块的断电数据保持处设置寄存器 VD1000 为断电保持，如图 5-21 所示。需要注意的是，S7-200 SMART CPU V 存储区默认设置为断电数据不保持，如果将其设置为断电保持，则 V 存储区数据即为断电永久保持，无须增加使用电池卡来实现数据的永久保持。

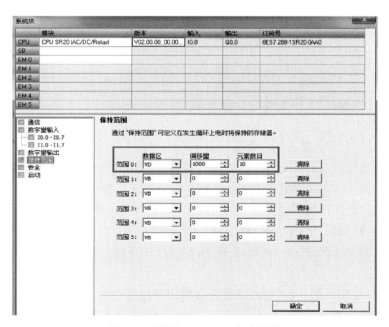

图 5-21　设置 VD1000 为断电保持

5.6 S7-200 SMART CPU 高速计数器常见问题

问题 1. 为什么 S7-200 SMART CPU 高速计数器在低频率下计数正常，而在高频率下无法计数？

答：在 S7-200 中，HSC 旁路了输入滤波。然而，在 S7-200 SMART 中，HSC 没有旁路输入滤波，因此系统块中设置的输入滤波会影响 HSC，这样可以帮助一些用户避免高频干扰。默认的滤波时间 6.4ms 可以允许计数的最高频率是 78Hz，如果要计数更高频率的信号，必须调整相应的滤波时间。

可以在"系统块"→"数字量输入"的选项中设置滤波时间，如图 5-22 所示。

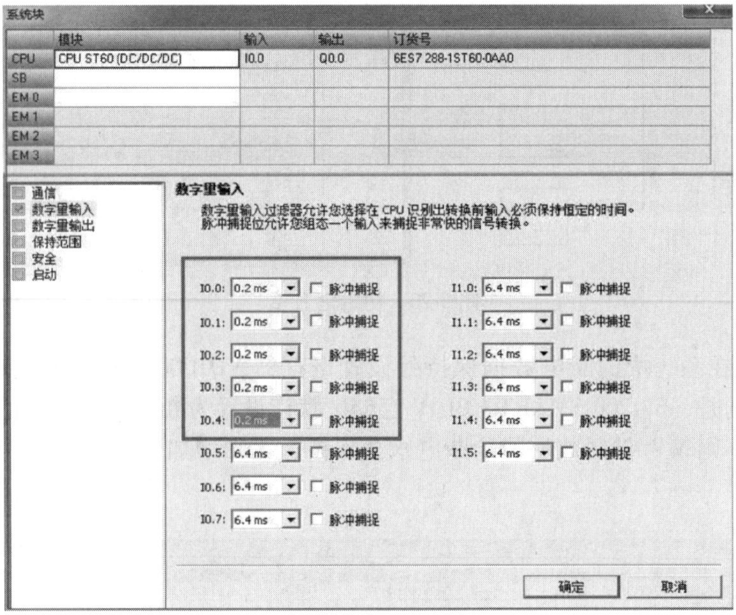

图 5-22　设置滤波时间

问题 2. S7-200 SMART CPU 高速计数器是否支持模式 12？

答：不支持。

问题 3. 高速计数器怎样占用输入点？

答：高速计数器根据被定义的工作模式，按需要占用 CPU 上的数字量输入点。每一个计数器都按其工作模式占用固定的输入点。在某个模式下没有用到的输入点，仍然可以用作普通输入点；被计数器占用的输入点（如外部复位），在用户程序中仍然可以访问到。

问题 4. S7-200 SMART CPU 能否支持 5V 编码器？

答：ST20、ST30 CPU 的 I0.0~I0.3 和 I0.6~I0.7，ST40、ST60 CPU 的 I0.0~I0.3，都可以支持。

问题 5. S7-200 SMART CPU 能否连接差分输出的编码器？

答：不能。由于查分数出的信号需要专门的差分信号接收器件，而 S7-200 SMART CPU 不具备这样的差分接口，所以无法直接连接差分输出的编码器。

问题 6. 为什么高速计数器不能正常工作？

答：在程序中要使用初次扫描存储器位 SM0.1 来调用 HDEF 指令，而且只能调用一次。如果用 SM0.0 调用或第二次执行 HDEF 指令会引起运行错误，而且不能改变第一次执行 HDEF 指令时对计数器的设定。

问题 7. 对高速计数器如何寻址？为什么从 SMDx 中读不出当前的计数值？

答：可以直接用 HC0、HC1、HC2、HC3、HC4、HC5 对不同的高速计数器进行寻址读取当前值，也可以在状态表中输入上述地址直接监视高速计数器的当前值。SMDx 不存储当前值。高速计数器的计数值是一个 32 位的有符号整数。

问题 8. 高速计数器如何复位到 0？

答：选用带外部复位模式的高速计数器，当外部复位输入点信号有效时，高速计数器复位为 0；也可使用内部程序复位，即将高速计数器设定为可更新初始值，并将初始值设为 0，执行 HSC 指令后，高数计数器即复位为 0。

问题 9. 高速计数器的值在复位后是复位到初始值还是 0？

答：外部复位会将当前值复位到 0，而不是初始值；内部复位，则将当前值复位到初始值（若初始值设为 0，则内部复位也是复位到 0）。如果设定了可更新初始值，但在中断中未给初始值特殊寄存器赋新值，则在执行 HSC 指令后，它将按初始化时设定的初始值赋值。

问题 10. 为何给高速计数器赋初始值和预置值时后不起作用，或者效果出乎意料？

答：高速计数器可以在初始化或运行中更改设置，如初始值、预设值。其操作步骤如下所述。

1) 设置控制字节的更新选项。需要更新哪个设置数据，就把控制字节中相应的控制位设置为 1；不需要改变的设置，相应的控制位就不能设置。

2) 然后将所需的值送入初始值和预置值控制寄存器。

3) 执行 HSC 指令。

问题 11. 高速计数器为什么会丢失脉冲波？

1) 要先确认丢失脉冲波的结论是如何得到的，通过什么方式得知丢失脉冲波，这种方式是否可靠。

2) 确认脉冲波发生源是否能够正常工作且与 HSC 的硬件输入指标匹配，如逻辑电平阈值、最高频率等。

3) 确认传输过程是否可靠，电缆的长度与屏蔽是否都符合规范。

4) 确认 CPU 侧硬件是否工作正常。

5) 确认程序的使用是否正确。

6) 确认 HSC 的工作机制是否能与客户工艺要求匹配。比如，因为初始化 HSC 时有脉冲波输入，因为此时脉冲波无法被检测到。

第6章

S7-200 SMART PLC 运动控制应用

本章介绍 S7-200 SMART PLC 的高速输出点直接对步进电机和伺服电机进行运动控制，读者可以根据实际情况对程序和硬件配置进行移植。

6.1 S7-200 SMART PLC 的运动控制基础

6.1.1 S7-200 SMART PLC 的开环运动控制介绍

S7-200 SMART PLC CPU 提供两种方式的开环运动控制（用户务必使用晶体管输出的 S7-200 SMART CPU）：

1）脉宽调制（PWM），内置于 CPU 中，用于速度、位置或占空比的控制。

2）运动轴，内置于 CPU 中，用于速度和位置的控制。

CPU 提供了最多三个数字量输出（Q0.0、Q0.1 和 Q0.3），这三个数字量输出可以通过 PWM 向导组态为 PWM 输出，或者通过运动向导组态为运动控制输出。当作为 PWM 操作组态输出时，输出的周期是固定的，脉宽或脉冲波占空比可通过程序进行控制。脉宽的变化可在应用中控制速度或位置。

运动轴提供了带有集成方向控制和禁用输出的单脉冲波串输出。运动轴还包括可编程输入，允许将 CPU 组态为包括自动参考点搜索在内的多种操作模式。运动轴为步进电机或伺服电机的速度和位置开环控制提供了统一的解决方案。

6.1.2 高速脉冲波输出指令介绍

S7-200 SMART PLC 配有 2 个或 3 个 PWM 发生器，它们可以产生脉冲波调制波形。一个 PWM 发生器输出点是 Q0.0，另外两个 PWM 发生器输出点是 Q0.1 和 Q0.3。当 Q0.0、Q0.1 和 Q0.3 作为高速输出点时，其普通输出点被禁用；而不作为 PWM 发生器时，Q0.0、Q0.1 和 Q0.3 可作为普通输出点使用。一般情况下，PWM 输出负载至少为 10% 的额定负载。

经济型的 S7-200 SMART PLC 没有高速输出点，标准型的 S7-200 SMART PLC 有高速输出点。目前，典型的型号是 CPU ST30、CPU ST40 和 CPU ST60。CPU ST20 只有两个高速输出通道，即 Q0.0 和 Q0.1。脉冲波输出（PLS）指令配合特殊存储器用于配置高速输出功能。

PWM 提供三条通道，这些通道允许占空比可变的固定周期时间输出，PLS 指令可以指定周期时间和脉冲波宽度。以 μs 或 ms 为单位指定脉冲波宽度和周期。

PLS 指令格式如图 6-1 所示。

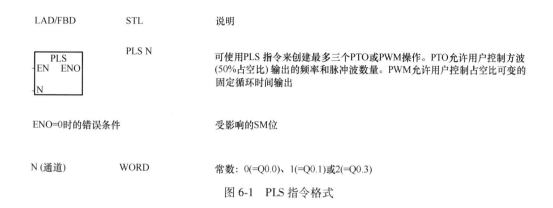

LAD/FBD	STL	说明
PLS −EN ENO− −N	PLS N	可使用PLS指令来创建最多三个PTO或PWM操作。PTO允许用户控制方波 (50%占空比)输出的频率和脉冲波数量。PWM允许用户控制占空比可变的 固定循环时间输出
ENO=0时的错误条件		受影响的SM位
N(通道)	WORD	常数: 0(=Q0.0)、1(=Q0.1)或2(=Q0.3)

图 6-1　PLS 指令格式

【关键点】 脉冲波输出 PLS 指令仅可用于以下 S7-200 SMART PLC CPU: SR20/ST20 (两个通道, Q0.0 和 Q0.1); SR30/ST30、SR40/ST40 及 SR60/ST60 (三个通道, Q0.0、Q0.1 和 Q0.3)

　　PWM 提供了占空比可变、周期固定的脉冲波输出。PWM 输出以指定频率(循环时间)启动之后将连续运行。脉宽根据所需要的控制要求进行变化。占空比可表示为周期的百分比或对应于脉冲波宽度的时间值。脉宽的变化范围为 0%(无脉冲波, 始终为低电平)~100%(无脉冲波, 始终为高电平)。输出脉冲波形如图 6-2 所示。

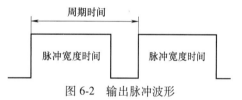

图 6-2　输出脉冲波形

　　由于 PWM 输出可从 0% 变化到 100%(见表 6-1), 因此在很多情况下, 它可以提供一个类似模拟量输出的数字量输出。例如, PWM 输出可用于电机从静止到全速的速度, 或用于阀门从关闭到全开的位置控制。

表 6-1　脉冲波宽度时间、周期时间和 PWM 功能的响应

脉冲波宽度时间/周期时间	响　　应
脉冲波宽度时间≥周期时间值	占空比为100%: 输出一直接通
脉冲波宽度时间=0	占空比为0%: 连续关闭输出
周期时间≥2 个时间单位	默认情况下, 周期时间为两个时间单位

　　PWM 功能产生一个占空比变化、周期固定的脉冲波输出。可以为其设定周期和脉宽(以 μs 或 ms 为单位):

　　周期: 10~65535μs 或 2~65535ms(S7-200 SMART CPU 支持最高 100kHz 脉冲波输出)。

　　脉宽: 0~65535μs 或 0~65535ms(最低 4μs, 设置为 0μs 等于禁止输出)。

　　实现方式: 通过 PWM 向导或 PLS 指令(特殊寄存器 SM)实现。

　　S7-200 SMART CPU 提供三个数字量输出, 即 Q0.0、Q0.1 和 Q0.3。

　　为了简化应用中运动控制的使用, 推荐使用"PWM 向导"来组态 PWM。

6.1.3　与 PLS 指令相关的特殊寄存器的含义

　　如果要装入新的脉冲波宽度(SMW70 或 SMW80)和周期(SMW68 或 SMW78), 应该在执行 PLS 指令前装入这些值和控制寄存器(见表 6-2); 然后, PLS 指令会从特殊寄存器

SM 中读取数据，并按照存储数值来控制 PWM 发生器（见表 6-3）。这些特殊寄存器分为三大类：PWM 功能状态字、PWM 功能控制字和 PWM 功能寄存器。

表 6-2　其他 PWM 控制的寄存器

Q0.0	Q0.1	Q0.3	控 制 字 节
SMW68	SMW78	SMW568	PWM 周期值（范围：2~65535）
SMW70	SMW80	SMW570	PWM 脉冲宽度值（范围：2~65535）

表 6-3　PWM 控制的寄存器

Q0.0	Q0.1	Q0.3	控 制 字 节
SM67.0	SM77.0	SM567.0	PTO/PWM 更新频率/周期时间：0 为不更新；1 为更新频率/周期时间
SM67.1	SM77.1	SM567.1	PWM 更新脉冲宽度时间：0 为不更新；1 为更新脉冲宽度
SM67.2	SM77.2	SM567.2	PTO 更新脉冲计数值：0 为不更新；1 为更新脉冲计数
SM67.3	SM77.3	SM567.3	PWM 时基：0 为 1μs/刻度；1 为 1ms/刻度
SM67.4	SM77.4	SM567.4	保留
SM67.5	SM77.5	SM567.5	保留
SM67.6	SM77.6	SM567.6	保留
SM67.7	SM77.7	SM567.7	PWM 使能：0 为禁用；1 为启用

【关键点】使用 PWM 功能相关的特殊存储器 SM 需要注意以下几点：

1）如果要装入新的脉冲波宽度（SMW70 或 SMW80）和周期（SMW68 或 SMW78），应该在执行 PLS 指令前装入这些数值到控制寄存器。

2）受硬件输出电路响应速度的限制，对于 Q0.0、Q0.1 和 Q0.3 从断开到接通为 1.0μs，从接通到断开为 3.0μs，因此最小脉宽不可能小于 4.0μs，那么最大的频率为 100kHz，因此最小周期为 10μs。

6.1.4　PLS 指令应用

【例 6-1】　对于 S7-200 SMART PLC，实现在 M0.0 为 1 时，Q0.0 输出周期为 100ms 脉宽为 50ms 的脉冲方波。所需条件如下：

1）软件为 STEP 7-Micro/WIN SMART V2.4。

2）硬件为 S7-200 SMART CPU 固件版本为 V2.4（其他版本亦可）。

3）通信硬件采用 TP 电缆（以太网电缆）。

【解】　梯形图如图 6-3 所示。

初学者往往对于控制字的理解比较困难，但软件有指令向导功能，读者只要设置参数即可生成子程序，使得程序的编写变得简单。下面介绍用该方法完成本例编程。

1. 使用以下方法之一打开 PWM 向导（见图 6-4）

1）在"工具"菜单的"向导"区域单击"PWM"按钮。

2）在项目树中打开"向导"文件夹，然后双击"PWM"，或者单击选择"PWM"并按回车键。

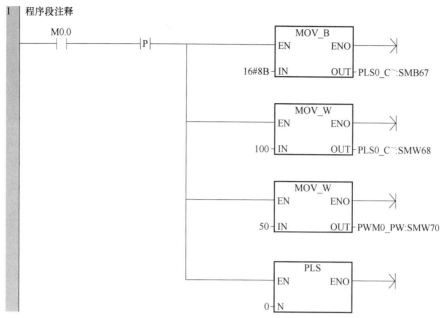

图 6-3　例 6-1 的程序梯形图

图 6-4　打开 PWM 向导的两种方法

2. 组态 PWM 向导的步骤

1）选择脉冲波发生器，如图 6-5 所示。

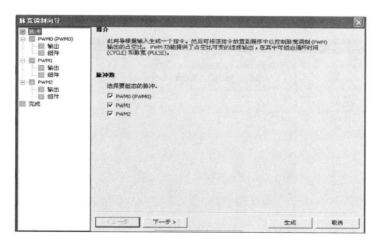

图 6-5　选择脉冲波发生器

2）必要时可更改 PWM 通道的名称，如图 6-6 所示。

3）组态 PWM 通道输出时基，如图 6-7 所示。

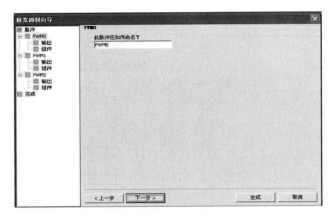

图 6-6　更改 PWM 通道的名称

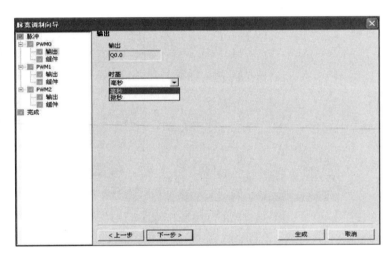

图 6-7　组态 PWM 通道输出时基

4）生成项目组件，如图 6-8 所示。

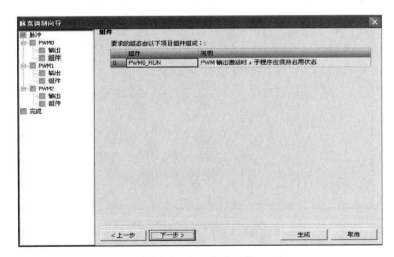

图 6-8　生成项目组件

5）使用 PWMx_RUN 子例程控制 PWM 输出的占空比。

注意，PWM 通道已硬编码，PWM0 已分配到 Q0.0，PWM1 已分配到 Q0.1，PWM2 已分配到 Q0.3。

PWMx_RUN 子程序，如图 6-9 所示。PWMx_RUN 子程序允许通过改变脉冲波宽度（从 0 到周期时间的脉冲波宽度）来控制输出占空比。

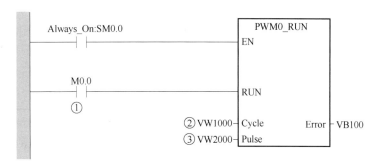

图 6-9　PWMx_RUN 子程序

图 6-9 中，各序号对应部的意义如下：

① PWMx_RUN，控制脉冲波的产生。

② Cycle，写入脉冲波周期。

③ Pulse，写入脉冲波宽度。

6.1.5　PWM 常见问题

问题 1. 使用 PWM 输出功能应使用什么类型的 CPU？

答：应使用 DC 24V 晶体管输出的 CPU。如果使用继电器输出的 CPU，PWM 输出频率不能高于继电器响应频率，即使 PWM 输出频率不过高，继电器频繁通断也会影响 CPU 使用寿命。

问题 2. PWM 输出的幅值是多少？

答：PWM 输出的最大幅值为 24V（高电平有效，共负端连接），若想实现输出其他电压的幅值，需自己加转换器来实现。S7-200 SMART CPU 的高速输出点所在的数字量输出点可以支持 20.4～28.8V 电压幅值。

问题 3. 如何强制停止 PWM 输出？

答：可以通过编程将控制字节中的使能位 SM67.7、SM77.7 和 SM567.7 清零，然后执行 PLS 指令，便可立即停止 PWM0、PWM1 和 PWM2 输出。

问题 4. PWM 输出周期和脉宽有哪些限制？

答：硬件输出电路响应速度的限制，对于 Q0.0、Q0.1 和 Q0.3，从断开到接通为 1.0μs，从接通到断开 3.0μs，因此最小脉宽不可能小于 4.0μs。最大的频率为 100kHz，因此最小周期为 10μs。不论是连续脉冲波，还是相对较长周期内的单个脉冲波，其脉冲波宽度限制都是相同的。

问题 5. 如何改变 PWM 输出的周期或脉宽？

答：可以在初始化时设置脉冲波的周期和宽度，也可以在连续输出脉冲波时很快地改变上述参数。可以通过写入 SM 特殊寄存器和使用 PWM 向导两种方法，来更改 PWM 输出的周期和脉宽。

使用写入 SM 寄存器方式的操作步骤如下：

1）设置控制字节，以允许写入（或更新）相应的参数。

2）对相应的特殊存储器写入新的周期或脉宽值。

3）执行 PLS 指令，对 PWM 发生器进行硬件设置变更。

使用 PWM 向导方法为：

调用 PWMx_RUN 子程序，将周期值写入 Cycle 引脚，将脉宽值写入 Pulse 引脚，可实时修改周期和占空比。

问题 6. ST20 CPU 支持几路 PWM？

答：ST20 CPU 有两路高速脉冲波输出，虽然向导可以组态 3 路 PWM，但实际使用只支持 2 路 PWM 功能，PLS 指令用于 ST20 CPU 仅可用于两个通道（Q0.0 和 Q0.1）。

6.2 S7-200 SMART PLC 运动控制功能

S7-200 SMART PLC CPU（见图 6-10）内置运动轴，可以实现位置和速度的开环运动控制。

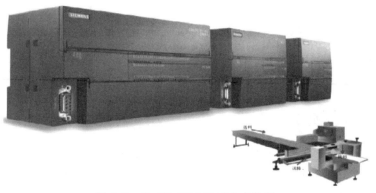

图 6-10　S7-200 SMART PLC 实物图

CPU 输出脉冲波和方向信号至伺服驱动器（步进驱动器），伺服驱动器（步进驱动器）再将从 CPU 输入的给定值经过处理后输出到伺服电机（步进电机），控制伺服电机（步进电机）加速、减速和移动到指定位置，如图 6-11 所示。

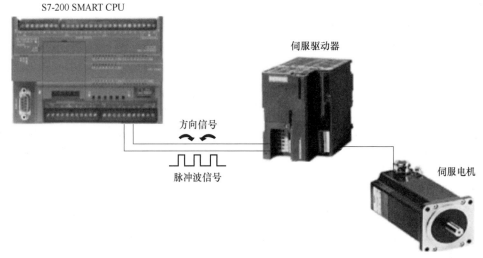

图 6-11　S7-200 SMART PLC 伺服电机开环控制系统组成

CPU 模块，最多集成 3 路高速脉冲波输出，频率高达 100kHz；支持 PWM 和 PTO 输出方式及多种运动模式，可自由设置运动包络，如图 6-12 所示。

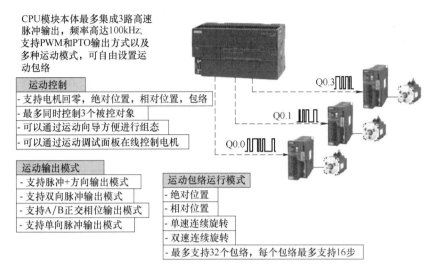

图 6-12　S7-200 SMART PLC 运动控制的模式

【关键点】对于图 6-13 所示的选型，如果轴 1 组态为脉冲波加方向，则 P1 分配到 Q0.7。如果轴 1 组态为双相输出或 A/B 相输出，则 P1 被分配到 Q0.3，但此时轴 2 将不能使用。

	轴0	轴1	轴2
P0	Q0.0	Q0.1	Q0.3
P1	Q0.2	Q0.7或Q0.3	Q1.0

图 6-13　S7-200 SMART PLC 选型

6.2.1　步进电机

步进电机是一种将电脉冲波转化为角位移的执行机构。一般电机是连续旋转的，而步进电机的转动是一步一步的。每输入一个脉冲波电信号，步进电机就转动一个角度。通过改变脉冲波频率和数量，即可实现调速和控制转动的角位移大小；具有较高的定位精度，最小步距角可达 0.75°；转动、停止、反转反应灵敏、可靠。该电机在开环数控系统中得到了广泛应用。

1. 步进电机的分类

步进电机（磁电式）可分为永磁式步进电机、磁阻式（也叫反应式）步进电机和混合式步进电机。

2. 步进电机的重要参数

（1）步距角

它表示，控制系统每发一个步进脉冲波信号电机所转动的角度。电机出厂时给出了个步距角的值，这个步距角可以称之为"电机固有步距角"，但它不一定是电机实际工作时的步距角，实际的步距角和驱动器有关。

（2）相数

步进电机的相数是指电机内部的绕组组数。目前常用的有二相、三相、四相、五相等步进电机。电机相数不同，其步距角也不同。二相电机的步距角一般为 0.9°、1.8°，三相的一般为 0.75°、1.5°，五相的一般为 0.36°、0.72°。在没有细分驱动器时，用户主要靠选择不同相数的步进电机来满足对步距角的要求。如果使用细分驱动器，则"相数"将变得没有意义，用户只需在驱动器上改变细分数，就可以改变步距角。

（3）保持转矩

保持转矩是指步进电机通电但没有转动时，定子锁住转子的转矩。它是步进电机最重要的参数之一。通常，步进电机在低速时的转矩接近保持转矩。由于步进电机的输出转矩随速度的增大而不断衰减，输出功率也随速度的增大而变化，所以保持转矩就成为重要的参数之一。

（4）钳制转矩

钳制转矩是指步进电机没有通电的情况下，定子锁住转子的转矩。由于磁阻式步进电机的转子不是永磁材料，所以它没有钳制转矩。

3. 步进电机主要的特点

1）一般步进电机的误差为步距角的 3%~5%，且不累积。

2）步进电机允许的外部最高温度取决于不同磁性材料的退磁点。步进电机温度过高时，会使电机的磁性材料退磁，从而导致转矩下降乃至失步，因此电机允许的外部最高温度应取决于磁性材料的退磁点。一般来讲，多数磁性材料的退磁点在 130℃ 以上，有的甚至是 200℃ 以上，所以步进电机在 80~90℃ 环境下完全正常。

3）步进电机的转矩会随转速的升高而下降。当步进电机转动时，电机各相绕组的电感将形成一个反向电动势；频率越高，反向电动势越大。在它的作用下，电机随频率（或速度）的增大而相电流减小，从而导致转矩下降。

4）步进电机有一个技术参数——空载启动频率，即步进电机在空载情况下能够正常启动的脉冲波频率。如果脉冲波频率高于该值，电机不能正常启动，可能发生丢步或堵转。在有负载的情况下，启动频率应更低。如果要使电机达到高速转动，应该让脉冲波频率有个加速过程。即，启动频率较低，然后按一定加速度升到所希望的高频（电机转速从低速升到高速）。

4. 步进电机的细分

步进电机的细分控制，从本质上讲是通过对步进电机的励磁绕组中电流的控制，使步进电机内部的合成磁场为均匀的圆形旋转磁场，从而实现步进电机步距角的细分。步进电机的细分数一般为 1、2、4、8、16、64、128 和 256 几种,通常细分数不超过 256。例如,当步进电机的步距角为 1.8°,那么当细分为 2 时,步进电机收到一个脉冲波,只转动 1.8°/2 = 0.9°,可见控制精度提高了 1 倍。细分数选择要合理,并非细分得越多越好,要根据实际情况而定。细分数一般在步进驱动器上通过拨钮来设定。

步进电机驱动器细分的优点如下:

1)消除了电机的低频振荡,使电机运行更加平稳均匀。低频振荡是步进电机(尤其是磁阻式步进电机)的固有特性,而细分是消除它的唯一途径。如果步进电机有时要在共振区工作(如走圆弧),选择细分驱动器是唯一的选择。

2)提高了电机的输出转矩,尤其是对三相磁阻式电机,其转矩比不细分时提高了约 30%~40%。

3)减小步进电机的步距角,提高电机的分辨率。由于减小了步距角、提高了步距的均匀度,那么提高电机的分辨率是不言而喻的。

5. 步进电机在工业控制领域的主要应用

步进电机作为执行元件,是机电一体化的关键产品之一,广泛应用在各种家电产品中,如打印机、磁盘驱动器、玩具、雨刷、振动寻呼机、机械手臂和录像机等。另外,步进电机也广泛应用于各种工业自动化系统中。由于通过控制脉冲波个数可以很方便地控制步进电机转过的角位移,且步进电机的误差不累积,就可以达到准确定位的目的。并且,还可以通过控制频率很方便地改变步进电机的转速和加速度,达到任意调速的目的。因此,步进电机可以广泛地应用于各种开环控制系统中。

6.2.2 步进控制系统

1. 步进驱动器

步进电机控制系统组成如图 6-14 所示。两相和三相步进驱动器如图 6-15 所示。

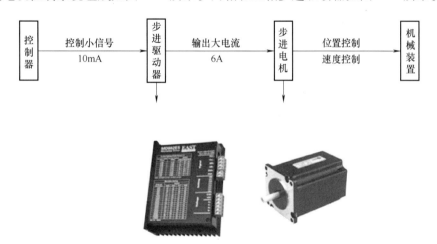

图 6-14 步进电机控制系统组成

2. 为什么要用步进驱动器

步进驱动器的功能就是在控制设备(PLC 或单片机)的控制下,为步进电机提供工作所需要的幅度足够的脉冲波信号。步进驱动器接线端及其功能说明如图 6-16 和表 6-4 所示。

两相步进驱动器　　　　　　　　　　三 相步进驱动器

图 6-15　两相和三相步进驱动器

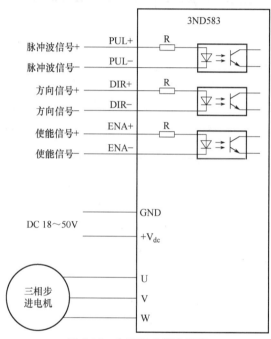

图 6-16　步进驱动器接线端

表 6-4　步进驱动器接线端功能说明

接线端	功 能 说 明
PUL+(+5V) PUL−	脉冲波控制信号输入端。脉冲波上升沿有效；PUL−高电平时为 4~5V，低电平时为 0~0.5V。为了可靠响应脉冲波信号，脉冲波宽度应大于 1.2μs。如采用+12V 或+24V 时，需串电阻
DIR+(+5V) DIR−	方向信号输入端，为高、低电平信号。为保证电机可靠换向，方向信号应先于脉冲波信号至少 5μs 建立。电机的初始运行方向与电机的接线有关，互换三相绕组 U、V、W 的任何两根线可以改变电机初始运行的方向。DIR−高电平时为 4~5V，低电平时为 0~0.5V
ENA+(+5V) ENA−	使能信号输入端，其输入信号用于使能或禁止。ENA+接+5V，ENA−接低电平（或内部光电耦合器导通）时，驱动器将切断电机各相的电流使电机处于自由状态，此时步进脉冲波不被响应。当不需用此功能时，使能信号端悬空即可
U、V、W	三相步进电机的接线端
+V_dc	驱动器直流电源输入端正极，18~50V 的任何值均可，但推荐值为 DC +36V 左右
GND	驱动器直流电源输入端负极

3. 步进驱动器的外部接线注意事项

1）共阳极接法、共阴极接法和差分方式接法。

2）根据所选 PLC 来选择驱动器。

3）西门子 PLC 输出信号为 PNP 输出（高电平信号），应采用共阴接法。

4）三菱 PLC 输出信号为 NPN 输出（低电平信号），应采用共阳接法。

步进驱动器外部接线图示例如图 6-17 所示。

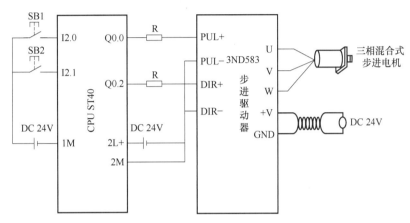

图 6-17　步进驱动器外部接线图示例

　　PLC 能否直接与步进驱动器直接相连呢？一般情况下是不能的。这是因为步进驱动器的控制信号通常是 +5V 的，而西门子 PLC 的输出信号是 +24V 的，显然是不匹配的。解决办法是在 PLC 与步进驱动器之间串联一只 2kΩ 的电阻，起分压作用，让步进驱动器的输入信号近似等于 +5V。有的资料指出，串联一只 2kΩ 的电阻是为了将输入电流控制在 10mA 左右，起限流作用。这里电阻的限流或分压作用在本质上是相同的。还要注意的是，如果输入端的接线采用的是 PNP 接法，那么两只接近开关是 PNP 型；若读者选用的是 NPN 型接近开关，那么接法就不同了。

　　【关键点】 步进驱动器的控制信号通常是 5V 的，但并不绝对。例如，有的工控企业为了使用方便，特意向驱动器的生产厂商定制 24V 控制信号的驱动器。另外，光隔离器的作用是电气隔离和抗干扰。

6.2.3　使用运动控制向导组态运动轴

　　1）打开运动控制向导。双击 STEP 7-Micro/WIN SMART，启动编程软件；在项目树中双击"向导"项下的"运动"，启动运动控制向导；或者，单击"工具"→"向导"→"运动"，如图 6-18 所示。

　　2）选择需要配置的轴。图 6-19 所示的选择要组态的轴为"轴 0"。

　　3）为所选择的轴命名，如图 6-20 所示。这里采用默认名"轴 0"。

　　4）选择测量系统，如图 6-21 所示选择"工程单位"或"脉冲数"。

图 6-21 中，各序号对应部分的含义如下：

① 选择工程单位或是"脉冲数"。

② 选择电机每转"脉冲数"。

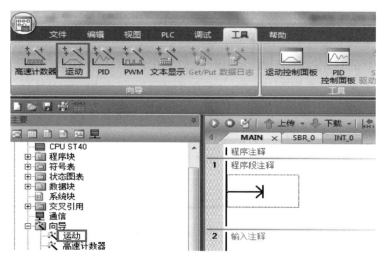

图 6-18　启动运动控制向导

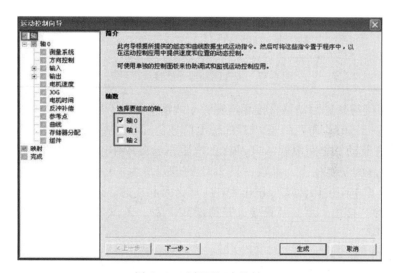

图 6-19　选择要组态的轴

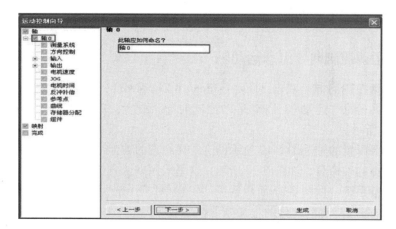

图 6-20　为所选择的轴命名

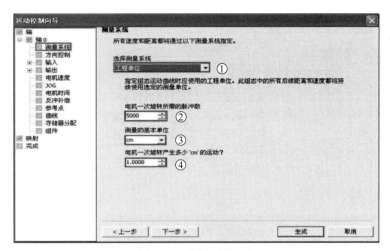

图 6-21　选择测量系统

③ 选择基本单位。

④ 输入电机每转运行距离。

5）设置脉冲输出方向，如图 6-22 所示。

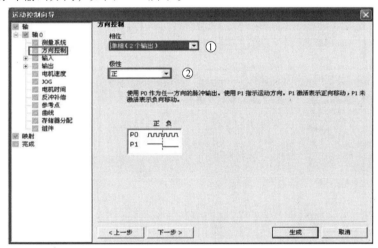

图 6-22　设置脉冲输出方向

图 6-22 中，各序号对应部分的含义如下：

① 设置有几路脉冲输出（单相为 1 路，双相为 2 路，正交为 2 路）

② 设置脉冲输出极性和控制方向。

6）分配输入点，正限位和负限位分配，如图 6-23 所示。

7）分配参考点，如图 6-24 所示。

8）零脉冲输入分配，如图 6-25 所示。

9）停止点设置，如图 6-26 所示。

10）输出点设置，如图 6-27 所示。

【关键点】每个轴的输出点都是固定的，用户不能对其进行修改，但是可以选择使能或不使能 DIS。

169

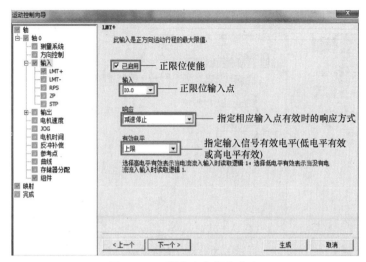

图 6-23　正限位和负限位分配

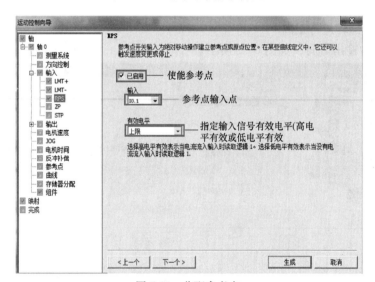

图 6-24　分配参考点

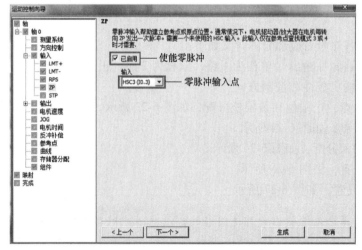

图 6-25　零脉冲输入分配

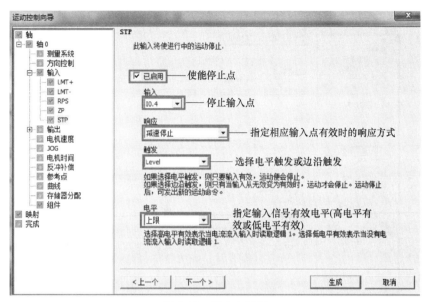

图 6-26　停止点设置

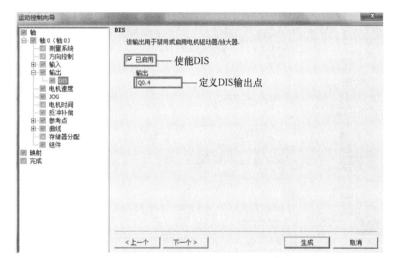

图 6-27　输出点设置

11) 电机速度设置，如图 6-28 所示。

图 6-28 中，各序号对应部分的含义如下：

① 定义电机运动的最大速度 "MAX_SPEED"。

② 根据定义的最大速度，在运动曲线中可以指定的最小速度。

③ 定义电机运动的起动和停止速度 "SS_SPEED"。

12) 点动速度设置，如图 6-29 所示。

图 6-29 中，各序号对应的含义如下：

① 定义点动速度 "JOG_SPEED"。电机的点动速度是指点动命令有效时能够得到的最大速度。

② 定义点动位移 "JOG_INCREMENT"。点动位移是指瞬间的点动命令能够将工件运动的距离。

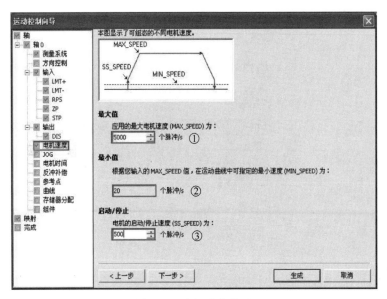

图 6-28　电机速度设置

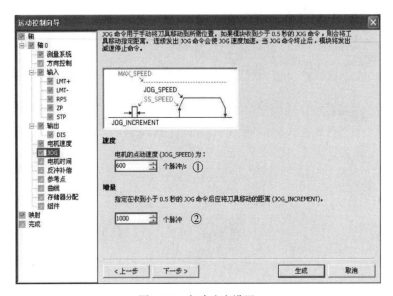

图 6-29　点动速度设置

【关键点】当 CPU 收到一个点动命令后，它启动一个定时器。如果点动命令在 0.5s 内结束，CPU 则以定义的 SS_SPEED 速度使工件运动 JOG_INCREMENT 数值指定的距离。当到 0.5s 时，点动命令仍然是激活的，CPU 会控制加速至 JOG_SPEED 速度，继续运动直至点动命令结束，随后减速停止。

13）加速和减速时间设置，如图 6-30 所示。

图 6-30 中，各序号对应的含义如下：

① 设置从启动或停止速度"SS_SPEED"到最大速度"MAX_SPEED"的加速度时间"ACCEL_TIME"。

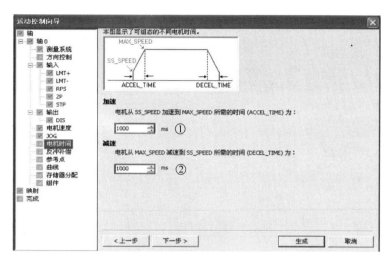

图 6-30　加速和减速时间设置

② 设置从最大速度 "MAX_SPEED" 到启动或停止速度 "SS_SPEED" 的减速度时间 "DECEL_TIME"。

14）反冲补偿设置，如图 6-31 所示。

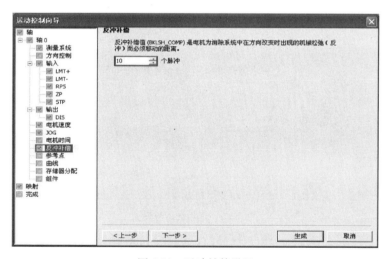

图 6-31　反冲补偿设置

【关键点】反冲补偿是指，当方向发生变化时，为消除系统中因机械磨损而产生的误差，电机必须运动的距离。反冲补偿总是正值，默认为 0。

15）启用参考点，如图 6-32 所示。

【关键点】若应用中需要从一个绝对位置开始运动或以绝对位置作为参考，必须建立一个参考点（RP）或零点位置，该点将位置测量固定到物理系统的一个已知点上。

16）参考点参数设置，如图 6-33 所示。

图 6-33 中，各序号对应部分的含义如下：

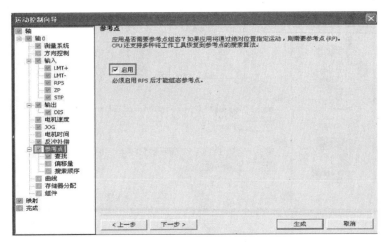

图 6-32　启用参考点

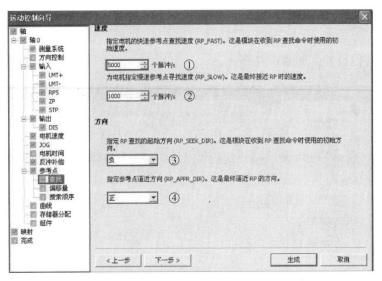

图 6-33　参考点参数设置

① 定义快速寻找速度 "RP_FAST"。快速寻找速度是指模块执行 RP 寻找命令的初始速度。通常，RP_FAST 是 MAX_SPEED 的 2/3 左右。

② 定义慢速寻找速度 "RP_SLOW"。慢速寻找速度是指接近 RP 的最终速度，通常使用一个较慢的速度去接近 RP 以免错过，RP_SLOW 的典型值为 SS_SPEED。

③ 定义初始寻找方向 "RP_SEEK_DIR"。初始寻找方向是指 RP 寻找操作的初始方向。通常，这个方向是从工作区到 RP 附近。限位开关在确定 RP 的寻找区域时扮演重要角色。当执行 RP 寻找操作时，遇到限位开关会引起方向反转，使寻找能够继续下去，默认方向为反向。

④ 定义最终参考点接近方向 "RP_APPR_DIR"。最终参考点接近方向是指，为了减小反冲和提供更高的精度，应该按照从 RP 移动到工作区所使用的方向来接近参考点，默认方向为正向。

17）参考点偏移量设置，如图 6-34 所示。

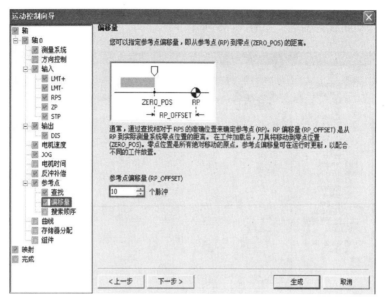

图 6-34　参考点偏移量设置

> **【关键点】**参考点偏移量"RP_OFFSET"是指在物理的测量系统中，RP 到零位置之间的距离，默认为 0。

18）参考点搜索顺序设置，如图 6-35 所示。

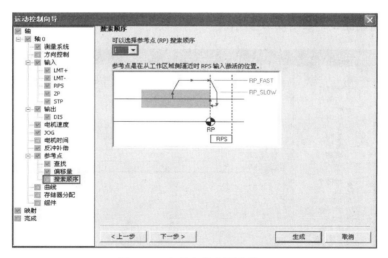

图 6-35　参考点搜索顺序设置

S7-200 SMART PLC 提供 4 种参考点搜索顺序模式，每种模式定义如下：

① 模式 1，RP 位于 RPS 输入有效区接近工作区的一边开始有效的位置上。

② 模式 2，RP 位于 RPS 输入有效区的中央。

③ 模式 3，RP 位于 RPS 输入有效区之外，需要指定在 RPS 失效之后应接收多少个 ZP（零脉冲）输入。

④ 模式 4，RP 通常位于 RPS 输入的有效区内，需要指定在 RPS 激活后应接收多少个

ZP（零脉冲）输入。

19）新建运动曲线并命名，如图 6-36 所示。

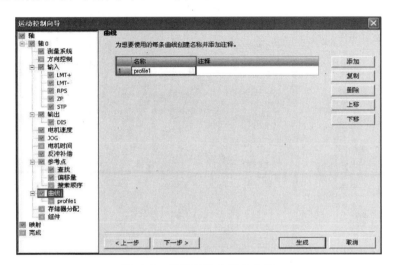

图 6-36 新建运动曲线并命名

通过单击"添加"按钮添加移动曲线并命名。

【关键点】S7-200 SMART PLC 支持最多 32 组移动曲线。运动控制向导提供移动曲线定义，可以为应用程序定义每一个移动曲线。运动控制向导中可以为每个移动曲线定义一个符号名，其做法是在定义曲线时输入一个符号名。

20）定义运动曲线，如图 6-37 所示。

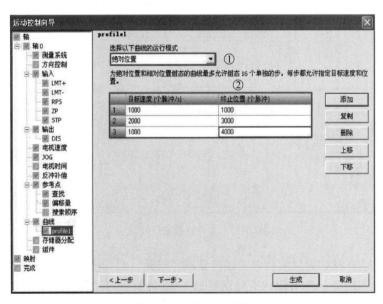

图 6-37 定义运动曲线

图 6-37 中，各序号对应部分的含义如下：

① 选择移动曲线的操作模式，支持四种操作模式——绝对位置、相对位置、单速连续

旋转、两速连续转动。

②　定义该移动曲线每一段的速度和位置。S7-200 SMART PLC 每组移动曲线支持最多 16 步。

21）存储器分配，如图 6-38 所示。

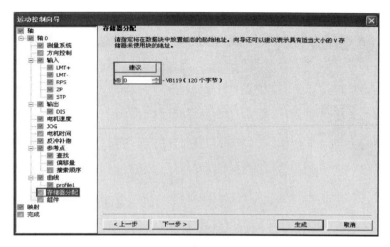

图 6-38　存储器分配

单击"建议"按钮，可分配存储器。

【关键点】程序中其他部分不能占用该向导分配的存储器。

22）生成组态，如图 6-39 所示。

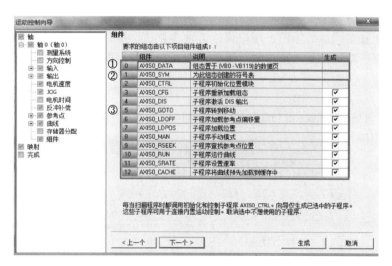

图 6-39　生成组态

完成对运动控制向导的组态后，只需单击"生成"，然后运动控制向导会执行以下任务：

①　将组态和曲线表插入 S7-200 SMART CPU 的数据块（AXISx_DATA）。

②　为运动控制参数生成一个全局符号表（AXISx_SYM）。

③　在项目的程序块中增加运动控制指令子程序，这些指令可在应用中使用；要修改任

何组态或曲线信息，可以再次运行运动控制向导。

> 【关键点】 由于运动控制向导修改了程序块、数据块和系统块，要确保这三种块都下载到 CPU 中。否则，CPU 可能无法得到操作所需的所有程序组件。

23）查看输入输出点分配，如图 6-40 所示。

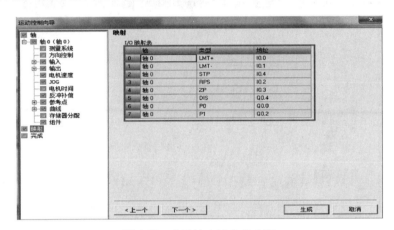

图 6-40　查看输入输出点分配

完成配置后，运动控制向导界面会显示运动控制功能所占用的 CPU 输入输出点的情况，此时只需单击图 6-40 所示左侧的"映射"即可查看。

6.2.4　使用运动控制面板进行调试

STEP 7-Micro/WIN SMART 提供了一个调试界面"运动控制面板"。通过操作界面、配置参数界面和配置曲线参数界面，用户可以方便地调试、操作和监视 S7-200 SMART CPU 运动轴的工作状态，验证控制系统接线及组态是否正确，调整配置运动控制参数，测试每一个预定义的运动轨迹曲线。

（1）打开"运动控制面板"

1）通过菜单栏或左侧树形目录打开"运动控制面板"，如图 6-41 所示。

图 6-41　打开运动控制面板

2）单击"运动控制面板"按钮，会弹出一个对话框（见图 6-42），其作用是比较 STEP 7-Micro/WIN SMART 当前打开的程序与 CPU 中的程序是否一致。当程序比较通过后，单击"继续"按钮。若未通过请重新下载程序块、数据库和系统块至 CPU。

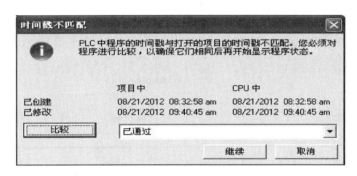

图 6-42　程序与 CPU 是否一致

（2）在"操作"界面监视和控制运动轴

1）"操作"界面允许用户以交互的方式，非常方便地操作、控制运动轴。该界面友好地显示当前设备运行速度、位置和方向信息，可以监控输入点、输出点的状态信息，如图 6-43 所示。

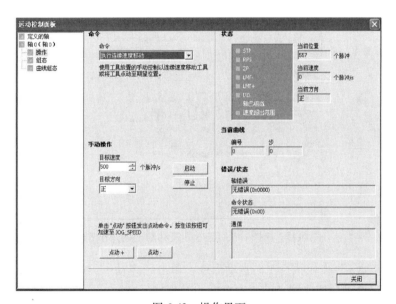

图 6-43　操作界面

2）选择"激活 DIS 输出"，单击"执行"，可使能电机驱动器，如图 6-44 所示。

3）选择"执行连续速度移动"，可以使电机连续运转，如图 6-45 所示。

图 6-45 中，各序号对应部分的含义如下：

① 输入目标速度。

② 输入目标方向。

③ 单击"启动"，执行连续速度运转指令。

④ 单击"停止"，终止连续速度运转指令。

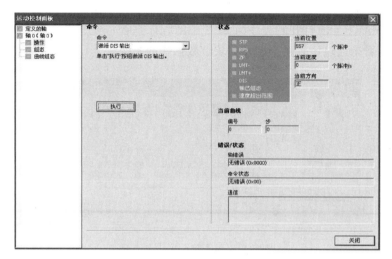

图 6-44　选择"激活 DIS 输出"的操作界面

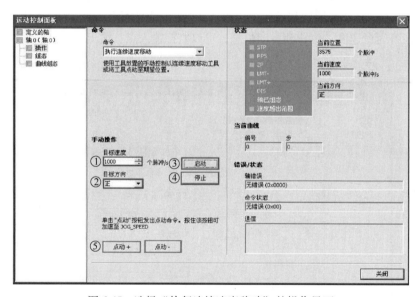

图 6-45　选择"执行连续速度移动"的操作界面

⑤ 单击"点动+"按钮执行正向点动命令，单击"点动-"按钮执行负向点动命令，单击时间超过 0.5s 电机会加速到点动速度 JOG_SPEED。

4）选择"查找参考点"，单击"执行"，可以完成寻找参考点的操作，如图 6-46 所示。

5）选择"执行曲线"，可以完成配制运动轨迹曲线的操作，如图 6-47 所示。

（3）在"组态"界面显示、修改运动控制参数

在"组态"界面中，用户可以方便地监控、修改存储在 S7-200 CPU 数据块中的配置参数信息。修改过组态设置以后，只需要先单击"允许更新 PLC 中的轴组态"，再单击"写入"即可，如图 6-48 所示。

（4）在"曲线组态"界面修改已组态的曲线参数并更新到 CPU

用户可以使能更新 CPU 中的轴组态功能，如图 6-49 所示。

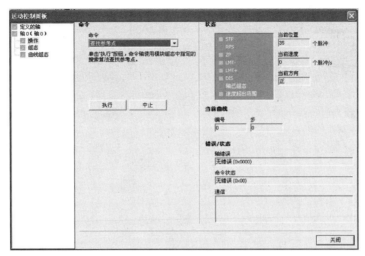

图 6-46　选择"查找参考点"的操作界面

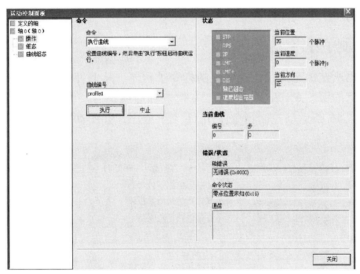

图 6-47　选择"执行曲线"的操作界面

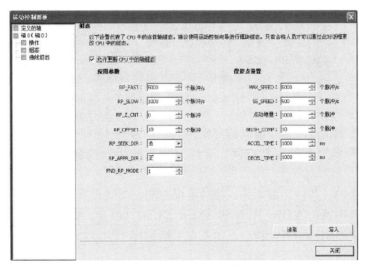

图 6-48　更改组态参数

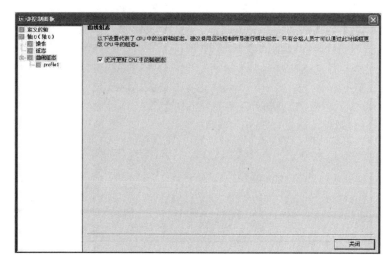

图 6-49　更新组态设置

6.2.5　运动控制子程序

运动向导根据所选组态选项创建唯一的指令子程序,从而使运动轴的控制更容易。各运动控制指令均具有前缀"AXISx_"。其中,x 代表轴通道编号。由于每条运动控制指令都是一个子程序,所以 11 条运动控制指令使用 11 个子程序,如图 6-50 所示。

	组件	说明
0	AXIS0_DATA	组态置于 (VB744 - VB836) 的数据页
1	AXIS0_SYM	为此组态创建的符号表
2	AXIS0_CTRL	子程序初始化位置模块
3	AXIS0_CFG	子程序重新加载组态
4	AXIS0_DIS	子程序激活 DIS 输出
5	AXIS0_GOTO	子程序转到移动
6	AXIS0_LDOFF	子程序加载参考点偏移量
7	AXIS0_LDPOS	子程序加载位置
8	AXIS0_MAN	子程序手动模式
9	AXIS0_RSEEK	子程序查找参考点位置
10	AXIS0_RUN	子程序运行曲线
11	AXIS0_SRATE	子程序设置速率
12	AXIS0_CACHE	子程序将曲线预先加载到缓存中

图 6-50　运动控制指令

说明:运动控制指令使程序所需的存储空间增加多达 1700 个字节。可以删除未使用的运动控制指令来降低所需的存储空间。要恢复删除的运动控制指令,只需再次运行运动向导。

运动控制指令的一条使用准则是,必须确保在同一时间仅有一条运动控制指令激活。

可在中断例程中执行 AXISx_RUN 和 AXISx_GOTO。但是,如果运动轴正在处理另一命令,不要尝试在中断例程中启动指令。如果在中断程序中启动指令,则可使用 AXISx_CTRL 指令的输出来监视运动轴是否完成移动。

运动向导根据所选的度量系统自动组态速度参数（Speed 和 C_Speed）和位置参数（Pos 或 C_Pos）的值。对于脉冲波，这些参数为 DINT 值。对于工程单位，这些参数是所选单位类型对应的 REAL 值。例如，如果选择厘米（cm），则以厘米为单位将位置参数存储为 REAL 值并以厘米/秒（cm/s）为单位将速度参数存储为 REAL 值。

有些特定位置控制任务需要以下运动控制指令：

① 要在每次扫描时执行指令，请在程序中插入 AXISx_CTRL 指令并使用 SM0.0 触点。

② 要指定运动到绝对位置，必须首先使用 AXISx_RSEEK 或 AXISx_LDPOS 指令建立零位置。要根据程序输入移动到特定位置，请使用 AXISx_GOTO 指令。

③ 要运行通过位置控制向导组态的运动包络，请使用 AXISx_RUN 指令。其他位置指令为可选项。

下面介绍常用运动控制指令。

（1）启用和初始化运动轴的运动控制指令 AXISx_CTRL

AXISx_CTRL 指令用于启用和初始化运动轴，方法是自动命令运动轴每次 CPU 更改为 RUN 模式时加载组态和包络表，如图 6-51 所示。

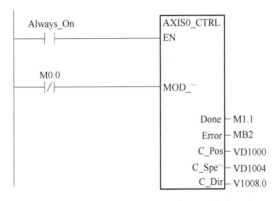

图 6-51　使用 AXISx_CTRL 指令的初始化程序

【关键点】在项目中只对每条运动轴使用此子例程一次，并确保程序会在每次扫描时调用此子例程。使用 SM0.0（始终开启）作为 EN 参数的输入。

MOD_EN 必须开启，才能启用其他运动控制子例程向运动轴发送命令。如果 MOD_EN 关闭，运动轴会中止所有正在进行的命令。

Done，会在运动轴完成任何一个子例程时开启。

Error，存储该子程序运行时的错误代码。

C_Pos，表示运动轴的当前位置，根据测量单位，该值是脉冲波数（DINT）或工程单位数（REAL）。

C_Speed，提供运动轴的当前速度。如果是针对脉冲波组态运动轴的测量系统，C_Speed 是一个 DINT 数值，其中包含脉冲波数每秒。如果是针对工程单位组态的测量系统，C_Speed 是一个 REAL 数值，其中包含选择的工程单位数每秒（REAL）。

C_Dir，表示电机的当前方向，信号状态为 0 则指正向，信号状态为 1 则指反向。

（2）运动轴置为手动模式的运动控制指令 AXISx_MAN

AXISx_MAN 指令可将运动轴置为手动模式。这允许电机按不同的速度运行，或者沿正向或负向慢进，如图 6-52 所示。

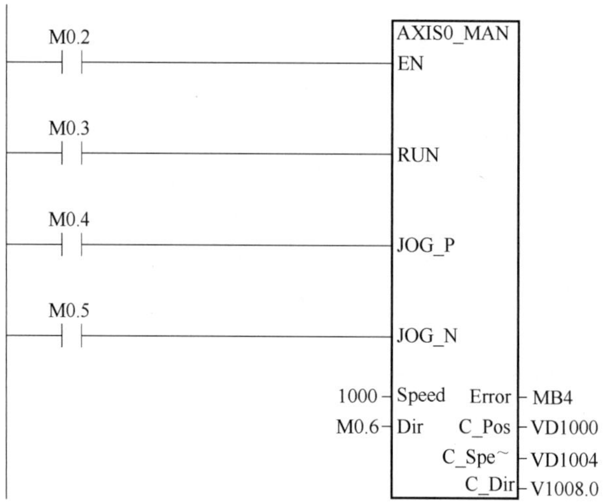

图 6-52　AXISx_MAN 指令

RUN 会命令运动轴加速至指定的速度（Speed）和方向（Dir）。可以在电机运行时更改参数 Speed，但参数 Dir 必须保持为常数。禁用参数 RUN 会命令运动轴减速，直至电机停止。

JOG_P（点动正向旋转）或 JOG_N（点动反向旋转），会命令运动轴正向或反向点动。如果参数 JOG_P 或 JOG_N 保持启用的时间短于 0.5s，则运动轴将通过脉冲波指示移动 JOG_INCREMENT 指定的距离。如果参数 JOG_P 或 JOG_N 保持启用的时间为 0.5s 或更长，则运动轴将开始加速至指定的 JOG_SPEED。

Speed 决定启用 RUN 时的速度。如果是针对脉冲波组态运动轴的测量系统，则速度为 DINT 值（脉冲波数每秒）。如果是针对工程单位组态运动轴的测量系统，则速度为 REAL 值（单位数每秒）。

【关键点】同一时间仅能启用 RUN、JOG_P 或 JOG_N 为输入之一。

（3）寻找参考点子程序的运动控制指令 AXISx_RSEEK

AXISx_RSEEK 指令，使用组态或包络表中的搜索方法启动参考点搜索操作。当运动轴找到参考点且移动停止时，运动轴将 RP_OFFSET 的值载入当前位置，如图 6-53 所示。

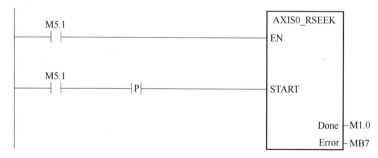

图 6-53　AXISx_RSEEK 指令

EN 开启会启用此子例程。确保 EN 位保持开启，直至 Done 位指示子例程执行已经完成。

START 开启将向运动轴发出 RSEEK 命令。对于在 START 开启且运动轴当前不繁忙时执行的每次扫描，该子例程向运动轴发送一个 RSEEK 命令。为了确保仅发送一个命令，请使用边沿检测元素用脉冲方式开启 START。

（4）命令运动轴转到所需位置的运动控制指令 AXISx_GOTO

AXISx_GOTO 指令，用于命令运动轴转到所需位置，如图 6-54 所示。

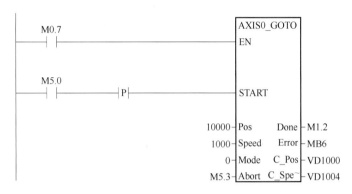

图 6-54　AXISx_GOTO 指令

START 开启会向运动轴发出 GOTO 命令。对于 START 开启且运动轴当前不繁忙时执行的每次扫描，该子例程向运动轴发送一个 GOTO 命令。为了确保仅发送一个 GOTO 命令，请使用边沿检测元素用脉冲波方式开启 START。

Pos 包含一个数值，指示要移动的位置（绝对移动）或要移动的距离（相对移动）。根据所选的测量单位，该值是脉冲波数（DINT）或工程单位数（REAL）。

Speed，用于确定该移动的最高速度。根据所选的测量单位，该值是脉冲波数每秒（DINT）或工程单位数每秒（REAL）。

Mode，用于选择移动的类型，0 指绝对位置，1 指相对位置，2 指单速连续正向旋转，3 指单速连续反向旋转。

Abort 启动后则会命令运动轴停止当前包络并减速，直至电机停止。

> 【关键点】若参数 Mode 设置为 0，则必须首先使用 AXISx_RSEEK 或 AXISx_LDPOS 指令建立零位置。

6.2.6　运动控制指令应用举例

【例 6-2】　图 6-55 所示的剪切机，可以对某种成卷的板料按固定长度裁开。该系统由步进电机拖动放卷辊放出一定长度的板料，然后用剪切刀剪断。剪切刀的剪切时间是 1s，剪切的长度可以通过上位机设置（范围为 0～99cm），步进电机滚轴的周长是 1cm。试设计这一系统。

【解】　系统条件如下：

1）软件为 STEP 7-Micro/WIN SMART V2.4。

2）硬件为 S7-200 SMART CPU 固件版本为 V2.4（其他版本亦可）。

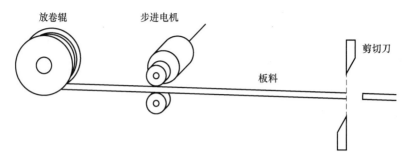

图 6-55　剪切机示意图

3）通信硬件采用 TP 电缆（以太网电缆）。

1）剪切机 I/O 点分配，见表 6-5。

表 6-5　剪切机 I/O 点分配

输　　入		输　　出		其他软元件	
输入继电器	作用	输出继电器	作用	名称	作用
I0.0	启动按钮	Q0.0	脉冲输出	VD4050	剪切长度
I0.1	停止按钮	Q0.2	方向控制	VW1060	剪切次数
		Q0.4	切刀	VD2010	当前位置
				VD2014	当前速度

2）剪切机设备接线图，如图 6-56 所示。

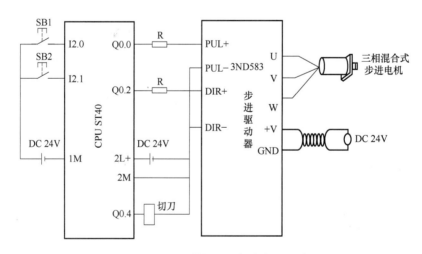

图 6-56　剪切机设备接线图

3）剪切机程序，如图 6-57 所示。

【例 6-3】　步进电机正反转控制案例。

【解】　1）步进电机正反转 I/O 点分配，见表 6-6。

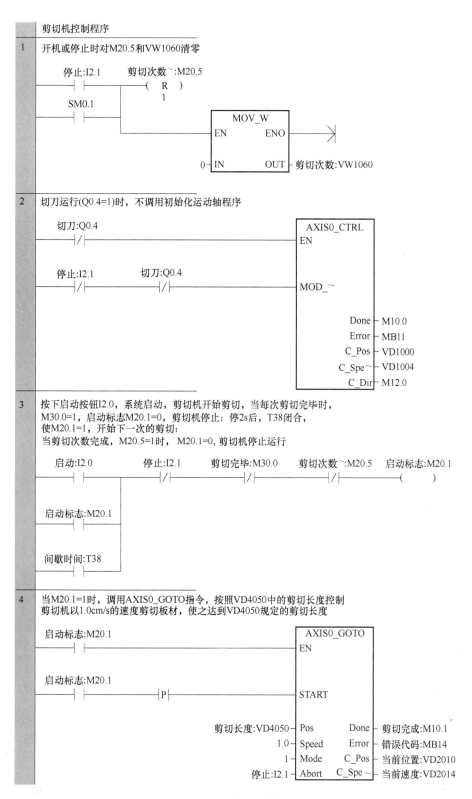

图 6-57　剪切机程序

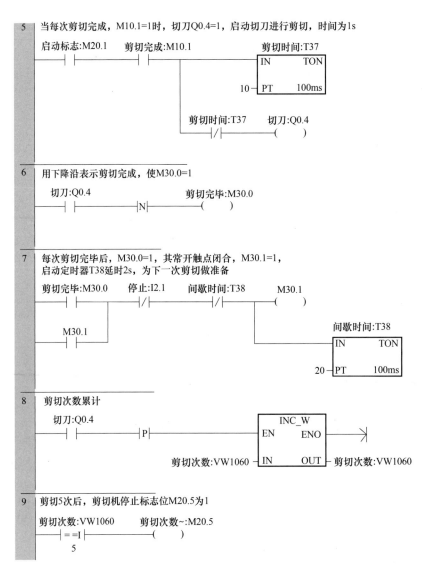

5 当每次剪切完成，M10.1=1时，切刀Q0.4=1，启动切刀进行剪切，时间为1s

6 用下降沿表示剪切完成，使M30.0=1

7 每次剪切完毕后，M30.0=1，其常开触点闭合，M30.1=1，
启动定时器T38延时2s，为下一次剪切做准备

8 剪切次数累计

9 剪切5次后，剪切机停止标志位M20.5为1

图 6-57 剪切机程序（续）

表 6-6 步进电机正反转 I/O 点分配

输 入			输 出		
输入继电器	输入元件	作用	输出继电器	输出元件	作用
I0.0	SB1	启动按钮	Q0.0	PUL+	脉冲信号
I0.1	SB2	停止按钮	Q0.2	DIR+	方向控制 Q0.2=0，正转 Q0.2=1，反转

2）步进电机正反转接线图，如图 6-58 所示。

3）步进电机正反转程序如图 6-59 所示。

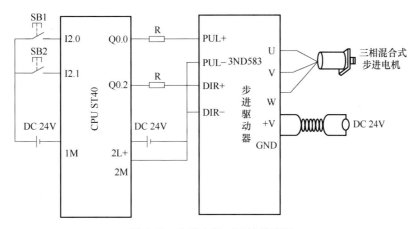

图 6-58　步进电机正反转接线图

图 6-59　步进电机正反转程序

图 6-59 步进电机正反转程序（续）

6.2.7 伺服控制系统应用

伺服驱动器是现代运动控制的重要组成部分，被广泛应用于工业机器人及数控加工中心等自动化设备中。尤其是应用于控制交流永磁同步电机的伺服驱动器，已经成为国内外研究热点。当前，交流伺服驱动器的设计普遍采用基于矢量控制的电流、速度、位置闭环控制算法。算法中速度闭环设计合理与否，对于整个伺服控制系统，特别是速度控制性能的发挥起到关键作用。在伺服驱动器速度闭环中，电机转子实时速度测量精度对于改善速度环的转速控制动静态特性至关重要。为寻求测量精度与系统成本的平衡，一般采用增量式光电编码器作为测速传感器。

伺服控制系统的优点如下：

1）调速范围宽。

2）定位精度高。

3）有足够的传动刚性和高的速度稳定性。

4）快速响应，无超调。为了保证生产效率和加工质量，除了要求系统有较高的定位精度外，还要求有良好的快速响应特性，即要求跟踪指令信号的响应要快。系统在启动、制动时，要求加、减加速度足够大，从而缩短进给系统的过渡过程时间，减小轮廓过渡误差。

5）低速大转矩，过载能力强。一般来说，伺服驱动器具有数分钟甚至半小时内具有

1.5 倍以上的过载能力，在短时间内可以过载 4~6 倍而不损坏。

6）可靠性高。要求数控机床的进给驱动系统可靠性高、工作稳定性好，具有较强的温度、湿度、振动等环境适应能力和很强的抗干扰的能力。

S7-200 SMART PLC 的应用中常采用安川伺服驱动器和伺服电机（见图 6-60）。

端口	名称	型号SGDV-□□□□	规格
L1、L2	主回路电源输入端口	□□□F	单相100~115V，-15%~+10%(50/60Hz)
L1、L2、L3		□□□A	三相200~230V，-15%~+10%(50/60Hz)
		□□□D	三相380~480V，-15%~+10%(50/60Hz)
L1C、L2C	控制电源输入端口	□□□F	单相100~115V，-15%~+10%(50/60Hz)
		□□□A	单相200~230V，-15%~+10%(50/60Hz)
24V、0V		□□□D	DC 24V, 1±15%
B1/⊕、B2[1]	外置再生电阻器连接端口	R70F、R90F、2R1F、2R8F、R70A、R90A、1R6A、2R8A	再生处理能力不足时，在B1/⊕-B2之间连接外置再生电阻器，请另行购买外置再生电阻器
		3R8A、5R5A、7R6A、120A、180A、200A、330A、1R9D、3R5D、5R4D、8R4D、120D、170D	仅在再生处理能力不足时，拆下B2-B3间的短接线或短接片，在B1/⊕-B2之间连接外接再生电阻器。请另行购买外置再生电阻器
		470A、550A、590A、780A、210D、260D、280D、370D	在B1/⊕-B2间连接再生电阻单元，请另行购买再生电阻单元
⊖1、⊖2[2]	连接电源高次谐波抑制用DC电抗器的端口	□□□A □□□D	需要对电源高次谐波进行抑制时，在⊖1-⊖2之间连接DC电抗器
B1/⊕	主回路正侧端口	□□□A □□□D	用于DC电源输入时
⊖2或⊖	主回路负侧端口	□□□A □□□D	
U、V、W	伺服电机连接端口	用于与伺服电机的连接	
⏚	接地端口(2处)	与电源接地端口及伺服电机接地端口连接，进行接地处理	

① 请勿使B1/⊕-B2间短接，否则可能损坏伺服驱动器。

② 出厂时，⊖1-⊖2间呈短接状态。

图 6-60　安川伺服驱动器和伺服电机及主回路接线端口说明

　　下面以安川 AC 伺服驱动器 Σ-V 系列的 SGD7S-R90A00A002 为例进行介绍。Σ-V 系列主要用于需要"高速、高频、高定位精度"的场合，可以在较短的时间内较好地发挥设备性能，有助于提高生产效率。

　　1）伺服驱动器型号判别方法如图 6-61 所示。安川伺服驱动器的基本连接图如图 6-62 所示。

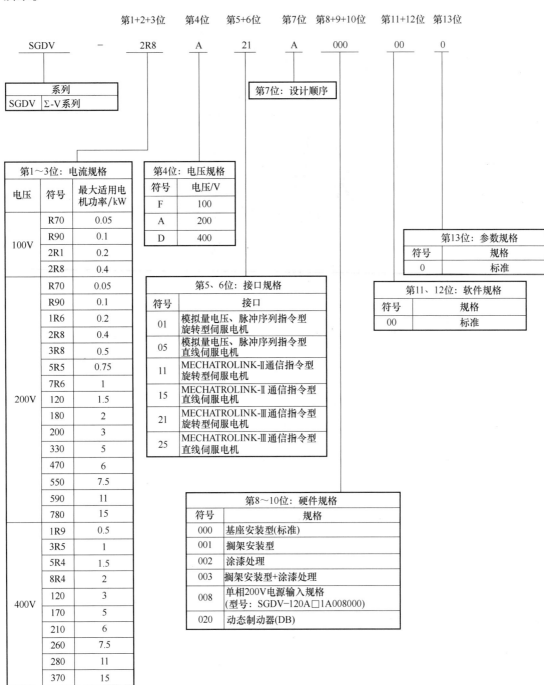

图 6-61　安川伺服驱动器型号判别方法

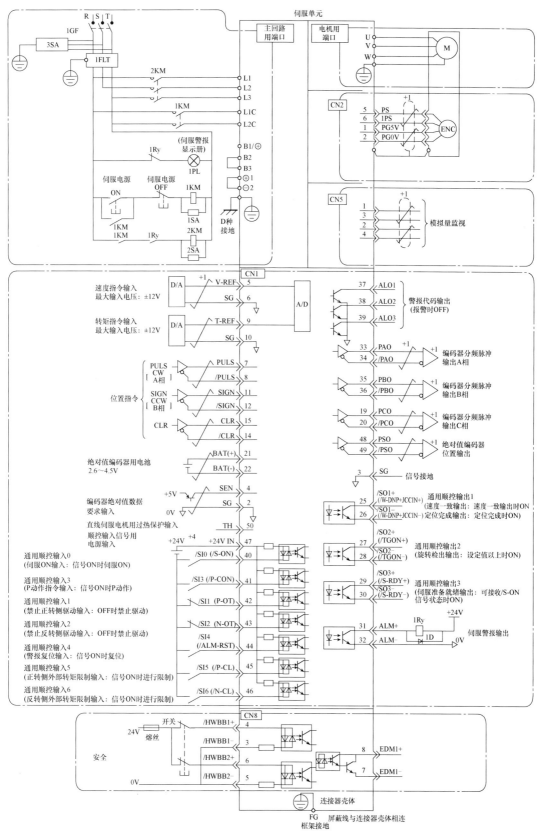

图 6-62　安川伺服基本连接图

2）安川伺服驱动器的参数说明，见表6-7。

表6-7 安川伺服驱动器的参数说明

参数	功 能	设 定 值	说 明
Pn000	电机旋转方式选择	Pn000 的第 0 位为 0、1	0 为正转 1 为逆转
	控制模式选择	Pn000 的第 1 位为 0~3	0 为速度控制（模拟量指令） 1 为位置控制（脉冲波序列指令） 2 为转矩控制（模拟量指令） 3 为内部设定速度控制（接点指令）
Pn200	指令脉冲波形态	Pn200 的第 0 位为 0~6	0 为符号+脉冲波，正逻辑 1 为 CW+CCW 脉冲波序列，正逻辑 2 为 90° 相位差二相脉冲波（A 相+B 相）1 倍，正逻辑 3 为 90° 相位差二相脉冲波（A 相+B 相）2 倍，正逻辑 4 为 90° 相位差二相脉冲波（A 相+B 相）4 倍，正逻辑 5 为符号+脉冲波序列，负逻辑 6 为 CW+CCW 脉冲波序列，负逻辑
	清除信号形态	Pn200 的第 1 位为 0~3	0 为信号 H 电平时清除位置偏差 1 为信号增强时清除位置偏差 2 为信号 L 电平时清除位置偏差 3 为信号衰减时清除位置偏差
Pn20E	电子齿轮比（分子）	1~1073741824	电子齿轮的设定
Pn210	电子齿轮比（分母）	1~1073741824	电子齿轮的设定

3）指令单位的概念。指令单位是指使负载移动的位置数据的最小单位，是将移动量转换成易懂的距离等物理量单位（如 μm 及°等），而不是转换成脉冲波。电子齿轮能按照指令单位指定的移动量转换成实际移动所需脉冲波数量。根据该电子齿轮功能，对伺服单元的输入指令每 1 个脉冲波的工件移动量为 1 个指令单位。即，如果使用伺服驱动器的电子齿轮，可将脉冲波转换成指令单位进行读取。电子齿轮的优势如图 6-63 所示，系统采用旋转伺服电机，以使工件移动 10mm 为例。

4）电子齿轮比的设定。设置电子齿轮比之前，先找到电机的型号，确认编码器的分辨率，如图 6-64 所示，电机型号后面的第 4 位就是代表编码器分辨率的字母或数字。

电子齿轮比通过 Pn20E 和 Pn210 进行设定。电子齿轮比的设定范围为

$$0.001 \leqslant 电子齿轮比(B/A) \leqslant 64000$$

超出该设定范围时，将发生异常警报 A.040（参数设定异常警报）。

电子齿轮比设定值的计算方法。对于旋转伺服电机时，电机轴和负载侧的机器减速比为 n/m（电机旋转 m 圈时负载轴旋转 n 圈）时，电子齿轮比的设定值为

$$电子齿轮比\frac{B}{A} = \frac{Pn20E}{Pn210} = \frac{编码器分辨率}{负载轴旋转 1 圈的移动量（指令单位）} \times \frac{m}{n}$$

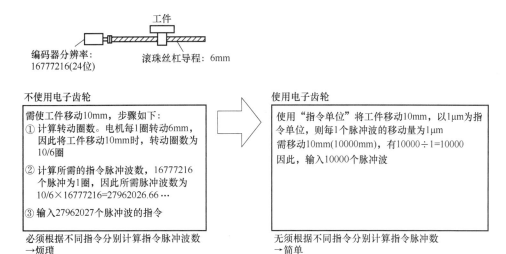

图 6-63　电子齿轮的优势

编码器分辨率可以通过伺服电机型号进行确认

SGM7A、SGM7J、SGM7G - □□□□□□

符号	规格	编码器分辨率
7	24位(多圈绝对值编码器)	16777216
F	24位(增量编码器)	16777216

SGMCS - □□□□□□□

符号	规格	编码器分辨率
3	20位(1圈绝对值编码器)	1048576
D	20位(增量编码器)	1048576

SGMCV - □□□□□□□

符号	规格	编码器分辨率
E	22位(1圈绝对值编码器)	4194304
1	22位(多圈绝对值编码器)	4194304

图 6-64　编码器分辨率的确认方法

5) 电子齿轮比的设定示例。

旋转伺服电机的电子齿轮比的设定示例见表 6-8。

表 6-8　旋转伺服电机电子齿轮比的设定示例

步骤	内　容	机 械 构 成		
		滚珠丝杠	圆台	皮带+皮带轮

1	机械规格	• 滚珠丝杠导程: 6mm • 减速比: 1/1	• 1圈的旋转角: 360° • 减速比: 1/100	• 皮带轮直径: 100mm 　(皮带轮周长: 314mm) • 减速比: 1/50

（续）

步骤	内 容	机 械 构 成		
		滚珠丝杠	圆台	皮带+皮带轮
		指令单位：0.001mm 负载轴 编码器24位　滚珠丝杠导程：6mm	指令单位：0.01° 负载轴　减速比1/100　编码器24位	指令单位：0.005mm 负载轴　减速比1/50　皮带轮直径φ100mm　编码器24位
2	编码器分辨率	16777216（24位）	16777216（24位）	16777216（24位）
3	指令单位	0.001mm（1μm）	0.01	0.005mm（5μm）
4	负载轴旋转1圈的移动量（指令单位）	6mm/0.001mm=6000	360°/0.01°=36000	314mm/0.005mm=62800
5	电子齿轮比	$\dfrac{B}{A}=\dfrac{16777216}{6000}\times\dfrac{1}{1}$	$\dfrac{B}{A}=\dfrac{16777216}{36000}\times\dfrac{100}{1}$	$\dfrac{B}{A}=\dfrac{16777216}{62800}\times\dfrac{50}{1}$
6	参数	Pn20E：16777216 Pn210：6000	Pn20E：1677721600 Pn210：36000	Pn20E：838860800 Pn210：62800

前面介绍了使用 PLC 的高速脉冲波输出点可以控制步进电机，使用 PLC 的高速脉冲波输出点控制伺服电机的方法与之相似，只不过略微复杂一些。下面将用一个案例介绍具体的方法。

【例6-4】 某设备有一套安川伺服驱动控制系统，伺服驱动器的型号为 SGD7S-R90A00A002，伺服电机型号为 SGMJV-01ADA21，控制要求如下：

1）伺服电机的运行为，正转3圈，再反转3圈，如此往复3次。

2）设置正转启动按钮，以及停止按钮。

【解】 1. 软硬件配置

1）1套 STEP 7-Micro/WIN SMART V2.4。

2）1根以太网电缆。

3）1台 S7-200 SMART CPU ST30。

4）一台安川伺服驱动器，型号为 SGD7S-R90A00A002。

5）一台安川伺服电机，型号为 SGMJV-01ADA21。

2. PLC 的 I/O 分配（见表6-9）

表6-9　例6-4中 PLC 的 I/O 分配

名　称	输 入 点	名　称	输 出 点
启动按钮	I0.0	脉冲波输出信号	Q0.0
停止按钮	I0.1	方向输出信号	Q0.2

3. 伺服驱动器参数设置（见表 6-10）

表 6-10　例 6-4 中伺服驱动器参数设置

参 数 代 码	设 定 值	参 数 说 明
Pn00B	0100	选择单相 220V 电源
Pn000	0010	选择位置模式
Pn200	0000	选择脉冲波+方向控制，正逻辑
Pn50A	8170	伺服使能常 ON，伺服正转限位失效
Pn50B	6548	使伺服反转限位失效
Pn20E	1048576	电子齿轮分子
Pn210	4000	电子齿轮分母

4. 向导配置

向导配置与前面步进电机配置相似，这里不再赘述。

5. 编写程序

伺服电机控制程序如图 6-65 所示。

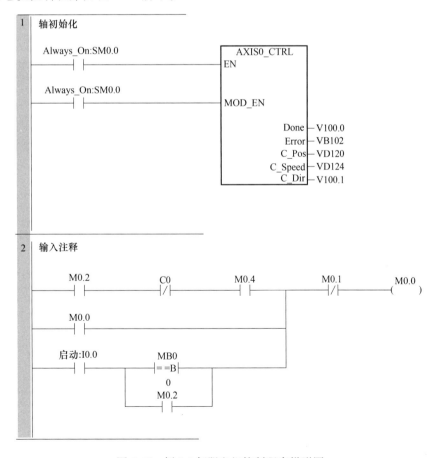

图 6-65　例 6-4 伺服电机控制程序梯形图

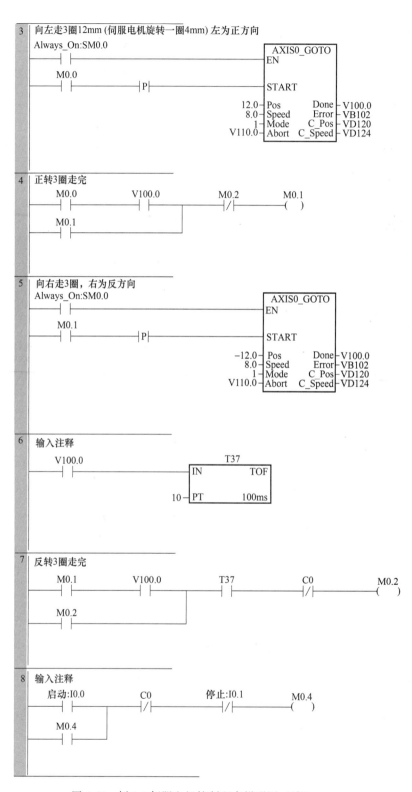

图 6-65　例 6-4 伺服电机控制程序梯形图（续）

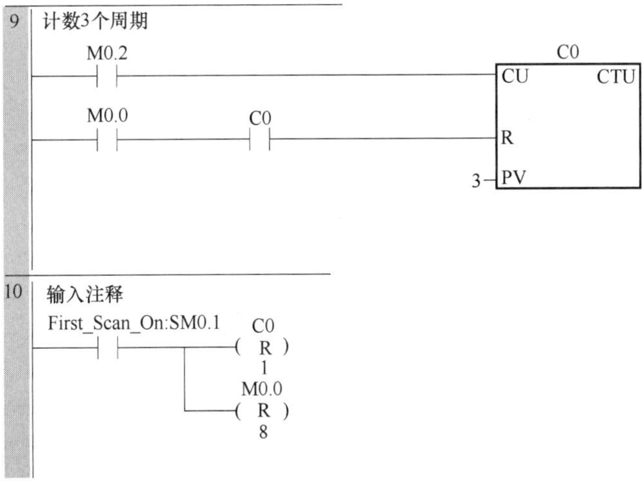

图 6-65　例 6-4 伺服电机控制程序梯形图（续）

【关键点】

① 理解高速输出点的 PTO 控制寄存器的含义。

② 位置向导使用起来很方便，但对于其生成的子程序的含义要特别清楚。

③ 无论是步进驱动系统还是伺服驱动系统，其接线都比以前学习的逻辑控制的接线要复杂很多，所以使用前一定要确保接线正确。

第 7 章

变频器与 PLC 的应用

7.1 认识变频器

1. 初识变频器

变频器一般是利用功率半导体器件的通断作用将工频电源变换为另一频率电能的控制装置。变频器有着"现代工业维生素"之称,在节能方面的效果不容忽视。随着各界对变频器节能技术和应用等方面认识的逐渐加深,我国变频器市场变得异常活跃。

变频器最初目的是进行速度控制,应用于印刷、电梯、纺织、机床和生产流水线等。目前相当多变频器用于以节能为目的的应用。由于我国是能源消耗大国,而我国的能源又相对贫乏,因此国家大力提倡采用各种节能措施,其中就有十分重视变频器调速技术。对于水泵、中央空调器等应用,变频器可以取代传统的限流阀和回流旁路技术,充分发挥节能效果;在火电、冶金、采矿、建材行业,高压变频调速的交流电机系统的经济价值得以体现。

变频器是一种高技术含量、高附加值、高效益回报的高科技产品,符合国家产业发展政策。经过多年发展,我国变频器行业从起步阶段到目前正逐步开始趋于成熟,发展十分迅速。

从产品优势角度看,通过高质量地控制电机转速,提高制造工艺水准,变频器不但有助于提高制造工艺水平(尤其在精细加工领域),而且可以有效节约电能,是目前比较理想、很有前途的电机节能设备。

从变频器行业所处的宏观环境看,无论是国家中长期规划、短期的重点工程、政策法规、国民经济发展趋势,还是人们的节能环保意识、技术创新、高科技产业发展要求等,从国家相关部委到各相关行业,变频器都受到了广泛的关注,市场潜力巨大。

常用的台达和西门子变频器示例如图 7-1 所示。

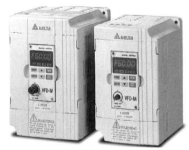

台达变频器示例　　　　　　　　　西门子变频器示例

图 7-1　常用的台达和西门子变频器示例

2. 变频器发展的历史背景

与变频器发展息息相关的主要有以下几件大事:

1）1831 年，英国的物理学家法拉第发现电磁感应现象，开启人类使用电力的一个重要方向。

2）1873 年，在维也纳世界博览会上，比利时的格拉姆误打误撞实现了世界上第一套直流发电机-电机系统。

直流电机调速方便，控制灵活。但直流电机由于本身结构上存在有机械换向器和电刷，所以给直流调速系统带来了以下主要缺点。

① 维修困难。

② 使用环境受限制，不适合在易燃、易爆及环境恶劣的环境使用。

③ 制造大功率、高转速及高电压的直流电机比较困难。

3）爱迪生发明直流电（DC）后不久，1882 年美国的特斯拉发明了交流电（AC），之后制造出世界上第一个感应电机模型。但是，交流电机的调速性能较差，促使交流系统的调速技术不断发展。

4）20 世纪 20 年代变频调速理论诞生。

5）20 世纪 60 年代电力电子技术快速发展让变频调速技术向实用方向发展。1957 年美国通用电气公司发明了晶闸管，并于 1958 年投入商用。晶闸管的诞生让变频调速技术实用化成为可能。

3. 变频器技术面对的问题

变频器在使用中面对的主要问题是干扰问题。电网非常复杂，电网谐波是对变频器产生干扰的主要干扰源。谐波主要源于各种整流设备、交直流互换设备、电子电压调整设备、非线性负载及照明设备等。这些设备在启动和工作的时候，产生一些对电网的冲击波（即电磁干扰），使得电网中的电压、电流的波形发生一定的畸变，对电网中的其他设备产生影响，需要进行处理。即，在变频器前加装电源滤波器，滤去干扰，使变频器尽可能小地受电网中的这些谐波的影响，从而稳定工作。另一种共模干扰，是变频器的控制线对控制信号产生一定的干扰而影响正常工作。

4. 变频器的发展趋势

随着节约环保型社会发展模式的提出，人们开始更多地关注起生活的环境品质。节能、低噪声变频器是今后一段时间发展趋势。我国变频器的生产商厂虽然不少，但在规范标准上还有不足，产品差异性较大，大部分产品采用 V/F 控制和电压矢量控制，控制精度较低、动态性能也不高、稳定性能较差，与国外产品相比有一定的差距。就变频器设备来说，其发展趋势主要表现在以下几方面：

1）变频器将朝着高压大功率、低压小功率、小型化、轻型化的方向发展。

2）工业高压大功率变频器、民用低压中小功率变频器发展潜力巨大。

3）IGBT、IGCT、SGCT 等器件仍将扮演着主要的角色，SCR、GTO 器件将会退出变频器市场。

4）无速度传感器的矢量控制、磁通控制和直接转矩控制等技术的应用将趋于成熟。

5）全面实现数字化和自动化，如参数自设定技术、过程自优化技术、故障自诊断技术。

6）高性能单片机的应用进一步深入，可优化变频器的性能，实现变频器的高精度和多功能。

7）相关配套行业正朝着专业化、规模化发展，社会分工逐渐明显。

8）伴随着节约环保型社会的发展，变频器在民用领域会逐步得到推广和应用。

5. 变频器的分类

变频器的种类比较多，以下详细介绍变频器的分类。

（1）按变换的环节分类

1）交-直-交变频器。该变频器是先把工频交流通过整流器变成直流，然后再把直流变换成频率电压可调的交流，又称间接式变频器，是目前广泛应用的通用型变频器。

2）交-交变频器。该类变频器将工频交流直接变换成频率电压可调的交流，又称直接式变频器。该类变频器主要用于大功率（500kW 以上）低速交流传动系统，目前已经广泛用于轧机、鼓风机、破碎机、球磨机和卷扬机等设备。这类变频器既可用于异步电机的调速控制，也可以用于同步电机的调速控制。

这两种变频器的比较见表 7-1。

表 7-1　交-直-交变频器和交-交变频器的比较

交-直-交变频器	交-交变频器
<ul><li>结构简单</li><li>输出频率变化范围大</li><li>功率因数高</li><li>谐波易于消除</li><li>可使用各种新型大功率器件</li></ul>	<ul><li>过载能力强</li><li>效率高输出波形好</li><li>输出频率低</li><li>使用功率器件多</li><li>输入无功功率大</li><li>高次谐波对电网影响大</li></ul>

（2）按直流电源性质分类

1）电压型变频器。电压型变频器特点是，中间直流环节的储能元件采用大电容，负载的无功功率将由它来缓冲，直流电压比较平稳。其直流电源内阻较小，相当于电压源，故称为电压型变频器，常选用于负载电压变化较大的场合。这种变压器应用广泛。

2）电流型变频器。电流型变频器特点是，中间直流环节采用大电感作为储能元件，缓冲无功功率，即扼制电流的变化，使电压接近正弦波。由于该直流电源内阻较大，故称为电流源型变频器。电流型变频器能扼制负载电流频繁而急剧的变化，常用于负载电流变化较大的场合。

（3）按照用途分类

可以分为通用变频器、高性能专用变频器、高频变频器、单相变频器和三相变频器等。

（4）按变频器调压方式分类

1）PAM 变频器是一种通过改变电压源 U_d 或电流源 I_d 的幅值进行输出控制的。这种变频器已很少使用了。

2）PWM 变频器是在变频器输出波形的每半个周期分割成许多脉冲波，通过调节脉冲波宽度和脉冲波周期之间的"占空比"调节平均电压。其等值电压为正弦波，波形较平滑。

（5）按控制方式分类

1）V/F 控制变频器。V/F 控制就是保证输出电压跟频率成正比的控制。低端变频器都采用这种控制原理。

2）转差频率（Slip Frequency，SF）控制变频器。转差频率控制就是通过控制转差频率来控制转矩和电流，是高精度的闭环控制，但通用性差，一般用于车辆控制。与 V/F 控制变频器相比，其加减速特性和限制过电流的能力得到了提高。另外，它有速度调节器，利用速度反馈构成闭环控制，速度的静态误差小。然而，要达到自动控制系统稳态控制，还有一定差距，达不到良好的动态性能。

3）矢量控制（Vector Control，VC）变频器。矢量控制实现的基本原理是通过测量和控制异步电机定子电流矢量，根据磁场定向原理分别对异步电机的励磁电流和转矩电流进行控制，从而达到控制异步电机转矩的目的。该类变频器一般用在高精度要求的场合。

4）直接转矩控制变频器。简单地说，直接转矩控制就是将交流电机等效为直流电机进行控制。

（6）按地区分类

1）我国。我国大陆地区国产变频器品牌有安邦信、汇川、三科、欧瑞传动、森兰、蓝海华腾、迈凯诺、伟创等。我国台湾地区变频器品牌有台达、普传、台安、东渊等。

2）欧美。变频器品牌有西门子、科比、伦茨、施耐德、ABB、丹佛斯、罗克韦尔、伟肯、西威等。

3）日韩。变频器品牌有富士、三菱、安川、三星、现代、LS 日立、欧姆龙、松下、东芝、明电舍等。

（7）按电压等级分类

1）高压变频器：3kV、6kV、10kV。

2）中压变频器：660V、1140V。

3）低压变频器：220V、380V。

（8）按电压性质分类

1）交流变频器：AC-DC-AC（交-直-交）、AC-AC（交-交）。

2）直流变频器：DC-AC（直-交）。

7.2　台达 VFD-M 系列变频器的应用案例

1. 端子接线方法（见图 7-2）

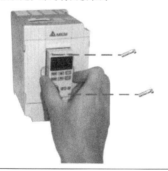

面板取出
先用螺钉旋具(俗称螺丝刀)将面板上的螺钉松开取出，用手指将面板左右两边轻压后拉起，即可将面板取出

掀开输入侧端子旋盖(R、S、T侧)
用手轻拨旋盖即可打开输入侧端子

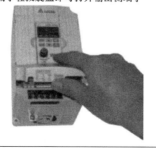

掀开输出侧端子旋盖(U、V、W侧)
用手轻拨旋盖即可打开输出侧端子

图 7-2　台达 VFD-M 变频器面板端子接线方法

2. 台达 VFD-M 变频器接线（见图 7-3）

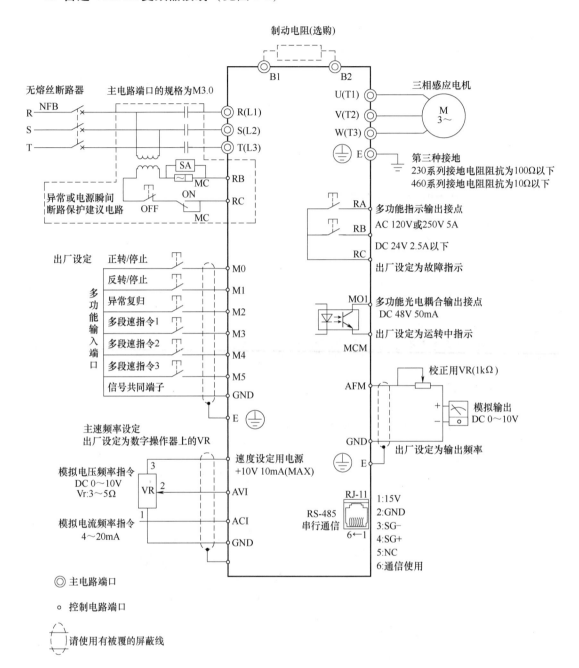

图 7-3　台达 VFD-M 变频器接线图

注：1. 若为单相电机则主电路端口可任选两个端口作为输入电源端。
　　2. 单相电机可用三相电源。

如果电源输入为 AC 220V，电源线在主电路端口中可以任意接其中两个；交流电机驱动器输出端口按正确相序接至三相电机。如果电机旋转方向不对，则可交换 U、V、W 中任意两相的接线。

3. 主电路端口接线及说明（见图 7-4）

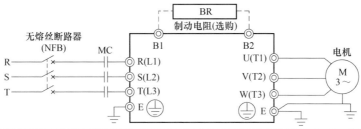

端口号	内容说明(端口规格为M3.0)
R(L1), S(L2), T(L3)	主回路交流电源输入
U(T1), V(T2), W(T3)	连接至电机
B1，B2	制动电阻(选用)连接端口
⏚	接地用(避免高压突波冲击及噪声干扰)

图 7-4　主电路端口接线及说明

4. 控制电路端口（见图 7-5）

线径：24～12AWG　　　　　　线径：22～16AWG
线的种类：75℃，限使用铜线　　线的种类：限使用铜线
扭矩：4kgf·cm(约3.5in·lbf)　　扭矩：2kgf·cm(约1.73in·lbf)

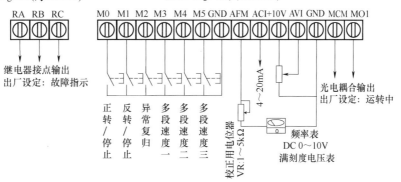

图 7-5　控制电路端口

5. 数字操作面板（见图 7-6）

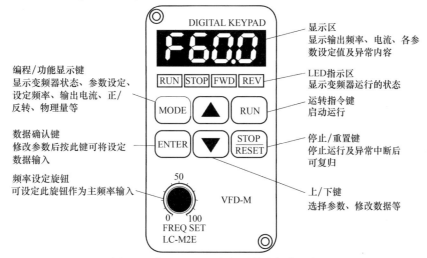

图 7-6　台达 VFD-M 变频器数字操作面板

（1）功能显示项目说明（见表7-2）

表7-2　台达 VFD-M 变频器数字操作面板功能显示项目说明

显 示 项 目	说　　　明
F60.0	显示变频器目前的设定频率
H60.0	显示变频器实际输出到电机的频率
U600.	显示用户定义之物理量 v（其中 v=H×P65）
A 5.0	显示变频器输出侧 U、V 及 W 的输出电流
1 50	显示变频器目前正在执行自动运行程序
P 01	显示参数项目
01	显示参数内容值
Frd	目前变频器正处于正转状态
rEu	目前变频器正处于反转状态
End	若显示 End 信息大约 1s，表示数据已被接受并自动存入内部存储器
Err	若设定的数据不被接受或数值超出时即会显示

（2）面板功能键操作流程（见图7-7）

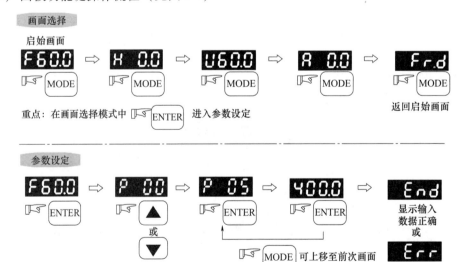

图 7-7　台达 VFD-M 变频器数字操作面板功能键操作流程

数据修改

启始画面

转向设定

(运转命令来源为数字操作面版时)

图 7-7　台达 VFD-M 变频器数字操作面板功能键操作流程（续）

7.2.1　台达变频器面板控制案例

1. 控制要求

通过变频器操作面板对电机的启动、正反转、点动、调速控制。

2. 硬件配置

台达 VFD-M 变频器，小型三相异步电机，电器控制柜，电工工具（1 套），连接导线若干等。

3. 小型三相异步电机规格（见表 7-3）

表 7-3　小型三相异步电机规格

电机的额定电压/V	220
电机的额定电流/A	0.24
电机的额定功率/kW	0.25
电机的额定频率/Hz	50
电机的额定转速/(r/min)	1400

4. 操作方法和步骤

（1）主电路端子接线（见图 7-8）

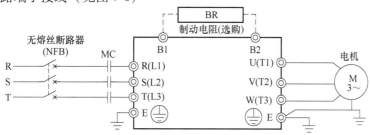

图 7-8　台达 VFD-M 变频器调速系统主电路接线图

（2）操作面板控制参数设置（见表7-4）

表7-4　操作面板控制参数设置

参 数 号	出 厂 值	设 置 值	说　　明
P076	00	10	所有参数恢复60Hz出厂值
P00	00	00	主频率来源由数字操作器控制
P01	00	00	运转指令由数字操作器控制
P03	60	60	电机运行的最高频率（单位为Hz）
P08	1.5	00	电机运行的最小频率（单位为Hz）

（3）变频器面板运行调试

1）启动变频器，在变频器的前操作面板上按运行键 RUN ，变频器将驱动电机运行。RUN 和 FWD 指示灯都会亮起，表示运转命令为正转。

2）正反转和加减速运行，电机的转速（运行频率）以及旋转方向可直接通过前操作面板上的上/下键（ ▲ / ▼ ）和换向键（ MODE ）来改变。

3）电机停止，在变频器的前操作面板上按停止键（ STOP/RESET ），则变频器将驱动电机降速至零。

7.2.2　台达 VFD-M 变频器数字信号操作控制案例

在实际运用中，变频器的给定频率信号、电机的启动信号等都是通过控制端口给出的（即变频器的外部运行操作），从而大大提高了生产过程的自动化程度。下面以多段速为例来介绍变频器的外部运行操作相关知识。

（1）外部接线图（见图7-9）

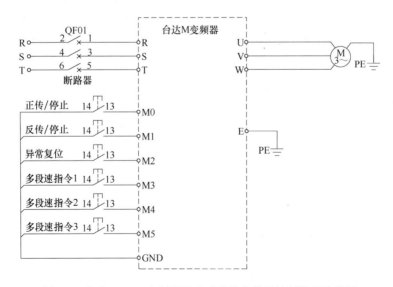

图7-9　台达 VFD-M 变频器调速系统数字信号控制外部接线图

利用 M3、M4、M5 的开关组合共组合成七段速度。同时要在参数 P38~P42 中定义多功能端口的功能选择。相关配合的参数 P17~P23 定义七段速的频率。参数定义及说明见表 7-5。

表 7-5　参数定义及说明

参 数 号	出 厂 值	设 置 值	说 明
P01	00	01	运转指令由外部端口控制，STOP 键有效
P03	60	50	最高操作频率选择
P17	00	50	第一段频率设定
P18	00	30	第二段频率设定
P19	00	20	第三段频率设定
P20	00	40	第四段频率设定
P21	00	50	第五段频率设定
P22	00	40	第六段频率设定
P23	00	20	第七段频率设定
P38	00	00	M0 为正转/停止；M1 为反转/停止
P39	05	05	RESET 键清除指令
P40	06	06	多段速指令一
P41	07	07	多段速指令二
P42	08	08	多段速指令三

由自锁按钮连接变频器多功能端口 M0、M1 和 GND。外部线路控制变频器的运行，实现电机的正反转控制。其中，M0 为正转控制，M1 为反转控制。对应的功能由参数 P38 设置。

1）第一段速控制。当按钮 M3 通且按钮 M4、M5 断时，变频器在由参数 P17 设定的频率上工作。

2）第二段速控制。当按钮 M4 通且按钮 M3、M5 断时，变频器在由参数 P18 设定的频率上工作。

3）第三段速控制。当按钮 M3、M4 都通且按钮 M5 断时，变频器在由参数 P19 设定的频率上工作。

4）第四段速控制。当按钮 M5 通且按钮 M3、M4 断时，变频器在由参数 P20 设定的频率上工作。

其他几段频率均以此类推，M3、M4、M5 三个输入端口可以组合成七段频率。

5）电机停止。当 M3、M4、M5 端口都断时，电机停止运行；或者在电机正常运行的任何频段，将 M0、M1 均断开，电机也能停止运行。

（2）PLC 程序（见图 7-10）

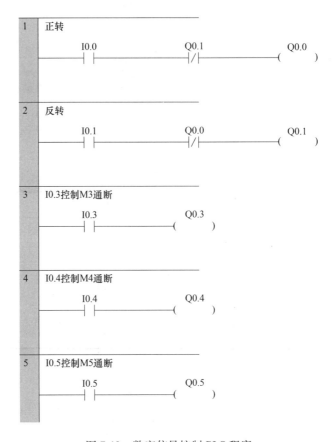

图 7-10　数字信号控制 PLC 程序

7.2.3　台达 VFD-M 变频器模拟信号操作控制案例

台达变频器可以通过 6 个数字输入端口对电机进行正反转运行和正反转点动运行的控制。通过操作面板的频率调节按键调高或降低输出频率，从而设置正反转转速的大小。另外，也可以由模拟输入端口控制电机的转速，本节的目的就是通过模拟输入端口的模拟量控制方式来控制电机的转速。

台达 VFD-M 变频器改变输入端口 AVI 的模拟输入电压，变频器的输入量将紧紧跟踪给定量的变化，从而可以平滑无极地调节电机的转速大小。

台达 VFD-M 变频器为用户提供了两对模拟量输入端口，即端口 AVI、GND 和 ACI、GND。通过设置参数 P38 的值，使数字输入端口 M0 具有正转控制功能或端口 M1 具有反转控制功能；通过端口 AVI 输入大小可调的模拟电压信号（或者通过端口 ACI 输入大小可调的模拟电流信号），控制电机的转速大小，即由数字输入端口控制电机的旋转方向，用模拟输入端口控制电机的转速大小。

（1）控制要求

用按钮控制实现电机正转起停功能，用另一按钮控制实现电机反转起停功能，由模拟输入端口控制电机的转速大小。

（2）外部接线图（见图 7-11）

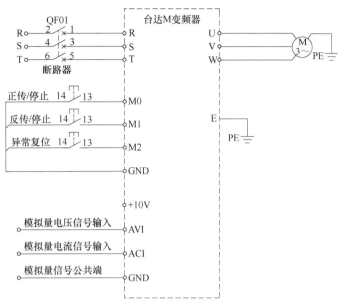

图 7-11　台达 VFD-M 变频器调速系统模拟信号外部接线图

（3）PLC 程序（见图 7-12）

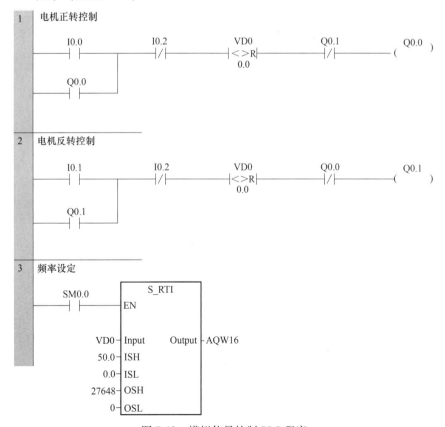

图 7-12　模拟信号控制 PLC 程序

第8章

S7-200 SMART PLC 模拟量及其应用

8.1 模拟量概述

在时间上或数值上都是连续变化的物理量称为模拟量。把表示模拟量的信号叫模拟信号。把工作在模拟信号下的电子电路叫模拟电路。

例如，热电偶在工作时输出的电压信号就属于模拟信号，因为在任何情况下被测温度都不可能发生跳变，所以测得的电压信号无论在时间上还是在数值上也都是连续的。而且，这个电压信号在连续变化过程中的任何一个取值都有具体的物理意义，即表示一个相应的温度。

模拟量的采集与控制，是现在工业控制中常见的一个环节。在小型工程中，经常选用PLC作为控制器，那么PLC能否对模拟量进行采集与控制呢?

肯定是可以的，PLC虽然说不是专业做模拟量的，但是针对一些模拟量的采集与控制，都是可以的。PLC能处理模拟量的数量和精度，要根据PLC的具体性能来确定。

8.2 模拟量扩展模块

对于S7-200 SMART PLC，其CPU模块上不带模拟量的输出和输入点，如果想处理模拟量需要增加扩展模块来。

西门子公司提供的S7-200 SMART PLC模拟量模块如图8-1所示。

功能	模块类型	通道数	量程范围	满量程范围(数据字)
AI	EM AE04	4AI	电压输入：−10~10V、−5~5V、−2.5~2.5V 电流输入：0~20mA	
	EM AE08	8AI	电压输入：−10~10V、−5~5V、−2.5~2.5V 电流输入：0~20mA	
AO	EM AQ02	2AO	电压输出：−10~10V 电流输出：0~20mA	
	EM AQ04	4AO		
AI/AO	EM AM03	2AI	电压输入：−10~10V、−5~5V、−2.5~2.5V 电流输入：0~20mA	电压：−27648~27648 电流：0~27648
		1AO	电压输出：−10~10V 电流输出：0~20mA	
	EM AM06	4AI	电压输入：−10~10V、−5~5V、−2.5~2.5V 电流输入：0~20mA	
		2AO	电压输出：−10~10V 电流输出：0~20mA	

图 8-1 S7-200 SMART PLC 模拟量模块

扩展模块（EM）不能单独使用，需要通过自带的连接器插接在 CPU 模块的右侧，如图 8-2所示。

图 8-2　模拟量扩展模块

 8.3　模拟量输入输出介绍

扫一扫看视频

PLC 主要利用模拟量输入、输出模块完成模拟量的输入与输出。

（1）模拟量输入（A/D）模块

将现场仪表输出的（标准）模拟量信号 0~20mA、0~5V、0~DC 10V 等转化为 PLC 可以处理的一定位数的数字信号。

模拟量模块有专用的插针与 CPU 模块通信，并通过此电缆由 CPU 模块向模拟量模块提供 DC 5V 的电源。此外，模拟量模块必须外接 DC 24V 电源。

每个模块能同时输入/输出电流或电压信号。双极性就是信号在变化的过程中要经过"零"，单极性则不过"零"。由于模拟量转换为数字量是有符号整数，所以双极性信号对应的数值会有负数。在 S7-200 SMART PLC 中，单极性模拟量输入输出信号的数值范围是 0~27648；双极性模拟量信号的数值范围是 -27648~27648。

一般电压信号比电流信号容易受干扰，应优先选用电流信号。电压型的模拟量信号，由于输入端的内阻很高（S7-200 SMART PLC 的模拟量模块内阻为 10MΩ），极易引入干扰。一般用电压信号的是控制设备柜内电位器调节或距离非常近、电磁环境很好的场合。电流型信号不容易受到传输线沿途的电磁干扰，因而在工业现场获得广泛的应用。电流信号的传输距离可以比电压信号远得多。

（2）模拟量输入（A/D）模块

将现场仪表输出的（标准）模拟量信号 0~20mA、0~5V、0~10V 等转化为 PLC 可以处理的一定位数的数字信号。

对于模拟量输出模块，电压型和电流型的输出信号的接线是相同的，但在硬件组态时，要区分是电流还是电压信号，这一点和 S7-200 PLC 的模拟量模块是不同的。

模拟量输出模块总是要占据两个通道的输出地址。即便有些模块（EM AEO4）只有一个实际输出通道，它也要占用两个通道的地址。

模拟量输入/输出示意图如图 8-3 所示。

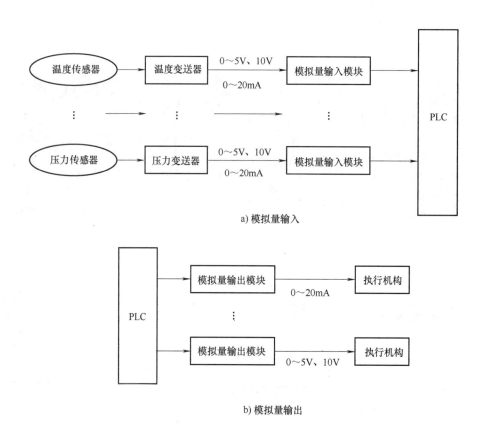

a) 模拟量输入

b) 模拟量输出

图 8-3　模拟量输入/输出示意图

8.4 常用元件介绍

1）传感器，是一种检测装置，能检测出被测量的信息，并能将信息按一定规律变换成为电信号或其他所需形式的信号输出，以满足信息的传输、处理、存储、显示、记录和控制等要求。传感器的特点包括，微型化、数字化、智能化、多功能化、系统化、网络化。它是实现自动检测和自动控制的首要环节。传感器的存在和发展，如同让设备有了触觉、味觉和嗅觉等感官，让设备慢慢变得活了起来。通常根据其基本感知功能分为热敏、光敏、气敏、力敏、磁敏、湿敏、声敏、放射线敏感、色敏和味敏十大类。

2）变送器，是把传感器的输出信号转变为可被控制器识别的信号（或将传感器输入的非电量转换成电信号同时放大以便作为远程测量和控制的信号源）的转换器。传感器和变送器一同构成自动控制的监测信号源。不同的物理量需要不同的传感器和相应的变送器。变送器的种类很多，用在工控仪表上面的变送器主要有温度变送器、压力变送器、流量变送器、电流变送器、电压变送器等。

3）模拟量输入通道，可将远程现场的模拟量信号采集至 CPU 并转换成为一组数字的通道。

4）模拟量输出通道，可将模拟量（可能是转换成的）进行适当处理以便执行部件做出相应动作。

5）执行器，是自动化技术工具中接收控制信息并对受控对象施加控制作用的装置。

6）执行机构，使用液体、气体、电力或其他能源并通过电机气缸或其他装置将其转化成驱动作用。

　　7）中央处理器（CPU），采用超大规模的集成电路，是 PLC 的运算核心和控制核心。它的功能主要是处理用户程序中的指令、执行通信等功能，以及处理 PLC 中的数据。

8.5　模拟量模块接线

　　模拟量模块有三种：普通模拟量模块、RTD 模块和 TC 模块。

　　普通模拟量模块可以采集标准电流和电压信号。其中，电流信号包括 0 ~ 20mA、4 ~ 20mA 两种信号；电压信号包括±2.5V、±5V、±10V 三种信号。

> 　　【关键点】S7-200 SMART CPU 普通模拟量通道值范围是 0 ~ 27648 或 −27648 ~ 27648。

1. 普通模拟量模块接线

　　普通模拟量模块接线如图 8-4 所示，每个模拟量通道都有两个接线端。

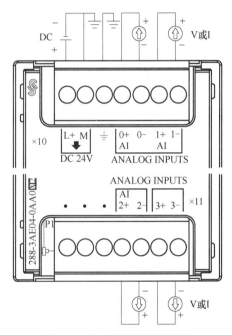

图 8-4　普通模拟量模块接线

　　电流、电压模拟量信号根据模拟量仪表或设备线缆个数分成四线制、三线制、两线制三种类型，不同类型的信号的接线方式不同。

　　四线制指的是模拟量仪表或设备上信号线和电源线加起来有 4 根线。仪表或设备有单独的供电电源，除了两个电源线还有两个信号线。四线制接线如图 8-5 所示。

　　三线制是指仪表或设备上信号线和电源线加起来有 3 根线。负信号线与供电电源 M 线为公共线。三线制接线如图 8-6 所示。

　　两线制信号指的是仪表或设备上信号线和电源线加起来只有两个接线端口。由 S7-200 SMART CPU 模拟量模块通道没有供电功能，仪表或设备需要外接 24V 直流电源。两线制接线如图 8-7 所示。

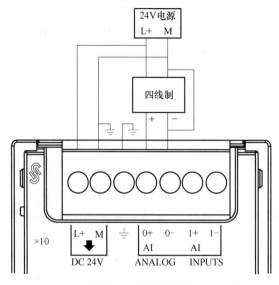

图 8-5　四线制接线

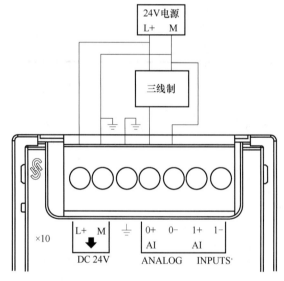

图 8-6　三线制接线

2. RTD 模块接线

RTD 电阻温度传感器接线也有两线制、三线制和四线制之分。其中四线制接线的传感器测温值是最准确的。S7-200 SMART EM RTD 模块支持两线制、三线制和四线制常用的 RTD 有 PT100、PT1000、Ni100、Ni1000、Cu100 等。

S7-200 SMART EM RTD 模块还可以检测电阻信号。电阻检测接线也有两线制、三线制和四线制之分。RTD 模块的接线方式如图 8-8 所示。

3. TC 模块接线

热电偶（TC）测量温度的基本原理：两种不同材质的导体组成闭合回路，当两端存在温度梯度时回路中就会有电流通过，此时两端之间就存在电动势。

S7-200 SMART EM TC 模块可以测量 J、K、T、E、R&S 和 N 型等热电偶温度传感器，TC 模块接线如图 8-9 所示。

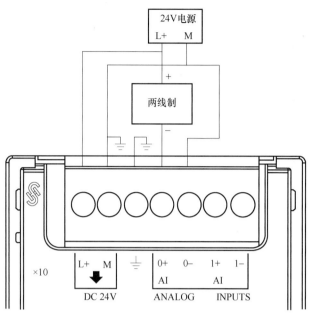

图 8-7　两线制接线

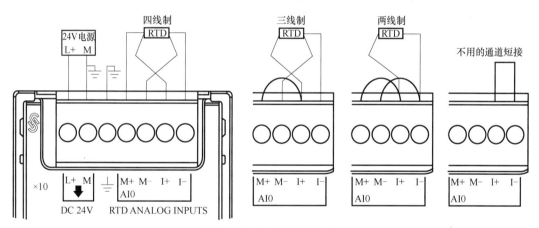

图 8-8　RTD 模块接线方式

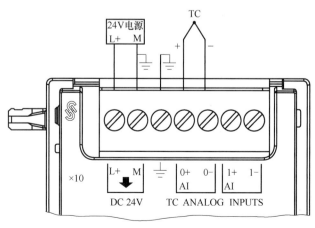

图 8-9　TC 模块接线

8.6 模拟量比例换算

因为模/数（A/D）、数/模（D/A）转换之间的对应关系，S7-200 SMART PLC CPU 内部用数字信号表示外部的模拟量信号，两者之间有一定的数学关系。这个关系就是模拟量与数字量的换算关系。

例如，使用一个 0~20mA 的模拟量信号输入，在 S7-200 SMART PLC CPU 内部，0~20mA 对应的数值范围为 0~27648；对于 4~20mA 的信号，对应的数值范围为 5530~27648。

如果有两个传感器，量程都是 0~16MPa，但一个是 0~20mA 输出，另一个是 4~20mA 输出。它们在相同的压力下，输出的模拟量电流大小不同，S7-200 SMART 内部对应的数值也不同。显然两者之间存在比例换算关系。模拟量输出的情况也大致相同。

上面谈到的是 0~20mA 与 4~20mA 之间换算关系，但模拟量转换的目的显然不是在 S7-200 SMART PLC CPU 中得到一个 0~27648 的数值；对于编程和操作人员来说，得到具体的物理量数值（如压力值、流量值）或者对应物理量占量程的百分比数值，是要更方便的，这是换算的最终目标。

1. 通用比例换算公式

模拟量的输入/输出的通用换算公式为

$$O_v = [(O_{sh} - O_{sl}) \times (I_v - I_{sl}) / (I_{sh} - I_{sl})] + O_{sl}$$

式中 O_v——换算结果；

I_v——换算对象；

O_{sh}——换算结果的高限；

O_{sl}——换算结果的低限；

I_{sh}——换算对象的高限；

I_{sl}——换算对象的低限。

模拟量比例换算关系如图 8-10 所示。

为便于用户使用，西门子公司提供了量程转化库，用户可以添加到自己的 STEP 7-Micro/WIN 编程软件中应用。

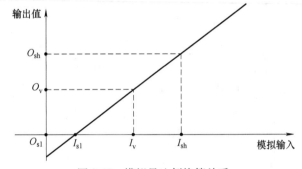

图 8-10 模拟量比例换算关系

在这个指令库中，子程序 S_ITR 用来进行模拟量输入到 S7-200 SMART 内部数值的转换；子程序 S_RTI 可用于内部数值到模拟量输出的转换。

模拟量输入输出转换子程序示例如图 8-11 所示。

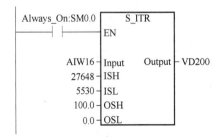

将 4~20mA 模拟量输入转换为内部百分比值

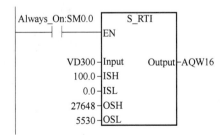

将内部百分比值转换为 4~20mA 模拟量输出

图 8-11 模拟量输入输出转换子程序示例

2. 电阻温度传感器、热电偶比例换算

温度模拟量输入模块（EM231 TC、EM231 RTD）所读取的数据是温度测量值的 10 倍（摄氏或华氏温度）。例如，AIW16 监控到的 520 相当于实际温度 52.0℃。可以自己做运算，当然也可以按图 8-11 所示做量程转换，调整上下限即可。

8.7 模拟量输入输出组态

1. 组态模拟量输入

单击"系统块"对话框的"模拟量输入"节点，为在顶部选择的模拟量输入模块组态选项，如图 8-12 所示。

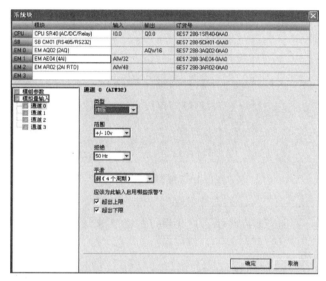

图 8-12　模拟量输入设置窗口

对于每条模拟量输入通道，都将类型组态为电压或电流。为偶数通道选择的类型也适用于奇数通道：为通道 0 选择的类型也适用于通道 1；为通道 2 选择的类型也适用于通道 3。

（1）范围

组态通道的电压范围或电流范围，可选择以下取值范围之一：

电压为，±2.5V，±5V，±10V。

电流为，0~20mA。

> **【关键点】**同一个通道组为同一种信号类型，不同的通道组可以接不同的信号类型。

（2）输入行为

1）"抑制"（Rejection）。传感器的响应时间或传送模拟量信号至模块的信号线的长度和状况，也会引起模拟量输入值的波动。在这种情况下，波动值可能变化太快，导致程序无法有效响应。可组态模块对信号进行抑制，以在下列频率点消除或最小化噪声：10Hz，50Hz，60Hz，400Hz。

2）"平滑"（Smoothing）。可组态模块在组态的周期数内平滑模拟量输入信号，从而将一个平均值传送给程序逻辑。有四种平滑算法可供选择：无（无平滑），弱，中，强。

（3）报警组态

可为所选模块的所选通道选择是启用还是禁用以下报警，如超出上限、超出下限等。用户电源在系统块"模块参数"组态，如图8-13所示。

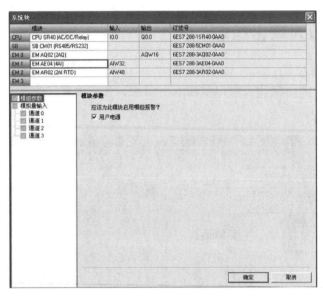

图8-13　报警设置窗口

【关键点】模拟量输入支持的距离是100m屏蔽双绞线。

2. 组态模拟量输出

单击"系统块"对话框的"模拟量输出"节点为在顶部选择的模拟量输出模块组态选项，如图8-14所示。

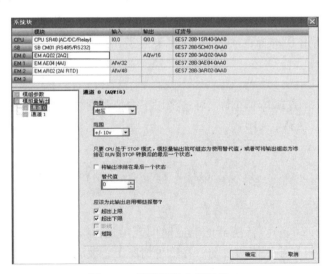

图8-14　模拟量输出设置窗口

对于每条模拟量输出通道，都将类型组态为电压或电流。

（1）范围

组态通道的电压范围或电流范围，可选择以下取值范围之一：

电压为±10V。

电流为 0~20mA。

（2）STOP 模式下的输出行为

当 CPU 处于 STOP 模式时，可将模拟量输出点设置为特定值，或者保持在切换到 STOP 模式之前的输出状态。STOP 模式下，有如下两种方法可用于设置模拟量输出行为：

1）"将输出冻结在最后状态"（Freeze outputs in last state）。单击此复选框，就可在 PLC 进行 RUN 到 STOP 切换时将所有模拟量输出最后值冻结。

2）"替换值"（Substitute value）。如果"将输出冻结在最后状态"（Freeze outputs in last state）复选框未选中，只要 CPU 处于 STOP 模式就可输入应用于输出的值（−32512~32511）。默认的替换值为 0。

（3）报警组态

可为所选模块的所选通道选择是启用还是禁用以下报警：超出上限，超出下限，断路（仅限电流通道），短路（仅限电压通道）。用户电源在系统块"模块参数"节点组态。

8.8　模拟量应用案例分析（一）

电热水炉控制示意图如图 8-15 所示。要求当水位低于低位液位开关时，打开进水电磁阀进水；当水位高于高位液位开关时，关闭进水电磁阀停止进水。加热时，当水温低于 80℃时，打开电源控制开关开始加热；当水温高于 95℃时，停止加热并保温。

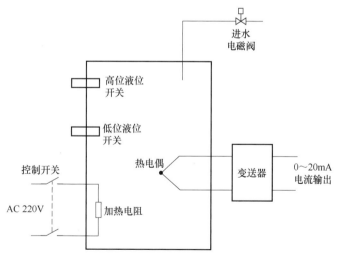

图 8-15　电热水炉控制示意图

1）训练工具、材料和设备，如图 8-16 所示。

2）电热水炉控制电路原理图，如图 8-17 所示。

3）电热水炉 I/O 系统块组态，如图 8-18 所示。

4）电热水炉控制程序，如图 8-19 所示。

水温 80℃对应的数字量为 22118，水温 95℃对应的数字量为 26266。

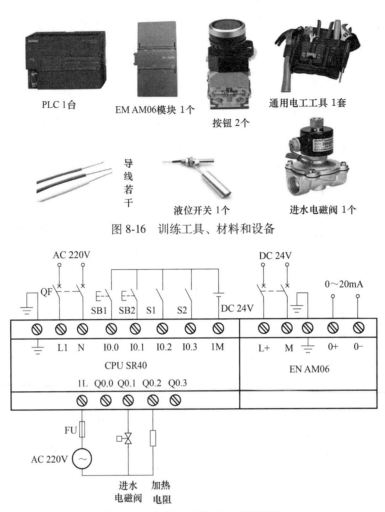

图 8-16　训练工具、材料和设备

图 8-17　电热水炉控制电路原理图

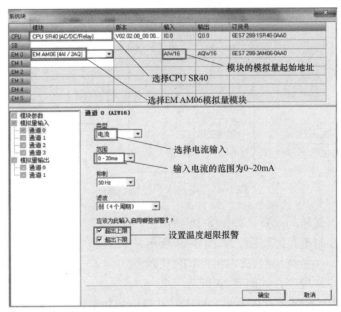

图 8-18　电热水炉 I/O 系统块组态

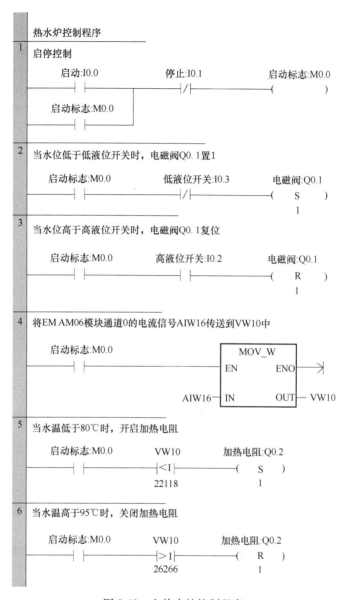

图 8-19　电热水炉控制程序

8.9　模拟量应用案例分析（二）

1. 控制要求

验布机是服装行业生产前对棉、毛、麻、丝绸、化纤等特大幅面、双幅和单幅布进行瑕疵检测的一套必备的专用设备。根据检验人员的熟练程度、布匹的种类不同，验布机对速度的要求不同。

1）整个验布机分为 5 个工作速度：1 速为 15Hz，2 速为 20Hz，3 速为 30Hz，4 速为 35Hz，5 速为 40Hz。

2）验布机有加速和减速按钮，每按一次按钮，变频器的速度就会增加或减少 1Hz。

2. 硬件电路

验布机通过 PLC 将 0~27648 的数字量信号送到 EM AM06 扩展模块中，该模块把数字量信号转换成 0~10V 的模拟电压信号，该电压信号送到变频器的模拟量输入端 3、4，调节变频器的输出在 0~50Hz 之间变化，从而控制电机的速度，其控制示意图如图 8-20 所示。

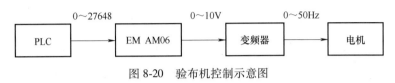

图 8-20　验布机控制示意图

3. 验布机控制电路原理图（见图 8-21）

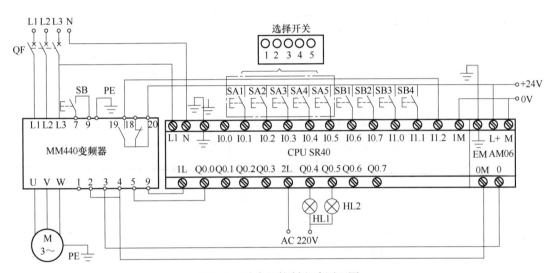

图 8-21　验布机控制电路原理图

4. 验布机 I/O 分配符号表（见图 8-22）

符号	地址	注释
二速	I0.2	SA2
三速	I0.3	SA3
四速	I0.4	SA4
五速	I0.5	SA5
启动	I0.6	SB1
停止	I0.7	SB2
加速按钮	I1.0	SB3
减速按钮	I1.1	SB4
故障	I1.2	变频器故障
变频器运行	Q0.0	变频器运行
运行指示	Q0.4	变频器运行指示
报警指示	Q0.5	变频器报警指示

图 8-22　验布机 I/O 分配符号表

5. 验布机西门子 MM440 变频器参数设置（见图 8-23）

6. 程序设计

验布机是通过 EM AM06 模块输出的 0~10V 模拟量电压信号控制变频器在 0~50Hz 之间调速。验布机 5 种速度下电压模拟量与数字量之间的对应关系如图 8-24 所示。

验布机的参数设置

参数号	参数名称	出厂值	设定值	说明
P0003=1，设用户访问级为标准级 P0004=7，命令和数字I/O				
P0700[0]	选择命令给定源 （启动停止）	2	2	命令源选择由端子排输入
P0003=2，设用户访问级为扩展级 P000=7，命令和数字I/O				
P0701[0]	设置端子5	1	1	ON接通正转，OFF停止
P0703[0]	设置端子7	9	9	故障确认
P0731[0]	选择数字输出1的 功能	52.3	52.3	将数字输出1设置为变频器故障
P0003=3，设用户访问级为专家级 P0004=7，命令和数字字I/O				
P0748	数字输出反相	0	1	P0748=1时，变上电，数字输出1的继电器不得电，一旦变频器故障，数字输出1的继电器得电，其常开触点19、20闭合，切断变频器的电源
P003=1，用户访问级为标准级 P0004=10，设定值通道和斜坡函数发生器				
P1000[0]	设置频率给定源	2	2	选择AINI给定频率
*P1080[0]	下限频率	0	0	电动机的最小运行频率(0Hz)
*P1082[0]	上限频率	50	50	电动机的最大运行频率(50Hz)
*P1120[0]	加速时间	10	5	斜坡上升时间(5s)
*P1121[0]	减速时间	10	5	斜坡下降时间(5s)
P0003=2，用户访问级为标准级 P0004=8，模拟I/O				
P0756[0]	设置ADC1的类型	0	0	AINI通道选择0~10V电压输入，同时将I/O板上的DIP1开关置于OFF位置
P0757[0]	标定ADC1的x1值	0	0	设定AIN1通道给定电压的最小值0V
P0758[0]	标定ADC1的y1值	0.0	0.0	设定AIN1通道给定频率的最小值0Hz对应的百分比为0%
P0759[0]	标定ADC1的x2值	10	10	设定AIN1通道给定电压的最大值10V
P0760[0]	标定ADC1的y2值	100.0	100.0	定AIN1通道给定频率的最大值50Hz对应的百分比为100%
P0761[0]	死区宽度	0	0	标定A/D转换死区宽度
P0003=2，用户访问级为标准级 P0004=20，通信				
P2000[0]	基准频率	50.00	50.00	基准频率设为50Hz

图 8-23　验布机变频器参数设置

验布机的电压模拟量与数字量之间的对应关系

速度/Hz	15	20	30	35	40
模拟电压/V	3	4	6	7	8
数字量	8294	11059	16589	19354	22118

图 8-24　验布机 5 种速度下电压模拟量与数字量之间的对应关系

验布机程序如图 8-25 所示。

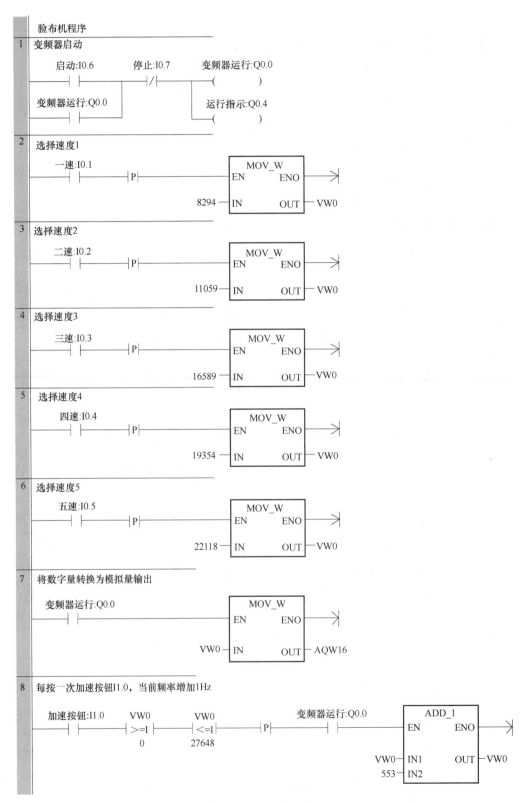

图 8-25　验布机程序

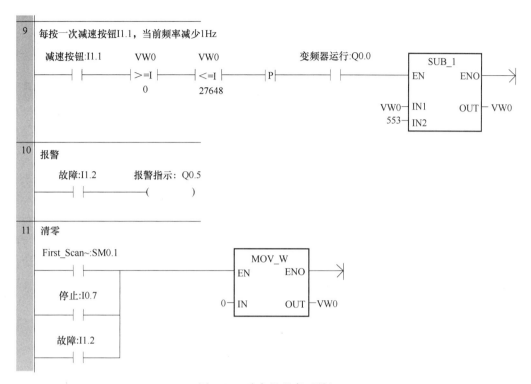

图 8-25　验布机程序（续）

第 9 章

S7-200 SMART PLC PID 控制

9.1 PID 控制原理

比例积分微分（Proportion Integration Differentiation，PID）控制是最早发展起来的控制方法之一。此控制方法与自动化仪表相配合，可以大大减少人工，提升生产过程的自动化水平。由于 PID 控制算法简单、适用性广和可靠性高，已经成为现代工业过程中不可或缺的控制手段。

PID 控制系统由五个部分组成：控制器，传感器，变送器，执行机构，输入输出接口。控制系统的控制器信号经过输出接口，到执行机构；然后，传感器采集信号，经变送器，最后经由输入接口送到控制器。PID 控制原理框图如图 9-1 所示。

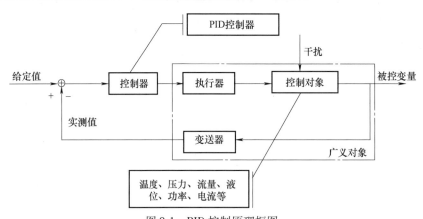

图 9-1　PID 控制原理框图

自动控制系统主要分为开环控制系统和闭环控制系统两类。

（1）开环控制系统

开环控制系统是指被控对象的输出（被控制量）对控制器的输出没有影响。在这种控制系统中，不依赖将被控量反回以形成任何闭环回路。

（2）闭环控制系统

闭环控制系统的特点是系统被控对象的输出（被控制量）会反馈影响控制器的输出，形成一个或多个闭环。很多闭环控制系统会采用 PID 控制器。闭环控制系统有正反馈和负反馈，若反馈信号与系统给定值信号相反，则称为负反馈，若极性相同，则称为正反馈，一般闭环控制系统均采用负反馈，又称负反馈控制系统。

1. PID 控制的原理和特点

PID 控制从使用到现在已经有半个多世纪的历史了，已经成为工业控制中主流技术之一。原因无他，因为其结构简单、稳定性高，还有就是方便调整。在实际的工控应用中，使用最多控制规律就是比例积分微分控制了，也就是下面将详细介绍的 PID 控制。在被控对象的结构和参数不能完全掌握，其他的控制理论都不能使用的时候，只能凭借着以往的经验去确定，这时就可以采用 PID 控制技术了。

（1）比例控制

在 PID 控制中，比例控制是其中最简单的，它的控制器的输出和输入的误差信号成正比。如果系统只有比例控制时，在系统稳定后会存在稳态误差。

（2）积分控制

在积分控制中，控制器的输出与输入误差信号的积分成正比关系。对于进入稳态后就出现稳态误差的这类自动化系统，称为有差系统（System with Steady-state Error）。在控制器中增加积分项可以消除稳态误差。积分项对于误差的消除作用取决于时间的积分。也就是说，随着时间的增加，积分项也会增大，所以即使是误差很小的系统，积分项也会随时间越来越大。可以这么说，拥有比例项和积分项的控制器，可以使系统在进入稳态后没有稳态误差。

（3）微分控制

自动化系统如有大惯性组件或滞后组件，这些组件可以起到抑制误差的作用，所以在调节误差的过程中有时会出现振荡甚至失稳的现象。可以通过使抑制误差的作用"超前"调节，就是在误差接近零时，抑制误差的作用也应该为零。所以，在控制器中还应该加入微分项。比例项主要是放大误差的幅值，而微分项则能预测到误差变化的趋势。这种拥有比例项和微分项的控制器就可以提前抑制误差，使之等于零，甚至为负值，这样就可以避免被控对象的严重超调。所以那些有较大惯性或滞后特性的被控对象，可以用具有比例项和微分项的控制器去改善系统在调节时的动态特性。

2. PID 控制器的参数整定

PID 控制器的参数整定是控制系统设计的核心内容。它是根据被控过程的特性确定 PID 控制器的比例系数、积分时间和微分时间的大小。PID 控制器参数整定的方法很多，概括起来有以下两大类：

（1）理论计算整定法

它主要是依据系统的数学模型，经过理论计算确定控制器参数。这种方法所得到的计算数据未必可以直接用，还必须通过工程实际进行调整和修改。

（2）工程整定方法

它主要依赖工程经验，直接在控制系统的试验中进行整定，方法简单、易于掌握，在工程实际中应用广泛。

PID 控制器参数的工程整定方法，主要有临界比例法、反应曲线法和衰减法。两种方法各有其特点，其共同点都是通过试验，然后按照工程经验公式对控制器参数进行整定。但无论采用哪一种方法所得到的控制器参数，都需要在实际运行中进行最后调整与完善。

一般采用的是临界比例法。利用该方法进行 PID 控制器参数的整定步骤如下：

1）预选择一个足够短的采样周期让系统工作。

2）仅加入比例控制环节，直到系统对输入的阶跃响应出现临界振荡，记下这时的比例放大系数和临界振荡周期。

3）一定的控制度下通过公式计算得到 PID 控制器的参数。

3. PID 控制器的主要优点

1）PID 控制计及动态控制过程中过去、现在、将来的主要信息，而且便于进行最优配置。其中，比例（P）代表了当前的信息，起纠正偏差的作用，使过程反应迅速。微分（D）在信号变化时有超前控制作用，代表将来的信息，在过程开始时强迫过程进行，过程结束时减小超调，克服振荡，提高系统的稳定性，加快系统的过渡过程。积分（I）代表了过去积累的信息，它能消除静差，改善系统的静态特性。此三种控制配合得当，可使动态过程快速、平稳、准确，收到良好的效果。

2）PID 控制适应性好，有较强的鲁棒性，对各种工业应用场合，可在不同的程度上应用。特别适于"一阶惯性环节+纯滞后"和"二阶惯性环节+纯滞后"的过程控制对象。

3）PID 算法简单明了，各个控制参数相对较为独立，参数的选定较为简单，形成了完整的设计和参数调整方法，很容易为工程技术人员所掌握。

4）PID 控制根据不同的要求，针对自身的缺陷进行了不少改进，形成了一系列改进的PID 算法。例如，为了克服微分带来的高频干扰的滤波 PID 控制，为克服大偏差时出现饱和超调的 PID 积分分离控制，为补偿控制对象非线性因素的可变增益 PID 控制等。这些改进控制方法在一些应用场合取得了很好的效果。同时，随着智能控制理论的发展，又形成了许多智能 PID 控制方法。

9.2 S7-200 SMART PLC 组态 PID 功能

西门子 S7-200 SMART PLC 采用的编程软件为 STEP 7-Micro/WIN SMART。在该编程软件中，组态 PID 控制回路，专门有一个工具，叫 PID 指令向导（PID Wizard）。编程时，只需要按照向导步骤一步一步操作，就可以完成大多数 PID 功能的编程，编程人员只需要在主程序中调用 PID 向导生成的子程序，即可完成 PID 控制程序的组态。该 PID 向导既可以生成模拟量输出 PID 控制，也支持开关量输出的；既支持连续自动调节，也支持手动参与控制。建议用户使用此向导对 PID 功能编程，以避免不必要的错误。编程时，建议采用比较新的编程软件版本。

第一步，在 STEP 7-Micro/WIN SMART 中的工具菜单中打开 PID 向导，如图 9-2 所示。

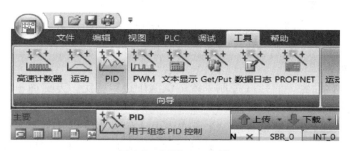

图 9-2 打开 PID 向导

第二步，选择要组态的 PID 回路名称，如图 9-3 所示。

第三步，设定 PID 回路参数，包括比例增益、采样时间、积分时间和微分时间，如图 9-4所示。

① 增益（即比例常数），其数值越大比例分量的作用越强。

② 采样时间，是指 PID 控制回路对反馈采样和重新计算输出值的时间间隔，默认值是1.0s。在生成向导后若需更改该参数，必须通过向导来修改，新的参数在项目重新下载后生效。不支持在 STEP 7-Micro/WIN SMART 软件的状态表、程序或 HMI 设备修改。

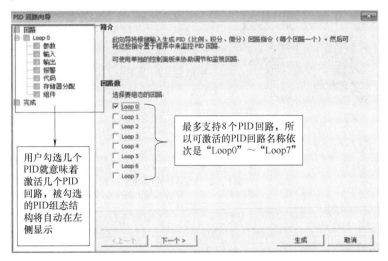

图 9-3　组态 PID 回路

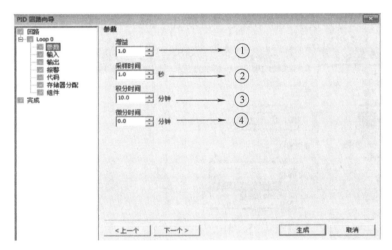

图 9-4　设定 PID 回路参数

③ 积分时间，默认值是 10.0min。如果不需要积分作用，可以把积分时间设置为最大值 10000.0min。因为积分时间越大，积分分量的作用越小。

④ 微分时间。微分作用反映系统偏差信号的变化率，可实现超前控制。如果不需要微分作用，可以把微分时间设置为 0.0min，其默认值是 0.0min。微分时间越大，微分分量的作用越强。

第四步，设定 PID 回路的输入参数，如图 9-5 所示。

1）过程变量标定，可以从以下选项中选择：

单极。其数值范围是 0~27648，此时输入信号为正值。

单极 20% 偏移量。其数值范围是 5530~27648。如果输入信号是 4~20mA 的电流，则应选择该选项。4mA 对应的是 5530，20mA 对应的是 27648。

双极。其数值范围是−27648~27648，此时输入信号在从负到正的范围内变化。

2）回路设定值默认的下限和上限分别是 0.0 和 100.0，用户可依据项目要求重新进行标定。

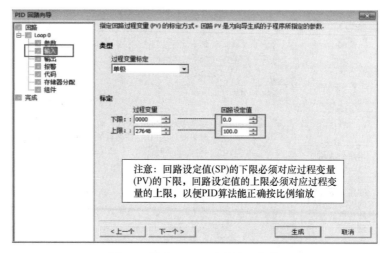

图 9-5　设定 PID 回路的输入参数

第五步，设定 PID 回路的输出参数

输出类型：可以选择模拟量输出或数字量输出，如图 9-6 所示。

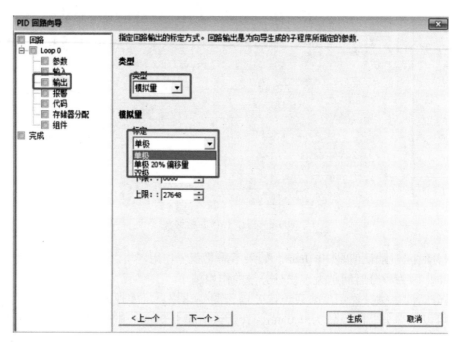

图 9-6　模拟量的输出

模拟量输出，用来控制一些需要模拟量给定的设备。

数字量输出，实际上是控制输出点的通断状态按照一定的占空比变化，如图 9-7 所示。

选择模拟量输出后须设定回路输出变量值的范围，可从以下三个选项中选取：

单极。其数值范围是 0~27648。

单极 20% 偏移量。其数值范围是 5530~27648。如果输出信号是 4~20mA 的电流，则应选择该选项。4mA 对应的是 5530，20mA 对应的是 27648。

双极。其数值范围是 −27648~27648。

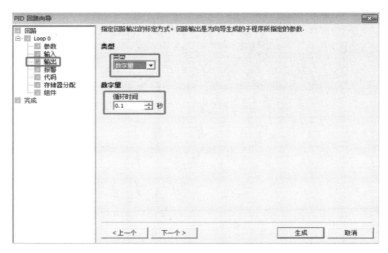

图 9-7　数字量输出

输出范围。设定不同的模拟量输出类型后，模拟量的输出范围将随之变化，无须单独设置。

第六步，设定回路报警选项（也可不选）。向导提供了三个输出来反映过程变量（PV）的低值报警、高值报警及过程变量模拟量模块错误状态。当报警条件满足时，相应输出置位为 ON。这些功能在勾选了相应的复选框之后起作用，如图 9-8 所示。

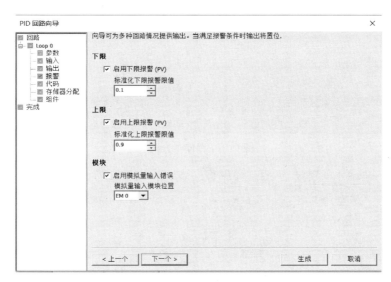

图 9-8　报警设置

第七步，添加 PID 手动控制，如图 9-9 所示。

第八步，指定 PID 运算数据存储区，如图 9-10 所示

第九步，生成 PID 子程序、中断程序及符号表等，如图 9-11 所示。

第十步，调用 PID 子程序，如图 9-12 所示。

① 必须用 SM0.0 直接调用向导生成的子程序。

② 此处为被控对象的模拟量输入地址。

③ 设定值的输入地址，既可以是设定值常数，也可以是设定值变量的地址（VDxx）。

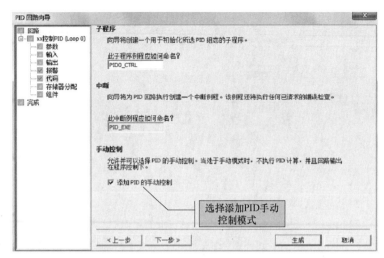

图 9-9　添加 PID 手动控制

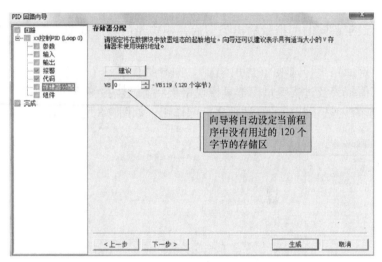

图 9-10　存储器分配

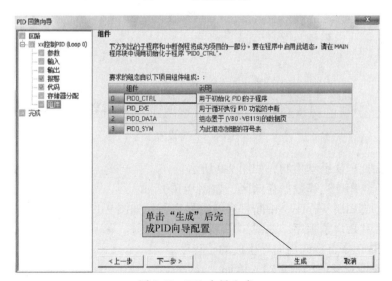

图 9-11　PID 向导生成

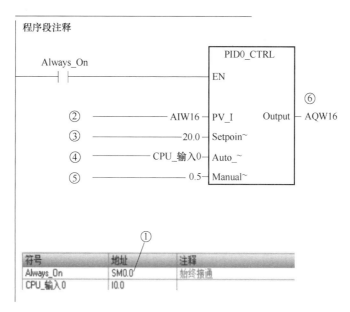

图 9-12　PID 子程序

④ 手动/自动控制方式选择。当 I0.0 为“True”时，PID 控制器处于自动运行状态；当 I0.0 为“False”时，PID 控制器处于手动状态，此时 AQW16 的输出值为 ManualOutput 中的设定值。

⑤ 手动控制输出值，数值范围是 0.0～1.0，实数。当其数值为 0 时，意味着当前的手动输出是 0，即没有输出；当其数值是 1.0 时，意味着当前的手动输出是 100%，即输出为最大值。

⑥ PID 控制输出值地址。

PID 向导配置完成之后，如果用户希望在线修改 PID 参数，可通过 PID 向导生成的符号表找到回路增益（PIDX Gain）、积分时间（PIDX I Time）及微分时间（PIDX D Time）等参数的地址。通过 STEP 7-Micro/WIN SMART 软件的状态表、程序或 HMI 设备可以修改 PID 参数值。PID 符号表如图 9-13 所示。

符号表

			符号	地址	注释
1			PID0_D_Counter	VW80	
2			PID0_D_Time	VD24	微分时间
3			PID0_Dig_Timer	VD83	
4			PID0_Gain	VD12	回路增益
5			PID0_I_Time	VD20	积分时间
6			PID0_Mode	V82.0	
7			PID0_Output	VD8	计算得出的标准化回路输出
8			PID0_Output_D	VD87	
9			PID0_PV	VD0	标准化过程变量
10			PID0_SampleTime	VD16	采样时间（要进行修改，请重新运行 PID 向...
11			PID0_SP	VD4	标准化过程设定值
12			PID0_Table	VB0	PID 0的回路表起始地址
13			PID0_WS	VB82	

图 9-13　PID 符号表

9.3 PID 整定控制面板

新的 S7-200 SMART CPU 支持 PID 自整定功能，在 STEP 7-Micro/WIN SMART 中也添加了 PID 调节控制面板。

用户可以使用用户程序或 PID 调节控制面板来启动自整定功能。在同一时间最多可以有 8 个 PID 回路同时进行自整定。PID 调节控制面板也可以用来手动调试老版本的（不支持 PID 自整定）CPU 的 PID 控制回路。

用户可以根据工艺要求，为调节回路选择快速响应、中速响应、慢速响应或极慢速响应。PID 自整定会根据响应类型而计算出最优化的比例、积分、微分值，并可应用到控制中。

STEP 7-Micro/WIN SMART 中提供了一个 PID 控制面板，可以用图形方式监视 PID 回路的运行，另外从面板中还可以启动、停止自整定功能。PID 整定控制面板如图 9-14 所示。

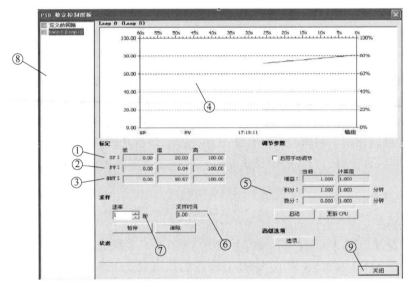

图 9-14　PID 整定控制面板

① 当前设定值指示，显示当前使用的设定值。

② 过程值指示，显示过程变量的值。

③ 当前的输出值指示，显示当前的输出值。

④ 可显示过程值、设定值及输出值的 PID 趋势图。

⑤ 调节参数，可以选择 PID 参数的显示。当前参数、推荐参数或手动输入值在手动调节模式下，可改变 PID 参数。单击更新按钮可更新 PLC 中的参数启动 PID 自整定功能。单击高级选项按钮可进入高级参数设定。

⑥ 当前采样时间，指示当前使用的采样时间。

⑦ 时间选项设定，可以设定趋势图的时基，时基以秒为单位。

⑧ 当前的 PID 回路号。这里，可以选择需要监视或自整定的 PID 回路。

⑨ 关闭 PID 控制面板。

PID 趋势图如图 9-15 所示。其中相关序号说明如下：

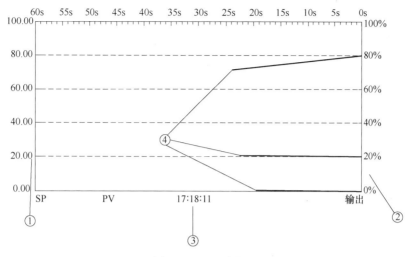

图 9-15　PID 趋势图

① 过程变量和设定值的取值范围及刻度。

② PID 输出的取值范围及刻度。

③ PC 上的实际时间。

④ 以不同颜色表示的设定值、过程变量及输出的趋势图。

【关键点】要使用 PID 控制面板，PID 编程必须使用 PID 向导完成。

9.4　PID 自整定的原理和条件

1. PID 自整定的原理

（1）定义

仪表在初次使用前，通过自整定确定系统的最佳 PID 参数，实现理想的调节控制；S7-200 SMART 支持 PID 自整定功能，也添加了 PID 调节控制面板。

（2）条件

1）PID 处于自动模式。

2）过程变量已经达到设定值的控制范围中心附近，并且输出不会不规律地变化。

（3）实现

启用自整定之后，将适当调节输出阶跃值，经过 12 次零相交事件（过程变量超出滞后）后结束自整定状态。根据自整定过程期间采集到的过程的频率和增益的相关信息，能够计算出最终增益和频率值。在理想状态下，自整定启动时，回路输出值应该在控制范围中心附近。自整定过程在回路的输出中加入一些小的阶跃变化，使得控制过程产生振荡。如果回路输出接近其控制范围的任一限值，自整定过程引入的阶跃变化可能导致输出值超出最小或最大范围限值。如果发生这种情况，可能会生成自整定错误条件，当然也会使推荐值并非最优化。

2. PID 自整定的条件

要进行自整定的回路必须处于自动模式，在开始 PID 自整定调整前，整个 PID 控制回路必须工作在相对稳定的状态（稳定的 PID 是指过程变量接近设定值，输出不会不规则地变化，且回路的输出值在控制范围中心附近变化）。

3. PID 自整定步骤

（1）第一步

必须在 PID 向导中完成 PID 功能配置。

（2）第二步

打开 PID 控制面板，设置 PID 回路调节参数。

在 STEP 7-Micro/WIN SMART 在线的情况下，从主菜单工具中单击图标 进入 PID 控制面板。PID 整定控制面板如图 9-14 所示。在图 9-14 所示的区域⑧可查看已选择的 PID 回路号。在图 9-14 所示的区域⑤启动手动调节，调节 PID 参数并单击更新，使新参数值起作用，监视其趋势图，根据调节状况改变 PID 参数直至调节稳定。注意，为了使 PID 自整定顺利进行，应当做到，使 PID 调节器基本稳定，输出、反馈变化平缓，并且使反馈比较接近给定设置合适的给定值；使 PID 调节器的输出远离趋势图的上、下坐标轴，以免 PID 自整定开始后输出值的变化范围受限制。

（3）第三步

在图 9-14 所示的区域⑤单击高级选项的按钮，设定 PID 自整定选项。如果不是很特殊的系统，也可以不加理会。PID 高级选项对话框如图 9-16 所示。这里，允许设定下列参数：

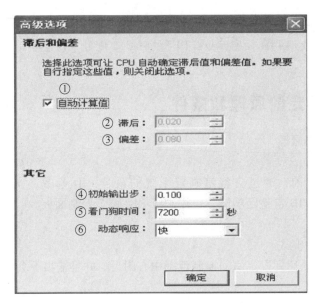

图 9-16　PID 高级选项对话框

① 可以选中复选框，让自整定来自动计算滞后值和偏值。注意，对于一般的 PID 控制，建议选择自动计算值。

② 滞后。滞后值规定了允许过程值偏离设定值的最大（正负）范围，过程反馈在这个范围内的变化不会引起 PID 自整定调节器改变输出，或者使 PID 自整定调节器"认为"这个范围内的变化是由于自己改变输出进行自整定调节而引起的。PID 自整定开始后，只有过程反馈值超出了该区域，PID 自整定调节器才会认为它对输出的改变产生了效果。这个值用来减少过程变量的噪声对自整定的干扰，从而更精确地计算出过程系统的自然振动频率。如

果选用自动计算，则默认值为 2%。如果过程变量反馈干扰信号较强（噪声大）自然变化范围就大，可能需要人为设置一个较大的值。但这个值的改变要与下面的偏差值保持 1∶4 的关系。

③ 偏差。偏差值决定了允许过程变量偏离设定值的峰-峰值。如果选择自动计算该值，它将是死区的 4 倍，即 8%。有些非常敏感的系统不允许过程量偏离给定值很多，也可以人工设置为比较小的值，但是要和上述"死区"设置保持比例关系。这就是说，一个精度要求高的系统，其反馈信号必须足够稳定。

④ 初始输出步。它是指 PID 调节的初始输出值。PID 自整定开始后，PID 自整定调节器将主动改变 PID 的输出值，以观察整个系统的反应。初始步长值就是输出的变动第一步变化值，以占实际输出量程的百分比表示。

⑤ 看门狗时间。过程变量必须在此时间（时基为秒）内达到或穿越给定值，否则会产生看门狗超时错误。PID 自整定调节器在改变输出后，如果超过此时间还未观察到过程反馈（从下至上或从上至下）穿越给定曲线，则超时。如果能够事先确定实际系统响应非常慢，可以加长这个时间。

⑥ 动态响应选项。根据回路过程（工艺）的要求，可选择不同的响应类型——快、中、慢、非常慢。快，可能产生超调，属于欠阻尼响应。中，在产生超调的边缘，属于临界阻尼响应。慢，不会产生任何超调，属于过阻尼响应。非常慢，不会产生任何超调，属于严重过阻尼响应。

【关键点】用户在这里指定需要达到的系统控制效果，而不是对系统本身响应快慢的判断。

设定完参数单击确定键回到 PID 控制面板。

（4）第四步

在手动将 PID 调节到稳定状态后，即过程值与设定值接近，且输出没有不规律的变化，并最好处于控制范围中心附近。此时可在图 9-14 所示的区域⑤单击"启动"按钮启动 PID 自整定功能，之后按钮上的文字会变为"停止"。这时只需耐心等待，系统完成自整定后会自动将计算出的 PID 参数显示在图 9-14 所示区域⑤。当按钮上的文字再次变为"启动"时，表示系统已经完成了 PID 自整定。

【关键点】要使用自整定功能，必须保证 PID 回路处于自动模式。开始自整定后，给定值不能再改变。

（5）第五步

如果用户想将 PID 自整定的参数应用到当前 PLC 中，则只需单击更新。

【关键点】完成 PID 调整后，最好下载一次整个项目（包括数据块），使新参数保存到 CPU 的 EEPROM 中。

4. 建议 PID 参数调节步骤

1）前提条件是，反馈信号是否稳定，执行机构是否正常，以及控制器的正反作用。确保 PID 在自动模式下。

2）积分时间设置为无穷大 INF（或 9999.9），此时积分作用近似为 0；将微分时间设置为 0.0，此时微分作用为 0。然后，开始调节比例作用，逐步增大比例增益。

3）当过程变量达到给定值且在给定值上下波动，将调好的比例系数调整到 50%～80% 后，由大到小减小积分时间，直到过程值与设定值相等或无限接近。

9.5 PID 控制常见问题

问题 1. PID 向导生成的程序为何不执行？

答：

1）必须保证用 SM0.0 无条件调用 PID0_CTRL 程序。

2）在程序的其他部分不要再使用 SMB34 定时中断，也不要对 SMB34 赋值。

3）确认当前工作状态，是手动还是自动。

问题 2. 如何实现 PID 反作用调节？

答：在有些控制中需要 PID 反作用调节。例如，在夏天控制空调制冷时，若反馈温度（过程值）低于设定温度，需要关阀，减小输出控制（减少冷水流量等），这就是 PID 反作用调节。在 PID 正作用中若过程值小于设定值，则需要增大输出控制。

若想实现 PID 反作用调节，需要把 PID 回路的增益设为负数。对于增益为 0 的积分或微分控制来说，如果指定积分时间、微分时间为负值，则是反作用回路。

问题 3. 如何根据工艺要求有选择地进行 PID 控制？

答：可使用"手动/自动"切换的功能。PID 向导生成的 PID 功能块需要保证每个扫描周期都调用，所以建议在主程序内使用 SM0.0 调用。

问题 4. 完成 PID 向导后，如何知道向导中设定值，过程值及 PID 等参数所用的地址？

答：完成 PID 向导后，可在符号表中查看 PID 向导所生成的符号表（上例中为 PID0_SYM），可看到各参数所用的详细地址，以及数值范围。

问题 5. PID 已经调整合适，如何正式确定参数？

答：可以在数据块中直接写入参数，作为初始值使用。

问题 6. 对于某个具体的 PID 控制项目，是否可能事先得知比较合适的参数？有没有相关的经验数据？

答：虽然有理论上计算 PID 参数的方法，但由于闭环调节的影响因素很多而不能全部在数学上精确地描述，所以计算出的数值往往没有什么实际意义。因此，除了实际调试获得参数外，没有什么可用的经验参数值存在。甚至对于两套看似一样的系统，都可能通过实际调试得到完全不同的参数值。

问题 7. PID 控制不稳定怎么办？如何调试 PID？

答：闭环系统的调试，首先应当作开环测试。所谓开环，就是在 PID 调节器不投入工作的时候，观察反馈通道的信号是否稳定，输出通道是否动作正常。可以试着给出一些比较保守的 PID 参数，如放大倍数（增益）不要太大，可以小于 1；积分时间不要太短，以免引起振荡。在此基础上，可以直接投入运行观察反馈的波形变化。给出一个阶跃输入，观察系统的响应是最好的方法。

如果反馈达到给定值之后，历经多次振荡才能稳定或根本不稳定，应该考虑是否增益过大、积分时间过短；如果反馈迟迟不能跟随给定，上升速度很慢，应该考虑是否增益过小、积分时间过长。总之，PID 参数的调试是一个综合的互相影响的过程，实际调试过程中的多次尝试是非常重要的步骤，也是必需的。

问题 8. 没有采用积分控制时，为何反馈达不到给定？

答：这是必然的。因为积分控制的作用在于消除纯比例调节系统固有的"静差"。没有积分控制的比例控制系统，没有偏差就没有输出量，没有输出就不能维持反馈值与给定值相等，所以永远不能做到没有偏差。

问题 9. 用 S7-200 SMART 控制变频器，在变频器也有 PID 控制功能时，应当使用谁的 PID 功能？

答：可以根据具体情况来确定。一般来说，如果需要控制的变量直接与变频器有关，如变频水泵控制水压等，可以优先考虑使用变频器的 PID 功能。

问题 10. 做完 PID 向导后，能否查看 PID 生成的子程序，中断程序？

答：PID 向导生成的子程序，中断程序用户是无法看到的，也不能对其进行修改。没有密码能够打开这些子程序，一般的应用也没有必要打开查看。

问题 11. 指令块与向导使用的 PID 回路号是否可以重复？

答：不可以重复，使用 PID 向导时，对应回路的指令块也会调用，所以指令块与向导使用 PID 回路号不能重复，否则会产生预想不到的结果。

问题 12. 同一个程序里既使用 PID 指令块又使用向导，PID 数目怎样计算？

答：使用 PID 向导时，对应回路的指令块也会调用，所以 PID 指令块与向导一共支持 8 个。

问题 13. PID 指令块可以在主程序/子程序里调用吗？（PID 指令块常见问题）

答：可以，但是不推荐，主程序/子程序的循环时间每个周期都可能不同，不能保证精确采样，建议用定时中断，如 SMB34/SMB35。

问题 14. SMB34 定时最大 255ms，如果采样时间是 1s，怎样实现？（PID 指令块常见问题）

答：采样时间是 1s，要求 PID 指令块每隔 1s 调用一次。可以先做一个 250ms 的定时中断，然后编程累加判断每 4 次中断执行一次 PID 指令即可。

问题 15. PID 指令块怎样实现手动调节？（PID 指令块常见问题）

答：可以简单地使用"调用/不调用"指令的方式控制自动/手动模式。不调用 PID 指令时，可以手动给输出地址 0.0~1.0 的实数。

问题 16. PID 指令块怎样实现数字量输出？（PID 指令块常见问题）

答：

1）通过 PWM 指令，将 PID 输出值转换为所需时间基准的整数，用于控制脉宽。该法简单易用，但是要求输出点只能是 Q0.0 或 Q0.1。

2）自己编程实现类似 PWM 的输出。但编程较复杂，不建议使用，可以直接考虑用 PID 向导。

第 10 章

S7-200 SMART PLC 通信及其应用

本章介绍 S7-200 SMART PLC 通信的基础知识，并给出实例。目前，S7-200 SMART PLC 没有开放 PROFIBUS 通信，PP 通信仅限于 PLC 与 HMI 通信，以太网通信也仅限于 PLC 与 HMI 通信及 PC 与 PLC 的通信，S7-200 SMART PLC 之间的以太网通信和 PPI 通信暂时没开放。本章的内容既是重点也是难点。

10.1 通信基础知识

PLC 的通信包括 PLC 之间的通信、PLC 与上位计算机之间的通信，以及 PLC 与其他智能设备之间的通信。PLC 与 PLC 之间通信的实质就是计算机的通信，使得众多独立的控制任务构成一个控制工程整体，形成模块控制体系。PLC 与计算机连接组成网络，PLC 用于控制工业现场，计算机用于编程、显示和管理等任务，从而构成"集中管理、分散控制"的融合的分布式控制系统（DCS）。

10.1.1 通信的基本概念

1. 并行通信与串行通信

并行通信与串行通信是两种不同的数据传输方式。

1）并行通信，就是将一个 8 位数据（或 16 位、32 位）的每一个二进制位用单独的导线进行传输，并将传送方和接收方进行并行连接，一个数据的各个二进制位可以在同一时间里一次传送。例如，老式打印机和计算机的通信就是并行通信。并行通信的特点是一个周期里可以一次传输多位数据，但其连线多，因此长距离传送时成本高。

2）串行通信，就是通过一对导线将发送方与接收方进行连接，传输数据的每个二进制位，按照规定顺序在同一导线上依次发送与接收。例如，常用的 USB 接口就是串行通信。串行通信的特点是通信控制复杂，通信电缆少，与并行通信相比成本低。串行通信是一种趋势，随着串行通信速度的提高，以往使用并行通信的场合，现在完全或部分被串行通信取代。比如，打印机的通信现在基本被串行通信取代，再比如个人计算机硬盘的数据通信也已经被串行通信取代。

2. 异步通信与同步通信

异步通信与同步通信也称为异步传送与同步传送，这是串行通信的两种基本信息传送方式。从用户的角度上说，两者最主要的区别在于通信方式的"帧"不同。

1）异步通信，是指发送字符时，要先发送起始位，然后是字符本身，最后是停止位，字符之后还可以加入奇偶校验位。异步通信方式具有硬件简单、成本低的特点，主要用于传输速度低于 19.2kbit/s 的数据通信。

2）同步通信，是指在传递数据的同时，也传输时钟同步信号，并始终按照给定的时刻采集数据。其传输数据效率高、硬件复杂、成本高，一般用于传输速率高于 20kbit/s 的数据通信。

3. 单工、双工与半双工通信

单工、双工与半双工通信是描述数据传送方向的专用术语。

1）单工（Simplex），是指数据只能实现单向传送的通信方式，一般用于数据的输出，不可以进行数据交换。

2）双工（Full Simplex），也称全双工，是指数据可以进行双向数据传送，同一时刻既能发送数据，也能接收数据。通常需要两对双绞线连接，通信线路成本较高。例如，RS-422 就是"全双工"通信方式的。

3）半双工（Half Simplex）是指数据可以进行双向数据传送，但同一时刻只能发送数据或接收数据。通常需要一对双绞线连接，与全双工相比通信线路成本低。例如，RS-485 只用一对双绞线时就是"半双工"通信方式。

10.1.2　RS-485 标准串行接口

1. RS-485 接口

RS-485 接口是在 RS-422 基础上发展起来的一种 EA 标准串行接口，采用"平衡差分驱动"方式。RS-485 接口满足 RS-422 的全部技术规范，可以用于 RS-422 通信。RS-485 接口通常采用 9 针连接器。RS-485 接口的引脚功能见表 10-1。

表 10-1　RS-485 接口的引脚功能

PLC 引脚	信 号 代 号	信 号 功 能
1	SG 或者 GND	机壳接地
2	+24V 返回	逻辑地
3	RXD+或者 TXD+	RS-485 的 B，数据发送/接收+端
4	请求发送	RTS（TTL）
5	+5V 返回	逻辑地
6	+5V	+5V
7	+24V	+24V
8	RXD−或者 TXD−	RS-485 的 A，数据发送/接收-端
9	不适应	10 位协议选择（输入）

通常情况下，发送驱动器 A、B 之间的正电平为+2V～+6V，是一个逻辑状态；负电平为−6～−2V，是另一个逻辑状态；另有一个信号地 C。在 RS-485 中还有一个"使能"端，用于控制发送驱动器与传输线的切断与连接。接收器也有与发送端相对的规定，收、发端通过平衡双线将 AA 与 BB 对应相连。采用这种平衡驱动器和差分接收器的组合，其抗共模干扰能力增强，抗噪声干扰性好。在工业环境中，更好的抗噪性和更远的传输距离是其一个很大的优点。

RS-485 是半双工通信方式的，半双工的通信方式必须有一个信号来互相提醒，如前所述通过开关来转换发送和接收。使能端相当于这个开关，在电路上就是通过这个使能端，控制数据信号的发送和接收。在使能端如果信号是"1"，信号就能输出；如果是"0"，信号就无法输出。

RS-485 接口的最大传输距离标准值为 4000ft（约 1219.2m），实际上可达 3000m。

RS-232 C 接口在总线上只允许连接 1 个收发器，为 1 : 1 的，即只有单站能力。而 RS-485 接口允许总线上连接多达 128 个收发器，即具有多站能力，这样用户可以利用单一的 RS-485 接口方便地建立起设备网络。在 1 : N 主从方式中，RS-485 的节点数是 1 发 32 收，即 1 台 PLC 可以带 32 台通信装置。因为它本身的通信速度不高，带多了必然会影响控制的响应速度，所以一般只能带 4~8 台。

RS-485 接口具有良好的抗噪声干扰性、较长的传输距离和多站能力等优点，所以成为串行接口的首选。RS-485 接口组成的半双工网络，一般只需要 2 根线，所以 RS-485 接口均采用屏蔽双绞线传输，成本低、易实现。RS-485 接口的这种优秀特点使它在分布式工业控制系统中得到了广泛的应用。PLC 与控制装置的通信基本上都采用 RS-485 串行通信接口标准。

2. 西门子 PLC 连线

西门子 PLC 的 PPI 通信、MPI 通信和 PROFIBUS-DP 现场总线通信的物理层都是 RS-485，而且采用都是相同的通信线缆和专用网络接头。西门子 PLC 提供两种网络接头，即标准网络接头和编程端口接头，可方便地将多台设备与网络连接。编程端口允许用户将编程站或 HMI 设备与网络连接，且不会干扰任何现有网络连接。编程端口接头通过编程端口传送所有来自 S7-200 SMART CPU 的信号（包括电源引脚），这对于连接由 S7-200 SMART CPU 供电的设备尤其有用。标准网络接头的编程端口接头均有两套终端螺钉，用于连接输入和输出网络电缆。这两种接头还配有开关，可选择网络偏流和终端。如图 10-1 所示，电缆接头有普通偏流和终端两种状况，将拨钮拨向一侧电阻设置为"on"，而将拨钮拨向另一侧则电阻设置为"off"。

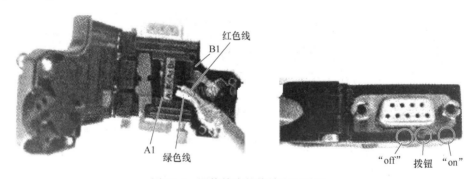

图 10-1　网络接头的终端电阻设置

【关键点】西门子 PLC 专用 PROFIBUS 电缆中有两根线：一根为红色，上面标有字母 B；一根为绿色，上面标有字母 A。这两根线只要与网络接头上相对应的 A 和 B 接线端相连即可（如 A 线与 A 接线端相连），网络接头直接插在 PLC 的 PORT 口上即可，不需要其他设备。注意，三菱 FX 系列 PLC 的 RS-485 通信要加 RS-485 专用通信模块和终端电阻。

10.1.3　PLC 网络的术语解释

PLC 网络中的名词、术语很多，下面介绍一些常用术语。

1）站（Station）：在 PLC 网络系统中，将可以进行数据通信、连接外部输入/输出的物理设备称为"站"。例如，由 PLC 组成的网络系统中，每台 PLC 可以是一个"站"。

2）主站（Master Station）：在 PLC 网络系统中进行数据链接的系统控制站，主站上设置了控制整个网络的参数。每个网络系统只有一个主站，主站号固定为"0"。实际上，站号就是 PLC 在网络中的地址。

3）从站（Slave Station）：在 PLC 网络系统中，除主站外，其他的站称为"从站"。

4）远程设备站（Remote Device Station）：在 PLC 网络系统中，能同时处理二进制位、字的从站。

5）本地站（Local Station）：在 PLC 网络系统中，带有 CPU 模块并可以与主站及其他本地站进行循环传输的站。

6）站数（Number of Station）：在 PLC 网络系统中，所有物理设备（站）所占用的"内存站数"的总和。

7）网关（Gateway）：网关又称网间连接器、转换器。网关在传输层上实现网络互联，是最复杂的网络互联设备，仅用于两个高层协议不同的网络互联。网关的结构和路由器类似，不同的是互联层。网关既可以用于广域网互联，也可以用于局域网互联。网关是种充当转换重任的计算机系统或设备。在使用不同的通信协议、数据格式或语言，甚至体系结构完全不同的两种系统之间，网关就是翻译器。例如，AS-i 网络的信息要传送到由西门子 S7-200 SMART 系列 PLC 组成的 PPI 网络，就要通过 CP43-2 通信模块进行转换，这个模块实际上就是网关。

8）中继器（Repeater）：用于网络信号放大、调整的网络互联设备，能有效延长网络的连接长度。例如，以太网的正常传送距离是 50m，经过中继器放大后，可传输 2500m。由于存在损耗，在线路上传输的信号功率会逐渐衰减，衰减到一定程度时将造成信号失真，因此会导致接收错误。中继器就是为解决这一问题而设计的。它可以完成物理线路的连接，对衰减的信号进行放大，保持与原数据相同。一般情况下，中继器的两端连接的是相同的媒体，但有的中继器也可以完成不同媒体的转接工作。

9）网桥（Bridge）：网桥将两个相似的网络连接起来，并对网络数据的流通进行管理。网桥的功能在延长网络跨度上类似中继器，然而它能提供智能化连接服务，即根据帧的终点地址处于哪一网段来进行转发和滤除。

10）路由器（Router）：路由就是指通过相互连接的网络把信息从源地点送到目标地点的活动。一般来说，在路由过程中，信息至少会经过一个或多个中间节点。路由器是互联网的主要节点设备。路由器通过路由决定数据的转发。转发策略称为路由选择（routing），这也是路由器名称的由来。作为不同网络之间互相连接的枢纽，路由器系统构成了基于 TCP/IP 的国际互联网（internet）的主体脉络，即路由器构成了互联网的骨架。它的处理速度是网络通信的主要因素之一，它的可靠性则直接影响着网络互联的质量。因此，在园区网、地区网乃至整个互联网研究领域中，路由器技术始终处于核心地位。其发展历程和方向，成为反映整个互联网研究的一个缩影。

11）交换机（Switch）：交换机是一种基于 MAC 地址识别，能完成封装转发数据包功能的网络设备。交换机可以"学习" MAC 地址，并把其存放在内部地址表中。通过在数据帧的始发者和目标接收者之间建立临时的交换路径，使数据帧直接由源地址到达目的地址。交换机通过直通式、存储转发和碎片隔离三种方式进行交换。交换机的传输模式有全双工、半双工、全双工/半双工自适应三种。

10.1.4　OSI 参考模型

通信网络的核心是开放系统互联（Open System Interconnection，OSI）参考模型。它为理解网络的操作方法，创建和实现网络标准、设备和网络互联规划提供了一个框架。1984

年，国际标准化组织（ISO）提出了七层 OSI 参考模型。该模型自下而上分为物理层、数据链路层、网络层、传输层、会话层、表示层和应用层。理解 OSI 参考模型比较难，但了解它对掌握后续的以太网通信和 PROFIBUS 通信是很有帮助的。OSI 参考模型的上三层通常称为应用层，用来处理用户接口、数据格式和应用程序的访问。下四层负责定义数据的物理传输介质和网络设备。OSI 参考模型定义了大多数协议栈共有的基本框架。信息在 OSI 参考模型中的传输如图 10-2 所示。

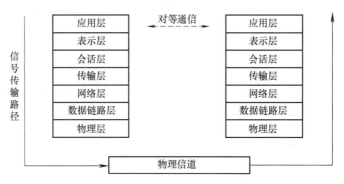

图 10-2　信息在 OSI 参考模型中的传输

1）物理层（Physical Layer）：定义了传输介质、连接器和信号发生器的类型，规定了物理连接的电气、机械功能特性，如电压、传输速率、传输距离等特性。典型的物理层设备有集线器（HUB）和中继器等。

2）数据链路层（Data Link Layer）：确定传输站点物理地址及将消息传送到协议栈，并提供顺序控制和数据流向控制。该层可以继续分为两个子层——介质访问控制（Medium Access Control，MAC）层和逻辑链路控制（Logical Link Control，LLC）层，即层 2a 和 2b。IEEE 802.3 就是 MAC 层常用的通信标准。典型的数据链路层设备有交换机和网桥等。

3）网络层（Network Layer）：定义了设备间通过互联网协议（Internet Protocol，IP）地址传输数据，连接位于不同广播域的设备，常用来组织路由。典型的网络层设备是路由器。

4）传输层（Transport Layer）：建立会话连接，分配服务访问点（Service Access Point，SAP），允许数据进行可靠传输控制协议（Transmission Control Protocol，TCP）或者不可靠用户数据报协议（User Datagram Protocol，UDP）的传输，可以提供通信服务质量（QoS）。网关是互联网设备中最复杂的，是传输层及以上层的设备。

5）会话层（Session Layer）：负责建立、管理和终止表示层实体间通信会话，处理不同设备应用程序间的服务请求和响应。

6）表示层（Presentation Layer）：提供多种编码用于应用层的数据转化服务。

7）应用层（Application Layer）：定义用户及用户应用程序接口与协议对网络访问的切入点。目前，其各种应用版本较多，很难建立统一的标准。在工控领域常用的标准是多媒体消息服务（Multimedia Messaging Service，MMS），用来描述制造业应用的服务和协议。

数据经过封装后通过物理介质传输到网络上，接收设备除去附加信息后，将数据上传到上层堆栈层。

各层的数据单位一般有各自特定的称呼。物理层的单位是比特（bit）；数据链路层的单位是帧（frame）；网络层的单位是分组（packet），有时也称包；传输层的单位是数据报（datagram）或者段（segment）；会话层、表示层和应用层的单位是消息（message）。

10.2　S7-200 SMART PLC 自由口通信

S7-200 SMART PLC 的自由口通信是基于 RS-485 通信基础的半双工通信，没有标准的通信协议，用户可以自己规定协议。第三方设备大多支持 RS-485 串口通信，S7-200 SMART PLC 可以通过自由口通信模式控制串口通信。最简单地使用案例就是只用发送指令 XMT 向打印机或变频器等第三方设备发送信息。不论任何情况，都通过 S7-200 SMART PLC 编写程序实现。

自由口通信的核心就是发送 XMT 和接收 RCV 两条指令，以及相应的特殊寄存器控制。由于 S7-200 SMART CPU 通信端口是 RS-485 半双工通信口，因此发送和接收不能同时处于激活状态。RS-485 半双工通信串行字符通信的格式可以包括 1 个起始位、7 或 8 位字符（数据字节）、1 个奇/偶校验位（或者没有校验位）、1 个停止位。

下面介绍一下字符数据格式中各部分的内容。

（1）起始位

一个字符信息的开始，通信线路上没有数据传送时处于逻辑 1 状态，当发送方要发送一个字串时，首先发一个逻辑 0 信号，这个逻辑 0 就是起始位。接收方用这个位使自己的时钟与发送数据同步，起始位所起的作用就是设备同步。起始位占用 1 个比特位。

（2）数据位

一个字符信息的内容，数据位的个数可以是 5 位、6 位、7 位或 8 位，在 PLC 中常用 7 位或 8 位。数据位是真正要传送的内容，有时也称为信息位。

（3）校验位

校验位是为检验数据传送的正确性而设置的，也可以没有。就数据传送而言，校验位是冗余位，主要是为增强数据传送可靠性而设置。在异步传送中，常用奇偶校验。这种纠错方法，虽然纠错有限，但很容易实现，通常做成奇偶校验电路集成在通信控制芯片中。校验位占用 1 个比特位。

异步传送的奇偶校验，奇偶校验是异步传送中最常用的校验方法，其校验是由校验电路自动完成的。其校验方法如下：

奇校验，在一组给定数据中，"1" 的个数为偶数，校验位为 1；"1" 的个数为奇数，校验位为 0。

偶校验，在一组给定数据中，"1" 的个数为偶数，校验位为 0；"1" 的个数为奇数，校验位为 1。

奇偶校验方法简单、实用，但无法确定哪一位出错，也不能纠错。奇偶校验可以进行奇校验，也可以进行偶校验。

（4）停止位

一个字符信息的结束，可以是 1 位、1.5 位、2 位。当接收设备收到停止位后，通信线又恢复到逻辑 1 状态，直到下一个字符起始位（逻辑 0）到来。在 PLC 通信控制中，通常采用 1 个停止位，占用 1 个比特位。

时钟同步的问题，是靠停止位来解决的。停止位越多，不同时钟同步的容忍度越大，但传送速率也越慢。

由上述数据格式可以看出，每传送一个字符信息，真正有用的是数据位内容，而起始位、校验位、停止位就占了 28% 的资源，非常浪费，这也是异步通信速度比较慢的原因之一。

标准的 S7-200 SMART PLC 只有一个串口（为 RS-485），为 PORT 0 口，还可以扩展一个信号板，这个信号板由组态时设定为 RS-485 或 RS-232，为 PORT 1 口。

在串行通信中，通常用"波特"来描述数据的传输速率。标准专业术语中波特，是指每秒传输的信号变化次数。而很多软件中所谓的"波特率"，是指每秒传输的二进制位数，单位为 bit/s，是衡量串行数据速度快慢的重要指标，但是这并不是标准术语，对应的标准术语应为比特率。但要注意很多软件用的是"波特率"。国际上规定了一个标准比特率系列：110、300、600、1200、1800、2400、4800bit/s，以及 19.2、28.8、33.6、56kbit/s。例如，9600bit/s 指每秒传送 9600bit，包含字符的数位和其他必需的数位，如奇偶校验位等。大多数串行接口电路的接收比特率和发送比特率可以分别设置，但接收方的接收比特率必须与发送方的发送方比特率相同，否则数据不能传送。自由口通信比特率可以设置为 1200、2400、4800、9600、19200、38400、57600 或 115200bit/s。

凡是符合这些格式的串行通信设备，理论上都可以和 S7-200 SMART PLC CPU 模块通信。自由口模式可以灵活应用。STEP 7-Micro/WIN SMART 的两个指令库（USS 和 ModBus RTU）就是使用自由口模式编程实现的。

S7-200 SMART PLC CPU 模块使用 SMB30（对于 PORT 0）和 SMB130（对于 PORT 1）定义通信口的工作模式。控制字节的定义见表 10-2。

表 10-2　控制字节的定义

SMB30/SMB130	第 7 位	第 6 位	第 5 位	第 4 位	第 3 位	第 2 位	第 1 位	第 0 位
	p	p	d	b	b	b	m	m

（1）通信模式由控制字的最低两位"mm"决定

mm=00，为 PPI 从站模式（默认这个数值）。

mm=01，为自由口模式。

mm=10，为保留（默认 PPI 从站模式）。

mm=11，为保留（默认 PPI 从站模式）。

所以，只要将 SMB30 或 SMB130 赋值为 2#01，即可将通信口设置为自由口模式。

（2）控制位的 pp 是指奇偶校验选择

pp=00，为无校验。

pp=01，为偶校验。

pp=10，为无校验。

pp=11，为奇校验。

（3）控制位的 d 是指每个字符的位数

d=0，为每个字符 8 位。

d=1，为每个字符 7 位。

（4）控制位的"bbb"是指比特率选择

bbb=000，为 38400bit/s。

bbb=001，为 19200bit/s。

bbb=010，为 9600bit/s。

bbb=011，为 4800bit/s。

bbb=100，为 2400bit/s。

bbb=101，为 1200bit/s。

bbb=110，为 115200bit/s。

bbb=111，为 57600bit/s。

1. 发送指令

以字节为单位，XMT 向指定通信口发送一串数据字符，要发送的字符以数据缓冲区指定，一次发送的字符最多为 255 个。XMT 指令缓冲区格式见表 10-3。

发送完成后，会产生一个中断事件，对于 PORT 0 口为中断事件 9，而对于 PORT 1 口为中断事件 26。当然也可以不通过中断，而通过监控 SM4.5（对于 PORT 0 口）或 SM4.6（对于 PORT 1 口）的状态来判断发送是否完成，如果状态为 1，说明完成。

表 10-3　XMT 指令缓冲区格式

序　号	字节编号	内　容
1	T+0	发送字节的个数
2	T+1	数据字节
3	T+2	数据字节
⋮	⋮	⋮
256	T+255	数据字节

2. 接收指令

以字节为单位，RCV 向指定通信口接收一串数据字符，接收的字符保存在指定的数据缓冲区，一次接收的字符最多为 255 个。RCV 指令缓冲区格式见表 10-4。

表 10-4　RCV 指令缓冲区格式

序　号	字节编号	内　容
1	T+0	接收字节的个数
2	T+1	起始字符（如果有）
3	T+2	数据字节
⋮	⋮	数据字节
256	T+255	结束字符（如果有）

接收完成后，会产生一个中断事件，对于 PORT 0 口为中断事件 23，而对于 PORT 1 口为中断事件 24。当然也可以不通过中断，而通过监控 SMB86（对于 PORT 0 口）或 SMB186（对于 PORT 1 口）的状态（见表 10-5）来判断发送是否完成，如果状态为非零，说明完成。

表 10-5　SMB86 和 SMB186 含义

对于 PORT 0 口	对于 PORT 1 口	控制字节各位的含义
SM86.0	SM186.0	为 1 说明奇偶效验错误而终止接收
SM86.1	SM186.1	为 1 说明接收字符超长而终止接收
SM86.2	SM186.2	为 1 说明接收超时而终止接收

（续）

对于 PORT 0 口	对于 PORT 1 口	控制字节各位的含义
SM86.3	SM186.3	默认为 0
SM86.4	SM186.4	默认为 0
SM86.5	SM186.5	为 1 说明是正常收到结束字符
SM86.6	SM186.6	为 1 说明输入参数错误或缺少起始和终止条件而结束接收
SM86.7	SM186.7	为 1 说明用户通过禁止命令结束接收

SMB87 和 SMB187 的含义见表 10-6。其他重要特殊控制字和字节的含义见表 10-7。

表 10-6 SMB87 和 SMB187 的含义

对于 PORT 0 口	对于 PORT 1 口	控制字节各位的含义
SM87.0	SM187.0	0
SM87.1	SM187.1	1 使用中断条件 0 不使用中断条件
SM87.2	SM187.2	1 使用 SMW92 或 SMW192 时间段结束接收 0 不使用 SMW92 或 SMW192 时间段结束接收
SM87.3	SM187.3	1 定时器是消息定时器 0 定时器是内部字符定时器
SM87.4	SM187.4	1 使用 SMW90 或 SMW190 检测空闲状态 0 不使用 SMW90 或 SMW190 检测空闲状态
SM87.5	SM187.5	1 使用 SMB89 或 SMB189 终止符检测终止信息 0 不使用 SMB89 或 SMB189 终止符检测终止信息
SM87.6	SM187.6	1 使用 SMB88 或 SMB188 起始符检测起始信息 0 不使用 SMB88 或 SMB188 起始符检测起始信息
SM87.7	SM187.7	0 禁止接收 1 允许接收

表 10-7 其他重要特殊控制字和字节的含义

对于 PORT 0 口	对于 PORT 1 口	控制字节或控制字的含义
SMB88	SMB188	消息字符的开始
SMB89	SMB189	消息字符的结束
SMW90	SMW190	空闲时间段，按毫秒设定，空闲时间段用完后接收的第一个字符是新消息的开始
SMW92	SMW192	中间字符/消息定时器溢出值，按毫秒设定。如果超过这个时间段，则终止接收消息

（续）

对于 PORT 0 口	对于 PORT 1 口	控制字节或控制字的含义
SMB94	SMB194	要接收的最大字符数（1~255 字节）。此范围必须设置为期望的最大缓冲区大小，即是否使用字符计数消息终端

10.3　S7-200 SMART PLC 之间的自由口通信

下面以两台 S7-200 SMART CPU 之间的自由口通信为例，介绍 S7-200 SMART PLC 之间的自由口的编程实施方法。

【例 10-1】　有两台 PLC，都采用 CPU ST40 模块，两者之间为自由口通信，要求实现对设备 1 和设备 2 的电机同时进行起停控制。请设计方案，编写程序。

【解】

1. 方法 1

（1）主要软硬件配置

1）1 套 STEP 7-Micro/WIN SMART V2.4。

2）2 台 CPU ST40。

3）1 根 PROFIBUS 网络电缆（含 2 个网络总线连接器）。

4）1 根以太网电缆。

自由口通信硬件配置如 10-3 所示。2 台 PLC 的接线如图 10-4 所示。

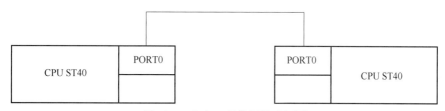

图 10-3　自由口通信硬件配置图

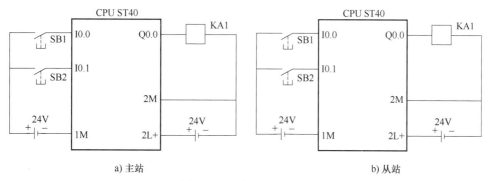

a) 主站　　　　　　　　　　　　　b) 从站

图 10-4　两台 PLC 的接线

【关键点】　自由口通信的通信线缆最好使用 PROFIBUS 网络电缆和网络总线连接器，若要求不高，为了节省开支可在市场上购买 DB9 接插件，再将两个接插件的 3 和 8 对连即可，该连线方案如图 10-5 所示。

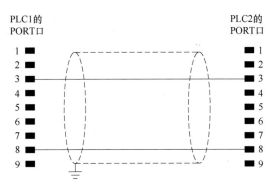

图 10-5　另一种自由口通信连线方案

（2）设备 1 的程序

设备 1 的主程序，如图 10-6 所示。

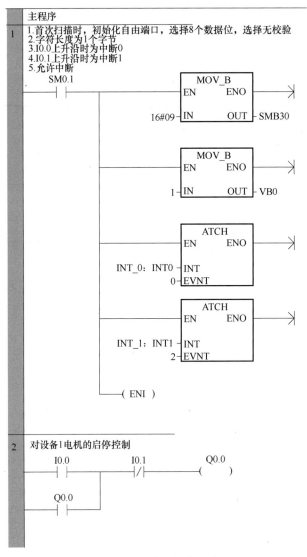

图 10-6　设备 1 的主程序

设备 1 的中断程序 0，如图 10-7 所示。

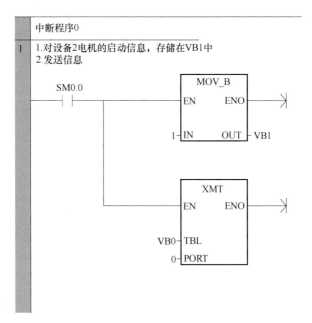

图 10-7 设备 1 的中断程序 0

设备 1 的中断程序 1，如图 10-8 所示。

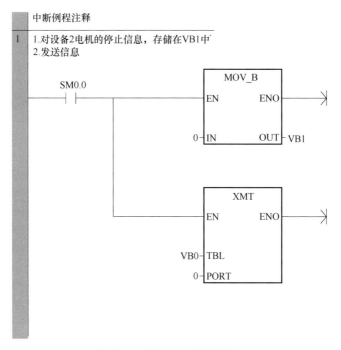

图 10-8 设备 1 的中断程序 1

（3）设备 2 的程序

设备 2 的主程序，如图 10-9 所示。

设备 2 的中断程序，如图 10-10 所示。

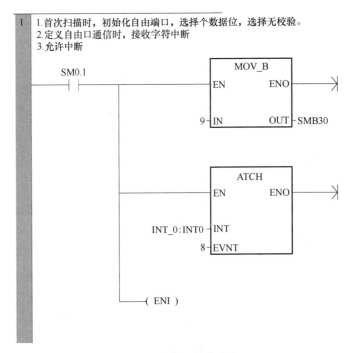

图 10-9　设备 2 的主程序

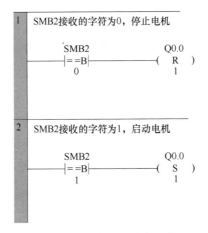

图 10-10　设备 2 的中断程序

2. 方法 2

（1）方法 2 设备 1 的程序

方法 2 设备 1 的主程序，如图 10-11 所示。

方法 2 设备 1 的子程序，如图 10-12 所示。

方法 2 设备 1 的中断程序，如图 10-13 所示。

（2）方法 2 设备 2 的程序

方法 2 设备 2 的主程序，如图 10-14 所示。

方法 2 设备 2 的中断程序，如图 10-15 所示。

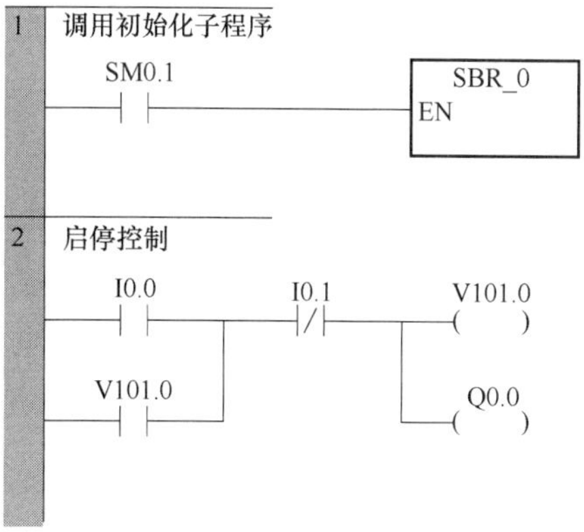

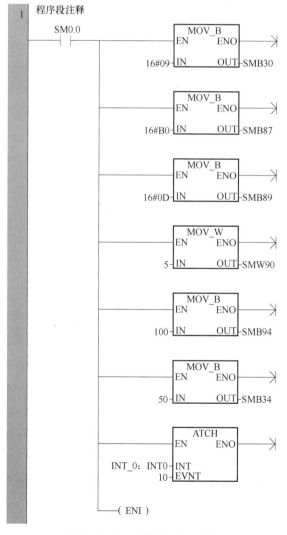

图 10-11　方法 2 设备 1 的主程序

图 10-12　方法 2 设备 1 的子程序

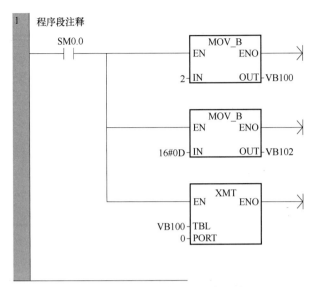

图 10-13　方法 2 设备 1 的中断程序

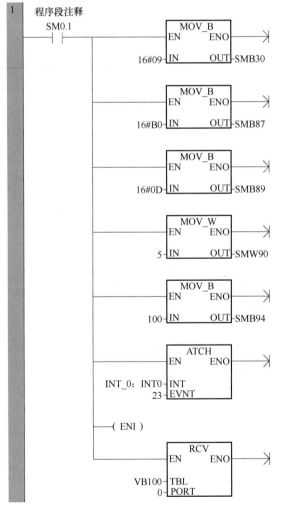

图 10-14　方法 2 设备 2 的主程序

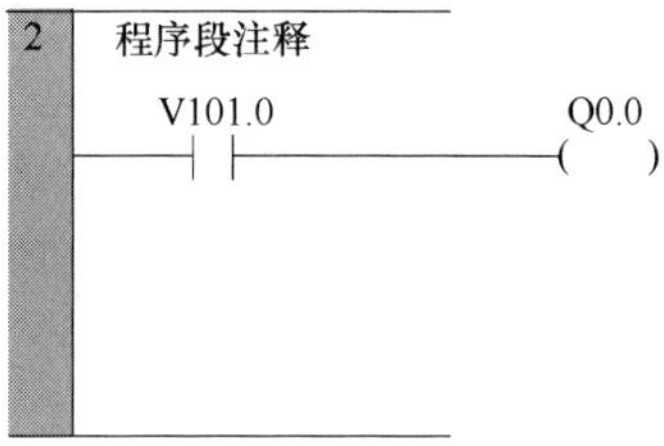

图 10-14　方法 2 设备 2 的主程序（续）

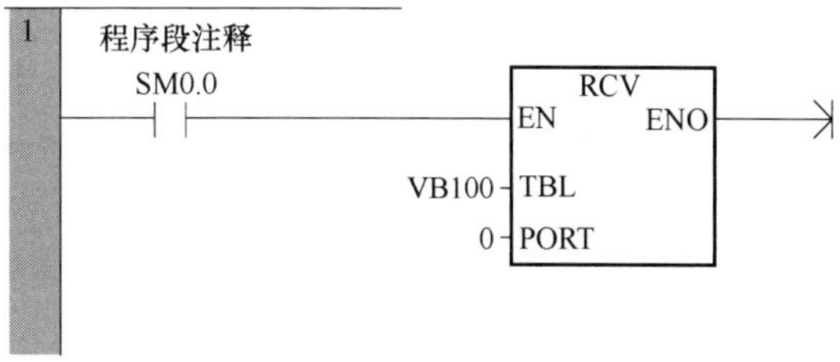

图 10-15　方法 2 设备 2 的中断程序

10.4　S7-200 SMART PLC Modbus 通信

10.4.1　Modbus 通信概述

S7-200 SMART PLC 通过以下方式支持 Modbus 通信：

1）S7-200 SMART CPU 上的通信口 0 和 1（即 PORT 0 和 PORT 1）通过指令库支持 Modbus RTU 从站模式。

2）通过 S7-200 SMART CPU 通信口的自由口模式，可实现 Modbus 通信。并且，可以通过无线数据电台等慢速通信设备传输，这为组成 S7-200 SMART 之间的简单无线通信网络提供了便利。

Modbus 协议是公开通信协议，其最简单的串行通信部分仅规定了串行线路的基本数据传输格式，在 OSI 七层协议模型中只有 1、2 层。

Modbus 具有两种串行传输模式，ASCII 和 RTU。它们定义了数据如何打包、解码的不同方式。支持 Modbus 协议的设备一般都支持 RTU 模式。通信双方必须同时支持上述模式中的一种。

Modbus 网络采用单主站的主/从通信模式。Modbus 网络上只能有一个主站存在，主站在 Modbus 网络上没有地址，从站的地址范围为 0~247。其中，0 为广播地址，从站的实际地址范围为 1~247。

Modbus 通信标准协议可以采用各种传输方式，如 RS-232C、RS-485、光纤、无线电等。在 RS-485 半双工通信，S7-200 SMART 使用的是自由口功能。

S7-200 SMART CPU 本体集成通信口（PORT 0）、可选信号板（PORT 1）可以支持 Modbus RTU 协议成为 Modbus RTU 从站。此功能通过 S7-200 SMART PLC 的自由口通信模式实现，因此可以通过无线数据电台等慢速通信设备传输。

要实现 Modbus RTU 通信，需要使用 STEP 7-Micro/WIN SMART 指令库（Instruction Library）。Modbus RTU 通信功能是通过指令库中预先编好的程序功能块实现的。Modbus RTU 从站指令不能同时用于 CPU 集成的 RS-485 通信口和可选 CM01 信号板。

Modbus RTU 从站地址与 S7-200 SMART PLC 的地址对应 Modbus 地址总是以 00001、30004 之类的形式出现。S7-200 SMART CPU 内部的数据存储区与 Modbus 地址（0、1、3、4 共 4 类）的对应关系见表 10-8。

表 10-8　S7-200 SMART CPU 内部数据存储区与 Modbus 地址对应关系

Modbus 地址	S7-200 SMART 数据存储区
00001~00256	Q0. 0~Q31. 7
10001~10256	I0. 0~I31. 7
30001~30056	AIW0~AIW110（30001 对应 AIW0 和 AIW1）
40001~4××××	T~T+2(××××-1)

表 10-8 中，T 为 S7-200 SMART CPU 中的缓冲区起始地址，即 Holdstart。如果已知 S7-200 SMART CPU 中的 V 存储区地址，推算 Modbus 地址的公式如下：

$$\text{Modbus 地址} = 40000 + (T/2 + 1) \qquad T \text{ 为偶数}$$

10. 4. 2　S7-200 SMART PLC 之间的 Modbus 通信

下面以两台 CPU ST40 之间的 Modbus 现场总线通信为例，介绍 S7-200 SMART PLC 之间的 Modbus 现场总线通信。

【例 10-2】　模块化生产线的主站为 CPU ST40，从站为 CPU ST40，主站发出开始信号（开始信号为高电平），从站接收信息，并控制从站的电机起动停止。

【解】

1. 主要软硬件配置

1）1 套 STEP 7-Micro/WIN SMART V2. 4。

2）1 根以太网电缆。

3）2 台 CPU ST40。

4）1 根 PROFIBUS 网络电缆（含两个网络总线连接器）。

Modbus 现场总线硬件配置如图 10-16 所示

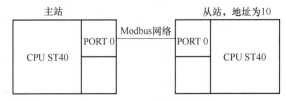

图 10-16　Modbus 现场总线硬件配置

2. 相关指令介绍

（1）主设备指令

初始化主设备指令 MBUS_CTRL 用于 S7-200S MART 端口 0（或用端口 1 的 MBUS_CTRL_PI 指令）可初始化、监视或禁用 Modbus 通信。在使用 MBUS_MSG 指令之前，必须正确执行 MBUS_CTRL 指令，指令执行完成后，立即设定"完成"位，才能继续完成下一条指令。

MBUS_CTRL 指令参数表见表 10-9。

表 10-9　MBUS_CTRL 指令参数表

子　程　序	输入/输出	说　　　明	数据类型
	EN	使能	BOOL
MBUS_CTRL EN Mode Baud　Done Parity　Error Port Timeout	Mode	为 1 将 CPU 端口分配给 Modbus 协议并启用该协议；为 0 将 CPU 端口分配给 PPI 协议，并禁用 Modbus 协议	BOOL
	Baud	设为 1200、2400、4800、9600、19200、38400、57600 或 115200bit/s	DWORD
	Parity	0 为无奇偶校验，1 为奇校验，2 为偶校验	BYTE
	Port	使用 PLC 集成端口为 0，使用通信板时为 1	BYTE
	Timeout	等待来自从站应答的毫秒时间数	WORD
	Error	出错时返回错误代码	BYTE

MBUS_MSG 指令（或用于端口 1 的 MBUS_MSG_P1）用于启动对 Modbus 从站的请求，并处理应答。当 EN 输入和"首次"输入打开时，MBUS_MSG 指令启动对 Modbus 从站的请求，发送请求、等待应答，并处理应答。EN 输入必须打开，以启用请求发送，并保持打开，直到"完成"位被置位。此指令在一个程序中可以执行多次。MBUS_MSG 指令参数表见表 10-10。

表 10-10　MBUS_MSG 指令参数表

子　程　序	输入/输出	说　　　明	数据类型
	EN	使能	BOOL
MBUS_MSG EN First Slave　Done RW　Error Addr Count DataPtr	First	"首次"参数应该在有新请求要发送时才打开，进行一次扫描。"首次"输入应当通过一个边沿检测元素（如上升沿）打开，这将保证请求被传送一次	BOOL
	Slave	"从站"参数是 Modbus 从站的地址。允许的范围是 0~247	BYTE
	RW	0 为读，1 为写	BYTE
	Addr	"地址"参数是 Modbus 的起始地址	DWORD
	Count	"计数"参数，读取或写入的数据元素的数目	INT
	DataPtr	S7-200 SMART CPU 的 V 存储器中与读取或写入请求相关数据的间接地址指针	DWORD
	Error	出错时返回错误代码	BYTE

【关键点】指令 MBUS_CTRL 的 EN 要接通，在程序中只能调用一次；MBUS_MSG 指令可以在程序中多次调用，要特别注意区分 Addr、DataPtr 和 Slave 三个参数。

（2）从站设备指令

MBUS_INIT 指令用于启动、初始化或禁用 Modbus 通信。在使用 MBUS_SLAVE 之前，必须正确执行 MBUS_INIT 指令。指令完成后立即设定"完成"位，才能继续执行下一条指令。MBUS_INIT 指令参数表见表 10-11。

表 10-11　MBUS_INIT 指令参数表

子 程 序	输入/输出	说　明	数 据 类 型
MBUS_INIT EN Mode　Done Addr　Error Baud Parity Port Delay MaxIQ MaxAI MaxHold HoldSt~	EN	使能	BOOL
	Mode	为 1 将 CPU 端口分配给 Modbus 协议并启用该协议；为 0 将 CPU 端口分配给 PPI 协议，并禁用 Modbus 协议	BYTE
	Baud	设为 1200、2400、4800、9600、19200、38400、57600 或 115200bit/s	DWORD
	Parity	0 为无奇偶校验，1 为奇校验，2 为偶校验	BYTE
	Addr	"地址"参数是 Modbus 的起始地址	BYTE
	Port	使用 PLC 集成端口为 0，使用通信板时为 1	BYTE
	Delay	"延时"参数，通过将指定的毫秒数增加至标准 Modbus 信息超时的方法，延长标准 Modbus 信息结束超时条件	WORD
	MaxIQ	参数将 Modbus 地址 0××××和 1××××使用的 1 和 Q 点数设为 0~128 之间的数值	WORD
	MaxAI	参数将 Modbus 地址 3××××使用的字输入（AI）寄存器数目设为 0~32 之间的数值	WORD
	MaxHold	参数设定 Modbus 地址 4××××使用的 V 存储器中的字保持寄存器数目	WORD
	HoldStart	参数是 V 存储器中保持寄存器的起始地址	DWORD
	Error	出错时返回错误代码	BYTE

MBUS_SLAVE 指令用于 Modbus 主站设备发送的请求服务，并且必须在每次扫描时执行，以便允许该指令检查和回答 Modbus 请求。在每次扫描且 EN 输入开启时，执行该指令。MBUS_SLAVE 指令参数表见表 10-12。

表 10-12　MBUS_SLAVE 指令参数表

子 程 序	输入/输出	说　明	数 据 类 型
MBUS_SLAVE EN Done Error	EN	使能	BOOL
	Done	当 MBUS_SLAVE 指令对 Modbus 请求做出应答时，"完成"输出打开。如果没有需要服务的请求时，"完成"输出关闭	BOOL
	Error	出错时返回错误代码	BYTE

　　【关键点】MBUS_INIT 指令只在首次扫描时执行一次，MBUS_SLAVE 指令无输入参数。使用 Modbus 指令库，都要对库存储器的空间进行分配，这样可避免库存储器使用的 V 存储器让用户再次使用，以免出错。方法是选中"库"，单击鼠标右键弹出快捷菜单，单击"库存储器"，弹出"库存储器分配"栏，单击"建议地址"按钮，再单击"确定"按钮。那么 Modbus 占用的 284 个地址编写程序时就不能使用，如图 10-17 所示。

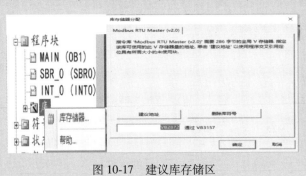

图 10-17　建议库存储区

　　（3）S7-200 SMART PLC 和 S7-200 SMART PLC 之间的 Modbus 通信程序

主站设备 1 的主程序如图 10-18 所示。

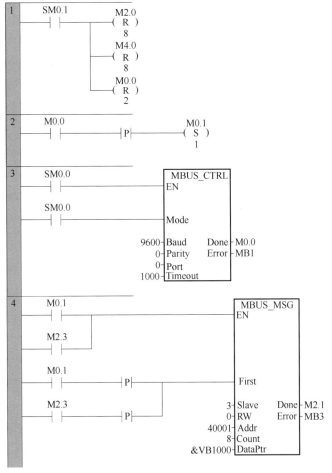

图 10-18　主站设备 1 的主程序

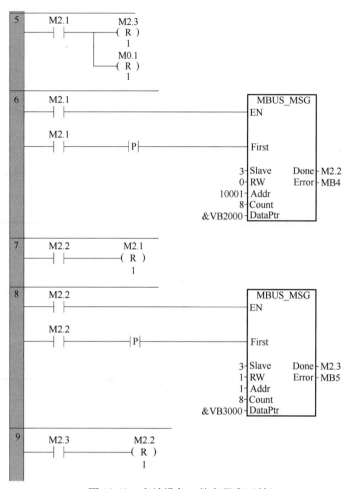

图 10-18　主站设备 1 的主程序（续）

从站设备 2 的程序如图 10-19 所示。

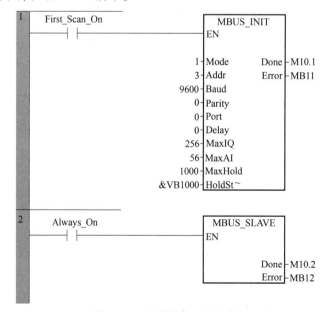

图 10-19　从站设备 2 的程序

10.4.3　S7-200 SMART PLC 与台达变频器通信实例

采用台达 VFD-M 系列变频器，相关接线和操作可参考本书 7.2 节。其铭牌、型号、序号说明如图 10-20 所示。

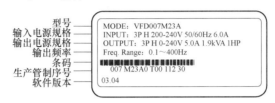

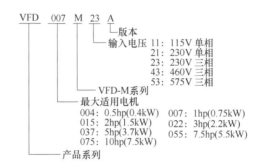

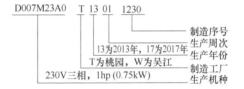

图 10-20　台达 VFD-M 系列变频器铭牌、型号、序号说明

变频器参数设置见表 10-13。

表 10-13　变频器参数设置

参数	出厂值	设置值	说　明
P00	00	03	主频率输入由串行通信控制（RS-485）
P01	00	03	运转指令由通信控制，键盘"STOP"有效
P88	01	01	通信地址（网络站地址）
P89	01	01	通信传输速度（9600bit/s）
P92	00	04	Modbus RTU 通信模式，8 个数据位，偶校验，1 个停止位
P157	01	01	通信模式选择 Modbus

台达 VFD-M 系列变频器和 S7-200 SMART PLC 的 Modbus 通信程序实例如图 10-21 所示。

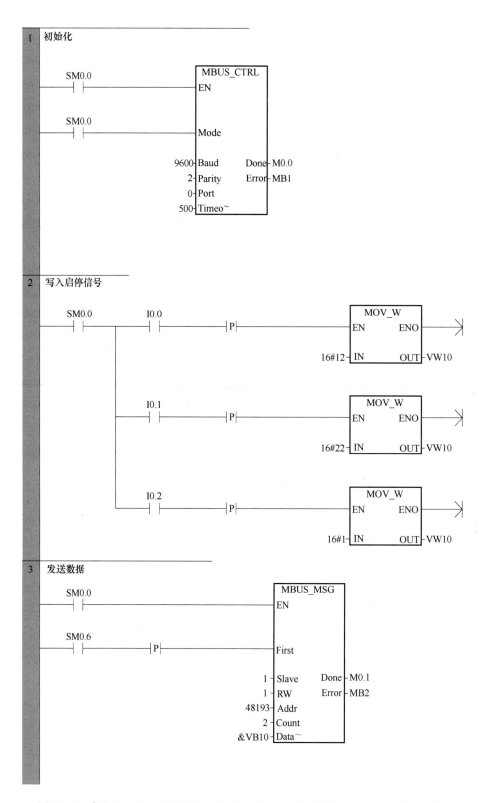

图 10-21　台达 VFD-M 系列变频器和 S7-200 SMART PLC 的 Modbus 通信程序实例

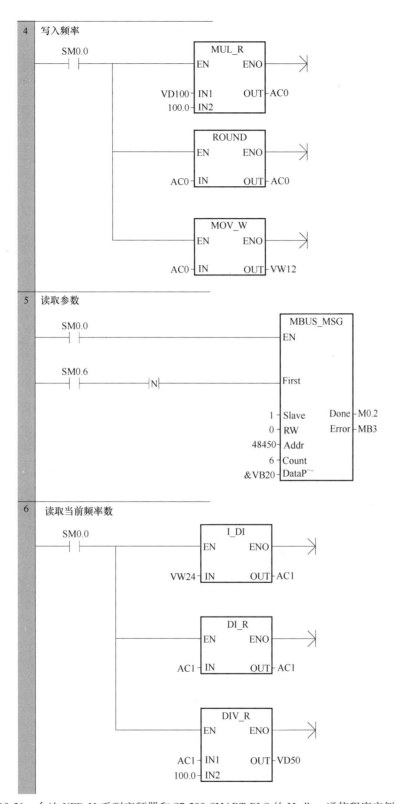

图 10-21　台达 VFD-M 系列变频器和 S7-200 SMART PLC 的 Modbus 通信程序实例（续）

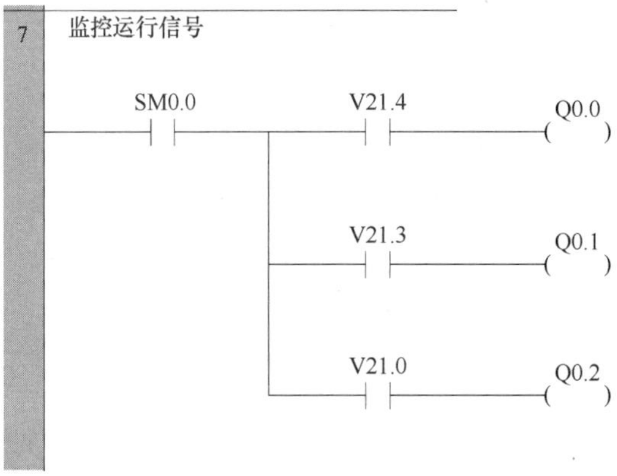

图 10-21　台达 VFD-M 系列变频器和 S7-200 SMART PLC 的 Modbus 通信程序实例（续）

10.5 S7-200 SMART PLC USS 通信

10.5.1　USS 通信概述

S7-200 SMART CPU 集成的 RS-485 通信口可以实现 USS 通信。它的功能特点如下：

1）通用串行（Universal Serial，USS）通信接口协议是西门子公司专为驱动装置开发的通信协议，多年来也经历了一个不断发展、完善的过程。最初 USS 协议用于对驱动装置进行参数化操作，即更多地面向参数设置，在驱动装置和操作面板、调试软件的连接中得到广泛的应用。近年来因其协议简单、硬件要求较低，USS 协议也越来越多地用于和控制器的通信，实现一般水平的通信控制。

2）需要用户注意的是，USS 协议提供了一种低成本的比较简易的通信控制途径。由于其本身的设计特点，USS 不能用在对通信速率和数据传输量要求较高的场合。在这些对通信要求高的场合，应当选择实时性更好的通信方式，如 PROFIBUS-DP 等。在进行系统设计时，必须考虑 USS 协议通信的这一局限性。

3）如果在一些速度同步要求比较高的应用场合，对十几台甚至数十台变频器采用 USS 协议通信控制，其效果可能会不太理想。

4）USS 协议的基本特点如下：

① 支持多点通信（因而可以应用在 RS-485 等网络上）。

② 采用单主站的"主-从"访问机制。

③ 一个网络上最多可以有 32 个节点（最多 31 个从站）。

④ 简单可靠的报文格式，使数据传输灵活高效。

⑤ 容易实现，成本较低。

5）USS 协议通信的工作机制是通信总是由主站发起，USS 主站不断循环轮询各个从站；从站根据收到的指令，决定是否响应，以及如何响应。从站永远不会主动发送数据。从站在以下条件满足时应答，条件为接收到的主站报文没有错误，并且本从站在接收到主站报文中被寻址。该条件不满足，或者主站发出的是广播报文，从站不会做任何响应。对于主站来说，从站必须在接收到主站报文之后的一定时间内发回响应，否则主站将视之为出错。

10.5.2　S7-200 SMART CPU 和 V20 变频器的 USS 通信实例

下面举例介绍如何应用 S7-200 SMART PLC 的 USS 协议对 V20 变频器进行通信控制。以便更加熟练地掌握和灵活地应用 S7-200 SMART PLC 的 USS 通信协议功能。

【例 10-3】　用一台 CPU ST30 对 V20 变频器利用 USS 通信协议进行无级调速，已知电机的功率为 0.06kW，额定转速为 1440r/min，额定电压为 220V，额定电流为 2.3A，额定频率为 50Hz，请制定解决方案。

【解】

1. 软硬件配置

1）1 套 STEP 7-Micro/WIN SMART V2.4。

2）1 根以太网电缆。

3）1 台 CPU ST30。

4）1 根 PROFIBUS 网络电缆（含 1 个网络总线连接器）。

5）1 台 V20 变频器。

6）1 台电机。

2. CPU 与 V20 变频器接线

因 V20 变频器的通信是端口连接的，故 PROFIBUS 电缆不需要网络插头，而是剥出线头直接压在端口上。如果还要连接下一个驱动装置，则两条电缆的同色芯线可以压在同一个端口内。PROFIBUS 电缆的红色芯线应当压入端口 6，绿色芯线应当连接到端口 7，如图 10-22 所示。

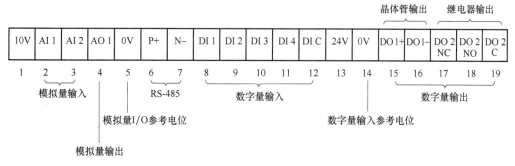

图 10-22　用户端口

用电缆将 S7-200 SMART PORT 0 端口与 V20 的 RS-485 接口相连（注意端口连接规则，V20 的 P+对 3、N−对 8），如图 10-23 所示。

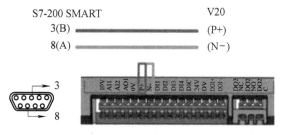

图 10-23　CPU 与 V20 变频器接线图

3. V20 变频器的参数设置（见图 10-24，表 10-14）

1）首先对变频器恢复出厂设置，设置 P0010=30，P0970=21。

2）选择连接宏，Cn010-USS 控制。

3）选择设定好连接宏为 Cn010 后，设置 P0003=3（专家级），修改 P2014=0。

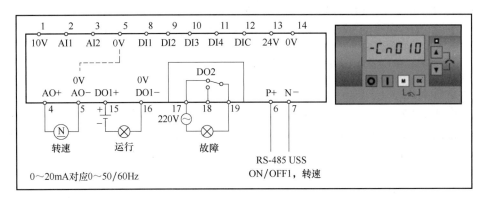

图 10-24　变频器参数设置

表 10-14　连接宏默认参数说明

参　　数	说　　明	工厂默认值	Cn010 默认值	备　　注
P0700[0]	选择命令源	1	5	RS-485 为命令源
P1000[0]	选择频率	1	5	RS-485 为速度设定值
P2023[0]	RS-485 协议选择	1	1	USS 协议
P2010[0]	USS/Modbus 比特率	8	8	38400bit/s
P2011[0]	USS 地址	0	1	变频器的 USS 地址
P2012[0]	USS PZD 长度	2	2	PZD 部分的字数
P2013[0]	USS PKW 长度	127	127	PKW 部分字数可变
P2014[0]	USS/Modbus 报文间断时间	2000	500	接收数据时间

用户如果不选择连接宏，也可以直接设置变频器参数，主要参数如下：

① P0010，用于对参数进行过滤，从而可以只选择与特定功能相关的部分参数；设置 P0010=30，恢复变频器出厂设置。

② P0970，设置 P0970=21，所有参数及用户默认设置复位至工厂复位状态。注意，参数 P2010、P2011、P2023 的值不受工厂复位影响。

③ P0003，设置 P0003=3，用户访问等级为专家等级。

④ P0700，设置 P0700=5，即控制源来自 RS-485 上的 USS 通信。

⑤ P1000，设置 P1000=5，即设定源来自 RS-485 上的 USS 通信。

⑥ P2023，设置 P2023=1，RS-485 的协议选择为 USS。

【关键点】在更改 P2023 后，须对变频器重新上电。在此过程中，请在变频器断电后等待数秒，确保 LED 灯熄灭或显示屏空白后方可再次接通电源。如果通过 PLC 更改 P2023，须确保所做出的更改已通过 P0971 保存到 EEPROM 中。

⑦ P2010，设置 RS-485 上的 USS 通信速率。根据 S7-200 SMART PLC 通信口的限制，支持的通信比特率设置为 6 对应 9600bit/s，7 对应 19200bit/s，8 对应 38400bit/s，9 对应 57600bit/s，10 对应 76800bit/s，11 对应 93750bit/s，12 对应 11520bit/s。

⑧ P2011，设置 P2011[0] = 0~31，即驱动装置 RS-485 上的 USS 通信口在网络上的从站地址。USS 协议网络上不能有任何两个从站的地址相同。

⑨ P2012，设置 P2012[0] = 2，即 USS PZD 区长度为 2 个字长。

⑩ P2013，设置 P2013[0] = 127，即 USS PKW 区的长度可变。

⑪ P2014，设置 P2014[0] = 0~65535，即 RS-485 上的 USS 协议通信控制信号中断超时时间，单位为 ms。如设置为 0，则不进行此端口上的超时检查。

此通信控制信号中断，指的是接收到的对本装置有效通信报文之间的最大间隔。如果设定了超时时间，报文间隔超过此设定时间还没有接收到下一条信息，则变频器将会停止运行。通信恢复后此故障才能被复位。

根据 USS 协议网络通信速率和站数的不同，此超时值会不同。

USS 协议通信是由 S7-200 SMART PLC 和驱动装置配合，因此相关参数一定要配合设置。如通信速率设置不一样，当然无法通信。

4. 相关指令介绍

S7-200 SMART PLC USS 协议标准指令库包括 USS_INIT、USS_CTRL、USS_RPM_X、USS_WPM_X 等指令。调用这些指令时会自动增加一些子程序和中断服务程序。

应用 USS 协议库首先要进行 USS 协议通信的初始化。使用 USS_INIT 指令初始化 USS 协议通信功能。

1）打开 USS 协议库，如图 10-25 所示。

2）打开 USS 协议库，像调用子程序一样调用 USS_INIT 指令，如图 10-26 所示。

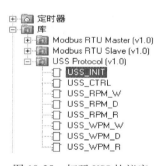

图 10-25　打开 USS 协议库

图 10-26　调用 USS_INIT 指令

图 10-26 中，各序号对应部分的意义如下：

① EN，初始化程序。USS_INIT 指令只需在程序中执行一个周期就能改变通信口的功能，以及进行其他一些必要的初始设置。因此，可以使用 SM0.1 或边沿触发的接点调用 USS_INIT。

② Mode，模式选择。执行 USS_INIT 指令时，Mode 的状态决定在通信端口上是否使用 USS 通信功能，为 1 则设置为 USS 协议通信并进行相关初始化，为 0 则恢复为 PPI 协议并禁用 USS 协议通信。

③ Baud，USS 通信比特率。此参数要和变频器的参数设置一致。

④ Port，为 0，则用 CPU 集成的 RS-485 通信端口；为 1 则可选 CM01 信号板。

⑤ Active，决定网络上的哪些 USS 协议从站在通信中有效。下面将详细说明。

⑥ Done，初始化完成标志。

⑦ Error，初始化错误代码。

参数 Active 详细说明：

USS_INIT 子程序的参数 Active 用来表示网络上哪些 USS 协议从站要被主站访问，即在主站的轮询表中激活。网络上作为 USS 协议从站的驱动装置每个都有不同的 USS 协议地址，主站要访问的地址必须在主站的轮淘表中激活。USS_INIT 指令只用一个 32 位长的双字来映射 USS 协议从站有效地址表，Active 的无符号整数值就是它在指令输入端的取值。V20 变频器的站地址选择见表 10-15。

表 10-15　V20 变频器的站地址选择

位　　号	MSB 31	30	29	28	…	03	02	01	LSB 00
对应从站地址	31	30	29	28	…	3	2	1	0
从站激活标志	0	0	0	0	…	1	0	0	0
取 16 进制无符号整数值	0				…	8			
Active=	16#00000008								

在这个 32 位的双字中，每一位的位号表示 USS 从站的地址号；要在网络中激活某地址号的驱动装置，则需要把相应位号的位置设为二进制 1，不需要激活 USS 从站相应的位设置为 0。最后，对此双字取无符号整数就可以得出参数 Active 的值。

对于表 10-15 所示的例子，如果使用站地址为 3 的 V20 变频器，则须在位号为 03 的位单元格中填入二进制 1。其他不需要激活的地址对应的位设置为 0。取整数，计算出的 Active 值为 00000008h，即 16#00000008，也等于十进制的数 8。建议使用 16 进制数，这样可以每 4 位一组进行加权计算出 16 进制数，并组合成一个整数。当然也可以表示为十进制或二进制数值，但有时会很麻烦，而且不直观。如果一时难以计算出有多个 USS 从站配置情况下 Active 的值，可以使用 Windows 系统自带的计算器。将其设置为科学计算器模式，就可以方便地转换数制。

3）USS 驱动装置控制功能块 USS_CTRL。USS_CTRL 指令用于对单个驱动装置进行运行控制。这个功能块利用了 USS 协议中的 PZD 数据传输，控制和反馈信号更新较快。

网络上的每一个激活的 USS 驱动装置从站，都要在程序中调用一个独占的 USS_CTRL 指令，而且只能调用一次。需要控制的驱动装置必须在 USS 初始化指令运行时定义为"激活"。在 USS 通信指令库分支中选择 USS_CTRL 指令，如图 10-27 所示。

图 10-27 中，各序号对应部分的意义如下：

① EN，使用 SM0.0 使能 USS_CTRL 指令。

② RUN，驱动装置的启动和停止控制。其值为 0 则停止，其值为 1 则运行。此处停车是指按照驱动装置中设置的斜坡减速指电机停止。

③ OFF2，停车信号 2。此信号为 1 时，驱动装置将封锁主回路输出，电机自由停车。

④ OFF3，停车信号 3。此信号为 1 时，驱动装置将快速停车。

⑤ F_ACK，故障确认。当驱动装置发生故障后，将通过状态字向 USS 主站报告；如果

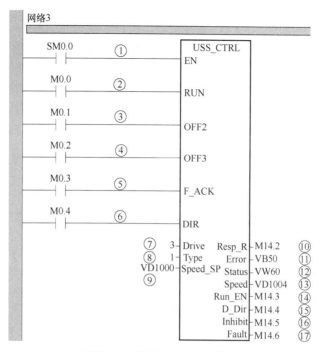

图 10-27　调用 USS_CTRL 指令

造成故障的原因已排除，可以使用此输入端清除驱动装置的报警状态，即复位。注意，这是针对驱动装置的操作。

⑥ DIR，电机转动方向控制。其 0 或 1 状态决定了电机转动方向。

⑦ Drive，驱动装置在 USS 网络上的站号。从站必须先在初始化时激活才能进行控制。

⑧ Type，向 USS_CTRL 功能块指示驱动装置类型。其值为 0 则代表是 MM 3 系列，或更早的产品。其值为 1 则代表是 MM 4 系列，SINAMICS G110，SINAMICS V20。

⑨ Speed_SP，速度设定值。该速度是全速的一个百分数。Speed_SP 为负值将导致变频器反向运行。

⑩ Resp_R，从站应答确认信号。主站从 USS 从站收到有效的数据后，此位将为 1 一个程序扫描周期，表明以下的所有数据都是最新的。

⑪ Error，错误代码。其值为 0 则代表无出错。

⑫ Status，驱动装置的状态字。此状态字直接来自驱动装置的状态字，表示了当时的实际运行状态。

⑬ Speed，驱动装置返回的实际运转速度值，为实数。

⑭ Run_EN，运行模式反馈，表示驱动装置是运行（其值为 1）还是停止（其值为 0）。

⑮ D_Dir，指示驱动装置的运转方向，反馈信号。

⑯ Inhibit，驱动装置禁止状态指示。其值为 0 则代表未禁止，其值为 1 则代表禁止状态。禁止状态下驱动装置无法运行。要清除禁止状态，故障位必须复位，并且 RUN、OFF2 和 OFF3 都为 0。

⑰ Fault：故障指示位。其值为 0 则代表无故障，其值为 1 则代表有故障。驱动装置处于故障状态，驱动装置上会显示故障代码（如果有显示装置）。要复位故障报警状态，必须先消除引起故障的原因，然后用 F_ACK 或驱动装置的端口或操作面板复位故

障状态。

此 USS_CTRL 功能块使用了 PZD 数据读写机制，传输速度比较快。但由于它还是串行通信的，而且还可能有多个从站需要轮询，因此无法做到实时响应。要实现高要求的快速通信，应该使用 PROFIBUS-DP 等网络，同时更换主站为更高级的控制器。

USS_CTRL 能完成基本的驱动装置控制，如果需要有更多的参数控制选项，可以选用 USS 指令库中的参数读写指令实现。

4）USS 参数读写指令。USS 指令库中共有 6 种参数读写功能块，分别用于读写驱动装置中不同规格的参数：

USS_RPM_W	读取无符号字参数	U16 格式
USS_RPM_D	读取无符号双字参数	U32 格式
USS_RPM_R	读取实数（浮点数）参数	Float 格式
USS_WPM_W	写入无符号字参数	U16 格式
USS_WPM_D	写入无符号双字参数	U32 格式
USS_WPM_R	写入实数（浮点数）参数	Float 格式

【关键点】USS 参数读写指令采用与 USS_CTRL 功能块不同的数据传输方式。由于许多驱动装置把参数读写指令用到的 PKW 数据处理作为后台任务，参数读写的速度要比控制功能块慢一些。因此使用这些指令时需要更多的等待时间，并且在编程时要考虑到进行相应的处理。

图 10-28 所示的程序段用来读取 SINAMICS V20 实际频率（参数 r0021）。由于此参数是一个实数，因此选用实数型参数读功能块。

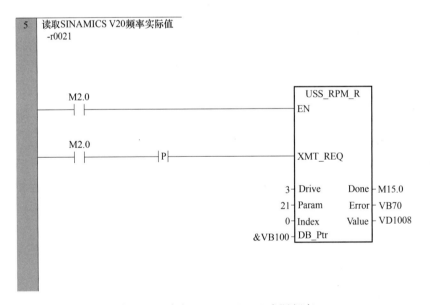

图 10-28　读取 SINAMICS V20 实际频率

图 10-28 中，各部分的意义如下：

EN，要使能读写指令，此输入端必须为 1。

XMT_REQ，发送请求。必须使用一个边沿检测触点以触发读操作，它前面的触发条件必须与 EN 端输入一致。

Drive，要读写参数的驱动装置在 USS 网络上的地址。

Param，参数号（仅数字）。此处也可以是变量。

Index，参数下标。有些参数由多个带下标的参数组成一个参数组，下标用来指出具体的某个参数。对于没有下标的参数可设置为 0。

DB_Ptr，读写指令需要一个 16 字节的数据缓冲区，用间接寻址形式给出一个起始地址。此数据缓冲区与"库存储区"不同，是每个指令（功能块）各自独立需要的。此数据缓冲区也不能与其他数据区重叠，各指令之间的数据缓冲区也不能冲突。

Done，读写功能完成标志位，读写完成后置 1。

Error，出错代码。其值为 0，代表无错误。

Value，读出的数据值。该数据值在 Done 为 1 时有效。

> 【关键点】EN 和 XMT_REQ 的触发条件必须同时有效，EN 必须持续到读写功能完成（Done 为 1），否则会出错。

写参数指令的用法与读参数指令类似。与读参数指令的区别是，参数是功能块的输入。

> 【关键点】在任一时刻 USS 主站内只能有一个参数读写功能块有效，否则会出错。因此，如果需要读写多个参数（来自一个或多个驱动装置），必须在编程时进行读写指令之间的轮询处理。轮询处理方式可以参考下面给出的一个简单的例子，方法不是唯一的。程序如图 10-29 所示。

5）S7-200 SMART CPU 和 V20 变频器 USS 协议通信程序，如图 10-29 所示。

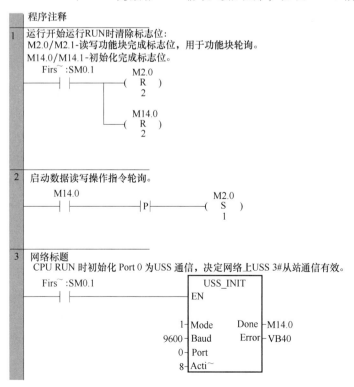

图 10-29　S7-200 SMART CPU 和 V20 变频器 USS 协议通信程序

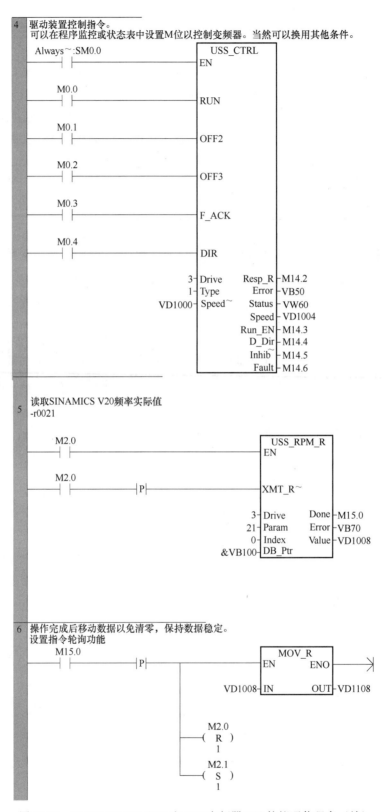

图 10-29　S7-200 SMART CPU 和 V20 变频器 USS 协议通信程序（续）

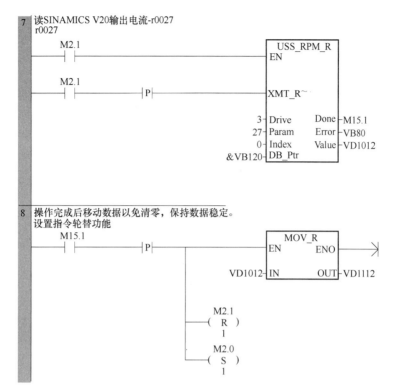

图 10-29　S7-200 SMART CPU 和 V20 变频器 USS 协议通信程序（续）

10.5.3　USS 通信常见问题

问题 1. S7-200 SMART CPU USS 协议库能否与第三方变频器进行通信？其支持与哪些变频器通信？

答：USS 协议是西门子公司专为其驱动装置开发的通用通信协议，不能用于与第三方变频器通信。S7-200 SMART CPU USS 协议库可用与 MICROMASTER 3、MICROMASTER 4、SINAMICS G110、SINAMICS G120、SINAMICS S110 及 SINAMICS V20 系列变频器通信。

问题 2. S7-200 SMART CPU 无法与西门子变频器的 USS 协议通信的可能原因是什么？

答：USS 协议通信需要从硬件接线和编程两个方面进行故障排查。

（1）硬件接线方面注意事项

S7-200 SMART CPU 的通信端口是非隔离型的，通信距离最长为 50m，超出 50m 距离需要增加 RS-485 中继器。

S7-200 SMART CPU 的通信端口是非隔离型的，与变频器通信时需要做好等电位连接。通过将 CPU 模块右下角的传感器电源的 M 端与其他变频器通信端口的 0V 参考点连接起来，以做到等电位连接。

（2）编程方面注意事项

需要使用沿信号调用 USS_INIT 指令用于启用、初始化 USS 协议通信，USS 从站地址需要在主站的轮询地址表中被激活。

需要使用 SM0.0 调用 USS_CTRL 指令，每一个 USS 从站只能使用一条 USS_CTRL 指令。

问题 3. S7-200 SMART CPU 集成的 RS-485 端口（端口 0）及 SB CM01 信号板（端口 1）

两个通信端口能否同时进行 USS 协议通信?

答:S7-200 SMART CPU 两个通信端口不能同时进行 USS 协议通信,端口 0 与端口 1 在同一时刻只能有一个端口用于 USS 协议通信。

10.6 S7-200 SMART PLC 以太网通信

S7-200 SMART PLC CPU 固件版本 V2.0 及以上版本的 CPU 可实现 CPU、编程设备和 HMI(触摸屏)之间的多种通信:

1)CPU 与编程设备之间的数据交换。

2)CPU 与 HMI 之间的数据交换。

3)CPU 与其他 S7-200 SMART CPU 之间的 PUT/GET 通信。

S7-200 SMART PLC CPU 以太网连接资源如下:

1)1 个连接用于与 STEP 7-Micro/WIN SMART 软件的通信。

2)8 个连接用于 CPU 与 HMI 之间的通信。

3)8 个连接用于 CPU 与其他 S7-200 SMART CPU 之间的 PUT/GET 主动连接。

4)8 个连接用于 CPU 与其他 S7-200 SMART CPU 之间的 PUT/GET 被动连接。

1. PUT/GET 指令格式

S7-200 SMART CPU 提供了 PUT/GET 指令,用于 S7-200 SMART CPU 之间的以太网通信。PUT/GET 指令格式见表 10-16。PUT/GET 指令只需要在主动建立连接的 CPU 中调用执行,被动建立连接的 CPU 不需要进行通信编程。PUT/GET 指令中 TABLE 参数用于定义远程 CPU 的 IP 地址,本地 CPU 和远程 CPU 的数据区域及通信长度。

表 10-16　PUT/GET 指令格式

LAD/FBD	STL	描　述
PUT -EN　ENO- -TABLE	PUT TABLE	PUT 指令启动以太网端口上的通信操作,将数据写入远程设备。PUT 指令可向远程设备写入最多 212 个字节的数据
GET -EN　ENO- -TABLE	GET TABLE	GET 指令启动以太网端口上的通信操作,从远程设备获取数据。GET 指令可从远程设备读取最多 222 个字节的数据

2. 通信资源数量

S7-200 SMART CPU 以太网端口含有 8 个 PUT/GET 主动连接资源和 8 个 PUT/GET 被动连接资源。例如,CPU1 调用 PUT/GET 指令与 CPU2~CPU9 建立 8 个主动连接的同时,可以与 CPU10~CPU17 建立 8 个被动连接(CPU10~CPU17 调用 PUT/GET 指令),这样的话,CPU1 可以同时与 16 台 CPU(CPU2~CPU17)建立连接。关于主动连接资源和被动连接资源的详细解释如下:

(1)主动连接资源和被动连接资源

调用 PUT/GET 指令的 CPU 占用主动连接资源;相应的远程 CPU 占用被动连接资源。

（2）8 个 PUT/GET 主动连接资源

S7-200 SMART CPU 程序中可以包含远多于 8 个 PUT/GET 指令的调用，但是在同一时刻最多只能激活 8 个 PUT/GET 连接资源。同一时刻对同一个远程 CPU 的多个 PUT/GET 指令的调用，只会占用本地 CPU 的一个主动连接资源和远程 CPU 的一个被动连接资源。本地 CPU 与远程 CPU 之间只会建立一条连接通道，同一时刻触发的多个 PUT/GET 指令将会在这条连接通道上顺序执行。同一时刻最多能对 8 个不同 IP 地址的远程 CPU 进行 PUT/GET 指令的调用，第 9 个远程 CPU 的 PUT/GET 指令调用将报错，提示无可用连接资源。已经成功建立的连接将被保持，直到远程 CPU 断电或物理断开。

（3）8 个 PUT/GET 被动连接资源

S7-200 SMART CPU 调用 PUT/GET 指令，执行主动连接的同时，也可以被动地被其他远程 CPU 通信读写。

S7-200 SMART CPU 最多可以与被 8 个不同 IP 地址的远程 CPU 进行建立被动连接。已经成功建立的连接将被保持，直到远程 CPU 断电或物理断开。

10.6.1　指令编程实例

在下面的例子中 CPU1 为主动端，其 IP 地址为 192.168.2.100，调用 PUT/GET 指令；CPU2 为被动端，其 IP 地址为 192.168.2.101，不需调用 PUT/GET 指令，网络配置如图 10-30 所示。

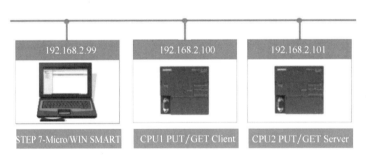

图 10-30　CPU 网络配置

通信任务是把 CPU1 的实时时钟信息写入 CPU2 中，把 CPU2 中的实时时钟信息读写到 CPU1 中。

1. CPU1 主站程序编写

CPU1 主程序中包含读取 CPU 实时时钟、初始化 PUT/GET 指令的 TABLE 参数表、调用 PUT 指令和 GET 指令等，如图 10-31 所示。

扫一扫看视频

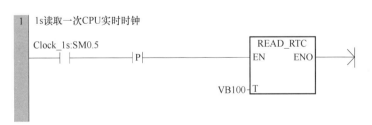

图 10-31　读取 CPU1 实时时钟

注意，READ_RTC 指令用于读取 CPU 实时时钟指令，并将其存储到从字节地址 T 开始的 8 字节时间缓冲区中，数据格式为 BCD 码。

网络 2：定义 PUT 指令 TABLE 参数表，用于将 CPU1 的 VB100～VB107 传输到远程 CPU2 的 VB0～VB7，如图 10-32 所示。

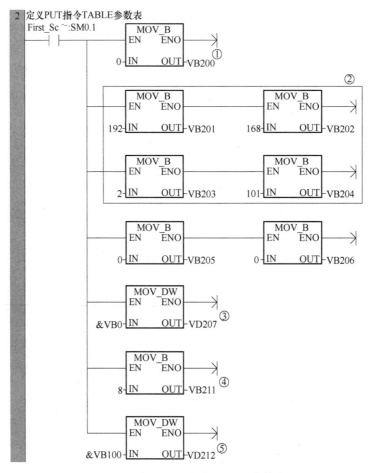

图 10-32　定义 PUT 指令 TABLE 参数表

图 10-32 中，各序号对应部分的意义如下：

① 定义通信状态字节。

② 定义 CPU2 IP 地址。

③ 定义 CPU2 的通信区域，从地址 VB0 开始。

④ 定义通信数据长度。

⑤ 定义 CPU1 的通信区域，从地址 VB100 开始。

网络 3：定义 GET 指令 TABLE 参数表，用于将远程 CPU2 的 VB100～VB107 读取到 CPU1 的 VB0～VB7，如图 10-33 所示。

图 10-33 中，各序号对应部分的意义如下：

① 定义通信状态字节。

② 定义 CPU2 IP 地址。

③ 定义 CPU2 的通信区域，从地址 VB100 开始。

④ 定义通信数据长度。

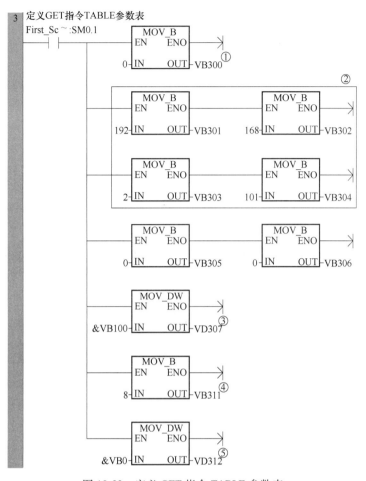

图 10-33　定义 GET 指令 TABLE 参数表

⑤ 定义 CPU1 的通信区域，从地址 VB0 开始。

调用 PUT 指令和 GET 指令，如图 10-34 所示。

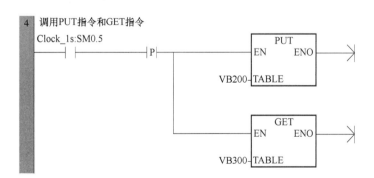

图 10-34　调用 PUT 指令和 GET 指令

2. CPU2 被动端编程

CPU2 的主程序只需包含一条语句用于读取 CPU2 的实时时钟，并存储到 VB100 ～ VB107，如图 10-35 所示。

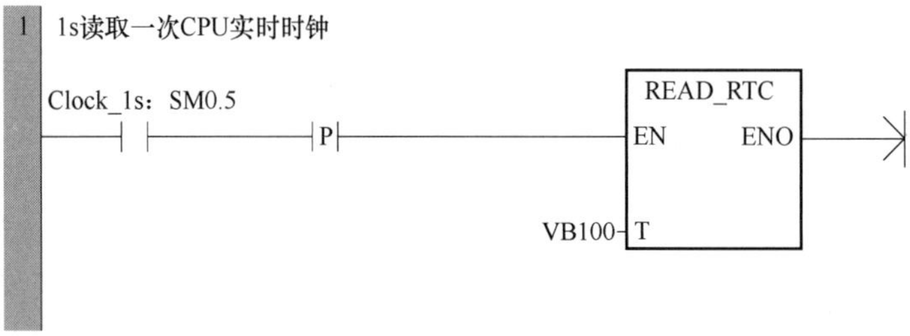

图 10-35　读取 CPU2 实时时钟

10.6.2　S7-200 SMART CPU PUT/GET 指令向导

CPU1 的 PUT/GET 指令的编程可以使用 PUT/GET 向导以简化编程步骤。该向导最多允许组态 16 项独立 PUT/GET 指令操作，并生成代码块来协调这些操作。

PUT/GET 指令向导编程步骤如下：

1）STEP 7-Micro/WIN SMART 在"工具"菜单的"向导"区域单击"Get/Put"按钮，启动 PUT/GET 指令向导（见图 10-36）。

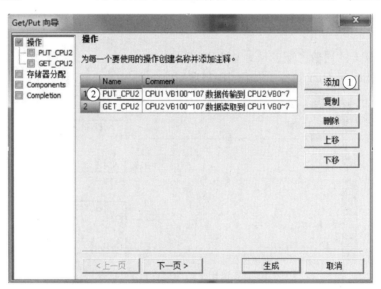

图 10-36　启动 PUT/GET 指令向导

2）在弹出的"Get/Put"向导界面中添加操作步骤名称并添加注释（见图 10-37）。

图 10-37　添加 PUT/GET 操作

图 10-37 中，各序号对应部分的意义如下：

① 单击"添加"按钮，添加 PUT/GET 操作。

② 为每个操作创建名称并添加注释。

3) 定义 PUT/GET 操作 (见图 10-38 和图 10-39)。

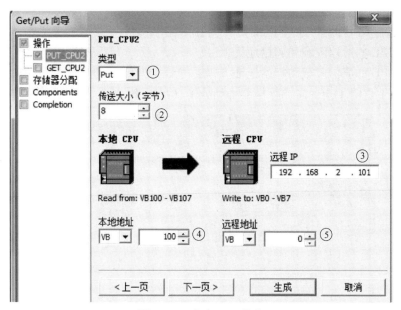

图 10-38 定义 PUT 操作

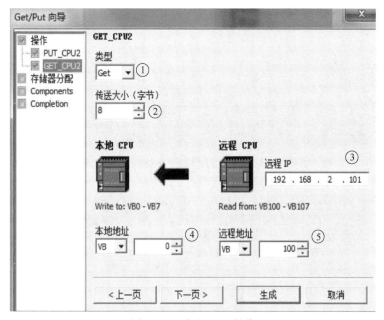

图 10-39 定义 GET 操作

图 10-38 中, 各序号对应部分的意义如下:

① 选择操作类型, 选择 "Put"。

② 通信数据长度。

③ 定义远程 CPU 的 IP 地址。

④ 本地 CPU 的通信区域和起始地址。

⑤ 远程 CPU 的通信区域和起始地址。

图 10-39 中, 各序号对应部分的意义如下:

① 选择操作类型，选择"Get"。

② 通信数据长度。

③ 定义远程 CPU 的 IP 地址。

④ 本地 CPU 的通信区域和起始地址。

⑤ 远程 CPU 的通信区域和起始地址。

4）定义 PUT/GET 指令向导存储器地址分配（见图 10-40）。

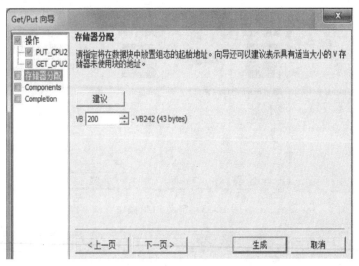

图 10-40　分配存储器地址

【关键点】单击"建议"按钮向导会自动分配存储器地址。需要确保程序中已经占用的地址、PUT/GET 指令向导中使用的通信区域不能与存储器分配的地址重复，否则将导致程序不能正常工作。

5）单击"生成"按钮将自动生成网络读写指令及符号表。只需用在主程序中调用向导所生成的网络读写指令即可（见图 10-41）。

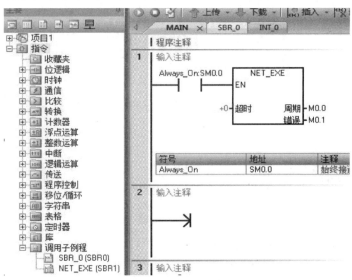

图 10-41　主程序中调用向导生成的网络读写指令

10.7　S7-200 SMART PLC 开放式用户通信

开放式用户通信（Open User Communication, OUC）采用开放式标准，可与第三方设备或 PC 通信，也适用于 S7-300、400、1200、1500 CPU 之间的通信。S7-200 SMART CPU 支持 TCP、ISO-on-TCP 和 UDP 等实现开放式用户通信。这些开放式用户通信位于 OSI 模型第 4 层，数据传输时会使用 OSI 模型的第 3 层网络层和第 4 层传输层。网络层用于将数据从源传送到目的地址，支持 IP 路由功能。传输层主要功能是面向进程提供端到端的数据传输服务，提供了 TCP 和 UDP 两种协议，分别用于面向连接或无连接的数据传输服务。

1. TCP

TCP 是由 RFC 793 描述的一种标准协议，是 TCP/IP 簇的主要协议，主要用途为设备之间提供全双工、面向连接、可靠安全的连接服务。传输数据时，需要指定 IP 地址和端口号作为通信端点。

TCP 是面向连接的通信协议。通信的传输需要经过建立连接、数据传输、断开连接三个阶段。为了确保 TCP 连接的可靠性，TCP 采用三次握手方式建立连接，建立连接的请求需要由 TCP 的客户端发起。数据传输结束后，通信双方都可以提出断开连接请求。

TCP 是可靠安全的数据传输服务，可确保每个数据段都能到达目的地。位于目的地的 TCP 服务需要对接收到的数据进行确认并发送确认信息。TCP 发送方在发送一个数据段的同时将启动一个重传，如果在重传超时前收到确认信息就关闭重传，否则将重传该数据段。

TCP 是一种数据流服务，TCP 连接传输数据期间，不传送消息的开始和结束信息，接收方无法通过接收到的数据流来判断一条消息的开始与结束。例如，发送方发送 3 个数据包（每包 20 个字节），接收方有可能认为只收到 1 个数据包共 60 个字节；发送方发送 1 个数据包共 60 个字节，接收方也有可能认为接收到 3 个数据包（每包 20 个字节）。为了区别消息，一般建议发送方发送长度与接收方接收长度相同。

2. ISO-on-TCP

ISO-on-TCP 是一种基于 RFC 1006 的扩展协议，即在 TCP 中定义了 ISO 传输属性。ISO 的协议是通过数据包进行数据传输。ISO-on-TCP 是面向消息的协议，数据传输时传送关于消息长度和消息结束标志。ISO-on-TCP 与 TCP 一样，也位于 OSI 参考模型的第 4 层传输层，其使用数据传输端口为 102，并利用传输服务访问点（Transport Service Access Point, TSAP）将消息路由至接收方特定的通信端点。

3. UDP

UDP 是不面向连接的通信协议，发送数据之前无须建立通信连接，传输数据时只需要指定 IP 地址和端口号作为通信端点；不具有 TCP 中的安全机制，数据的传输无须伙伴方应答，因而数据传输的安全不能得到保障。

UDP 也是一种简单快速、面向消息的数据传输协议，也位于 OSI 参考模型的第 4 层传输层。数据传输时会传送关于消息长度和结束的信息。另外，由于数据传输时仅加入少量的管理信息，与 TCP 相比具有更大的数据吞吐量。

10.7.1　S7-200 SMART PLC 的 TCP 和 ISO-on-TCP 通信

使用 S7-200 SMART CPU 进行开放式用户通信，需要具备以下条件：

1）软件 STEP 7-Micro/WIN SMART 版本不低于 V2.2。

2）CPU 固件不低于 V2. 2。

安装 STEP 7-Micro/WIN SMART 后，Open User Communication 指令库已集成其中，不需要单独安装。Open User Communication 指令库如图 10-42 所示。

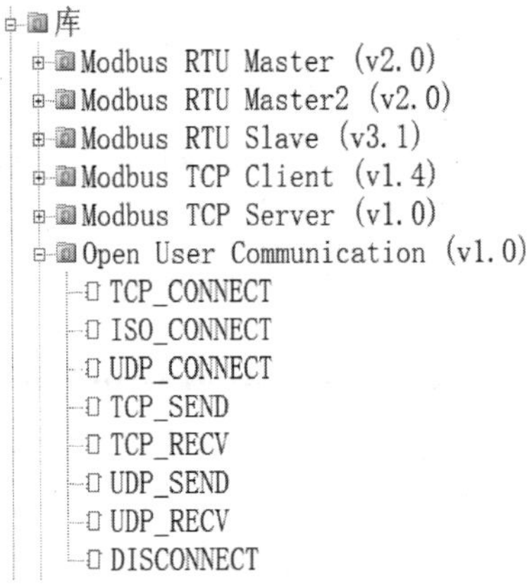

```
库
  Modbus RTU Master (v2.0)
  Modbus RTU Master2 (v2.0)
  Modbus RTU Slave (v3.1)
  Modbus TCP Client (v1.4)
  Modbus TCP Server (v1.0)
  Open User Communication (v1.0)
    TCP_CONNECT
    ISO_CONNECT
    UDP_CONNECT
    TCP_SEND
    TCP_RECV
    UDP_SEND
    UDP_RECV
    DISCONNECT
```

图 10-42　Open User Communication 指令库

注意，S7-200 SMART 紧凑型 CPU 未集成以太网端口，不支持与以太网通信相关的所有功能。S7-200 SMART 紧凑型 CPU 如果调用 Open User Communication 指令库中的相关指令，程序编译将报错："所选 CPU 类型不支持该指令"。

Open User Communication 指令库中包含的指令分别用于 TCP、UDP、ISO-on-TCP 通信。开放式用户通信指令见表 10-17。

表 10-17　开放式用户通信指令

协　议	指　令			
	连　接	发送数据	接收数据	断开连接
TCP	TCP_CONNECT	TCP_SEND	TCP_RECV	
UDP	UDP_CONNECT	UDP_SEND	UDP_RECV	DISCONNECT
ISO-on-TCP	ISO_CONNECT	TCP_SEND	TCP_RECV	

TCP 和 ISO-on-TCP 是面向连接的通信，数据交换之前首先需要建立连接。TCP_CONNECT 和 ISO_CONNECT 指令分别用于建立 TCP 和 ISO-on-TCP 通信连接。连接建立后可使用 TCP_SEND 和 TCP_RECV 指令发送和接收数据。

UDP 是不面向连接的通信，发送和接收数据之前也需要调用 UDP_CONNECT 指令。该指令不是用于创建与通信伙伴的连接，而是用于告知 CPU 操作系统定义一个 UDP 通信服务。定义完 UDP 通信服务后，S7-200 SMART CPU 就可使用 UDP_SEND 和 UDP_RECV 指令发送和接收数据了。

DISCONNECT 指令用于终止现有通信的连接并释放通信资源。

TCP 和 UDP 通信，在配置连接时需要使用 IP 地址和端口号作为通信端点。对于 S7-200 SMART CPU 有一些 IP 地址不能使用，如下所述：

① 0. 0. 0. 0 仅在 CPU 作为服务器时可用，表示接收所有连接请求；作为客户端时不可用。

② 不可用任何广播 IP 地址（如 255. 255. 255. 255）。

③ 不可用任何多播地址。

④ 不可填写本地 CPU 的 IP 地址，填写的 IP 地址为通信伙伴的 IP 地址。

S7-200 SMART CPU 可使用端口号范围为 1~65535，但实际使用端口号时有一定的约束规则（见表 10-18）。被特殊用途占用的端口号见表 10-19。

表 10-18　端口号约束规则

端口号	描　　述
1~1999	可以使用但不推荐，某些端口被特殊用途占用
2000~5000	推荐使用
5001~49151	可以使用但不推荐，某些端口被特殊用途占用
49152~65535	动态端口或私有端口，使用受限

表 10-19　被特殊用途占用的端口号

端口号	描　　述
20	FTP 数据传输
21	FTP 控制
25	SMTP
80	网络服务器
102	ISO-on-TCP
135	用于 PROFINET 的 DEC
161	SNMP
162	SNMP 陷阱
443	HTTPS
34962~34964	PROFINET

S7-200 SMART CPU 作为客户端主动建立多个连接时，本地端口号可以复用；作为服务器，被动建立多个连接时，本地端口号不可以复用，因此必须保证每一个连接有独立的端口号。

ISO-on-TCP 通信时，必须同时为两个通信伙伴分配 TSAP。TSAP 的设置规则是，TSAP 须为 S7-200 SMART CPU 字符串数据类型；长度至少为 2 个字符，但不得超过 16 个 ASCII 字符；本地 TSAP 不能以字符串 "SIMATIC-" 开头；如果本地 TSAP 恰好为 2 个字符，则必须以十六进制字符 "0xEO" 开头。例如，TSAP "SES01" 是合法的，而 TSAP "S01S01" 则是不合法的。S 字符表示后续值为十六进制字符。

1. TCP_CONNECT 指令

TCP_CONNECT 指令用于建立 TCP 通信连接。该指令调用及接口参数如图 10-43 所示。

（1）输入参数

EN：使能输入。

Req：请求操作，边沿触发。

Active：TURE 为主动连接（客户端），FALSE 为被动连接（服务器）。

ConnID：连接标识符，可能范围为 0~65534。

IPaddr1~IPaddr4：IP 地址的四个八位字节。IPaddr1 是 IP 地址的最高有效字节。IPaddr4 是 IP 地址的最低有效字节。

RemPort：远程设备上的端口号。远程端口号范围为 1~49151。对于被动连接，可使用零。

LocPort：本地设备端口号。范围为 1~49151，但是存在一些限制。本地端口号的规则为，有效端口号范围为 1~49151；不能使用端口号 20、21、25、80、102、135、161、162、443，以及 34962~34964，这些端口具有特定用途；建议采用的端口号范围为 2000~5000。对于被动连接，本地端口号必须唯一（不重复）。

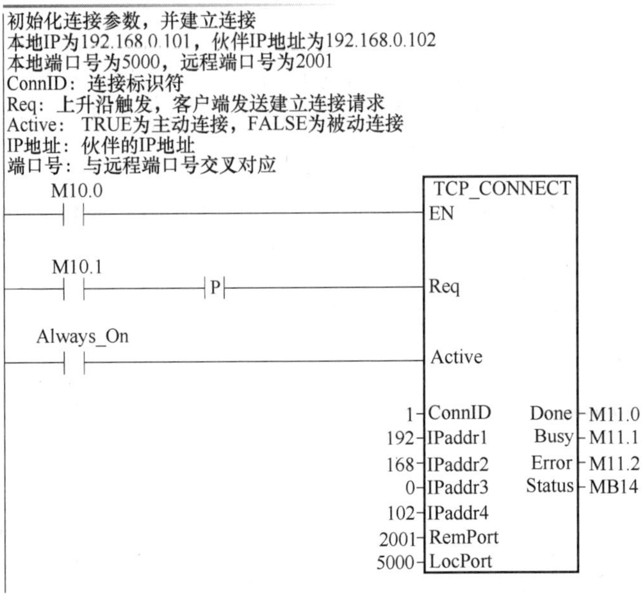

初始化连接参数，并建立连接
本地IP为192.168.0.101，伙伴IP地址为192.168.0.102
本地端口号为5000，远程端口号为2001
ConnID：连接标识符
Req：上升沿触发，客户端发送建立连接请求
Active：TRUE为主动连接，FALSE为被动连接
IP地址：伙伴的IP地址
端口号：与远程端口号交叉对应

```
        M10.0                                    ┌─────────────┐
        ─┤├─                                     │ TCP_CONNECT │
                                                 │ EN          │
                                                 │             │
        M10.1                                    │             │
        ─┤├──────────┤P├──                       │ Req         │
                                                 │             │
       Always_On                                 │             │
        ─┤├──                                    │ Active      │
                                                 │             │
                                          1 ─────┤ ConnID  Done├── M11.0
                                        192 ─────┤ IPaddr1 Busy├── M11.1
                                        168 ─────┤ IPaddr2 Error├─ M11.2
                                          0 ─────┤ IPaddr3 Status├ MB14
                                        102 ─────┤ IPaddr4     │
                                       2001 ─────┤ RemPort     │
                                       5000 ─────┤ LocPort     │
                                                 └─────────────┘
```

图 10-43 TCP_CONNECT 指令调用及接口参数

（2）输出参数

Done：当连接操作完成且没有错误时，指令置位 Done 输出。

Busy：当连接操作正在进行时，指令置位 Busy 输出。

Error：当连接操作完成但发生错误时，指令置位 Error 输出。

Status：如果指令置位 Error 输出，Status 输出会显示错误代码。如果指令置位 Busy 或 Done 输出，Status 为零（无错误）。

2. ISO_CONNECT 指令

ISO_CONNECT 指令用于建立 ISO-on-TCP 通信连接，需要填写 IP 地址和 TSAP。该指令调用及接口参数如图 10-44 所示。

（1）输入参数

EN：使能输入。

Req：请求操作，边沿触发。

Active：TURE 为主动连接（客户端），FALSE 为被动连接（服务器）。

ConnID：连接标识符，可能范围为 0～65534。

IPaddr1～IPaddr4：IP 地址的四个八位字节。IPaddr1 是 IP 地址的最高有效字节。IPaddr4 是 IP 地址的最低有效字节。

RemTsap：远程 TSAP 字符串。

LocTsap：本地 TSAP 字符串。

（2）输出参数

Done：当连接操作完成且没有错误时，指令置位 Done 输出。

Busy：当连接操作正在进行时，指令置位 Busy 输出。

Error：当连接操作完成但发生错误时，指令置位 Error 输出。

Status：如果指令置位 Error 输出，Status 输出会显示错误代码。如果指令置位 Busy 或 Done 输出，Status 为零（无错误）。

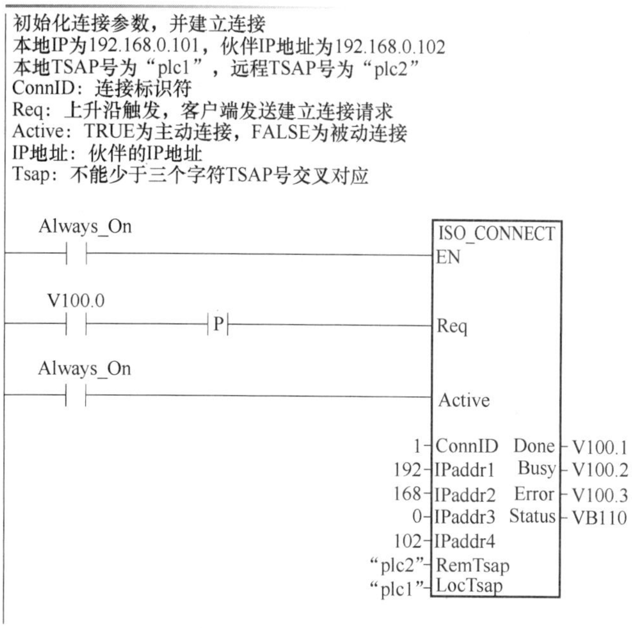

初始化连接参数，并建立连接
本地IP为192.168.0.101，伙伴IP地址为192.168.0.102
本地TSAP号为"plc1"，远程TSAP号为"plc2"
ConnID：连接标识符
Req：上升沿触发，客户端发送建立连接请求
Active：TRUE为主动连接，FALSE为被动连接
IP地址：伙伴的IP地址
Tsap：不能少于三个字符TSAP号交叉对应

```
        Always_On                              ISO_CONNECT
   ────────┤├────────                          EN

          V100.0
   ────────┤├────────┤P├                       Req

        Always_On
   ────────┤├────────                          Active

                                    1─ConnID      Done ─ V100.1
                                  192─IPaddr1     Busy ─ V100.2
                                  168─IPaddr2     Error ─ V100.3
                                    0─IPaddr3    Status ─ VB110
                                  102─IPaddr4
                               "plc2"─RemTsap
                               "plc1"─LocTsap
```

图 10-44 ISO_CONNECT 指令调用及接口参数

3. TCP_SEND 指令

使用 TCP 和 ISO-on-TCP 时，TCP_SEND 指令用于将指定数量（DataLen）的发送缓冲区（DataPtr）数据，发送到已建立连接的通信伙伴。该指令调用及接口参数如图 10-45 所示。

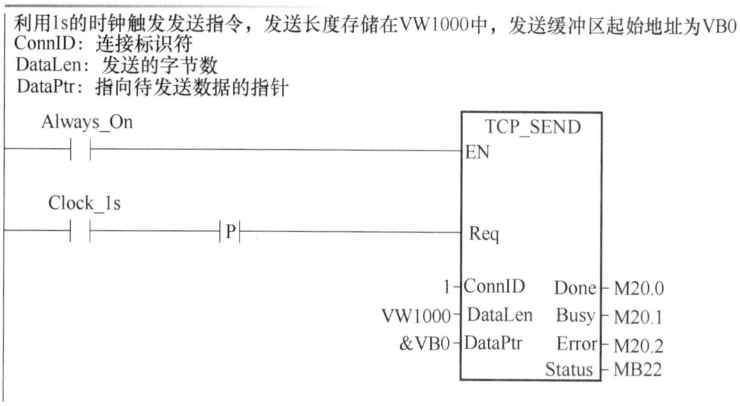

利用1s的时钟触发发送指令，发送长度存储在VW1000中，发送缓冲区起始地址为VB0
ConnID：连接标识符
DataLen：发送的字节数
DataPtr：指向待发送数据的指针

```
        Always_On                              TCP_SEND
   ────────┤├────────                          EN

         Clock_1s
   ────────┤├────────┤P├                       Req

                                    1─ConnID      Done ─ M20.0
                              VW1000─DataLen      Busy ─ M20.1
                                &VB0─DataPtr      Error ─ M20.2
                                                Status ─ MB22
```

图 10-45 TCP_SEND 指令调用及接口参数

（1）输入参数

EN：使能输入。

Req：请求操作，边沿触发。

ConnID：连接标识符，是指此发送操作的连接标识符。

DataLen：要发送的字节数，范围为 1~1024。

DataPtr：指向待发送数据的指针。

（2）输出参数

Done：当连接操作完成且没有错误时，指令置位 Done 输出。

Busy：当连接操作正在进行时，指令置位 Busy 输出。

Error：当连接操作完成但发生错误时，指令置位 Error 输出。

Status：如果指令置位 Error 输出，Status 输出会显示错误代码。如果指令置位 Busy 或 Done 输出，Status 为零（无错误）。

4. TCP_RECV 指令

使用 TCP 和 ISO-on-TCP 时，TCP_RECV 指令用于将接收到的数据复制到由 DataPtr 指定的接收数据缓冲区。该指令调用及接口参数如图 10-46 所示。

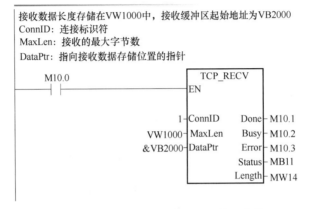

图 10-46　TCP_RECV 指令调用及接口参数

（1）输入参数

EN：使能输入。建议使用 SM0.0 触发接收。

ConnID：连接标识符，有效范围为 0～65534。TCP_RECV 指令的 ConnID 指定接收操作所用连接的编号，与建立此连接的 TCP_CONNECT 或 ISO_CONNECT 指令的 ConnID 保持一致。

MaxLen：接收数据的长度，最大为 1024 字节。

DataPtr：数据指针，为接收数据缓冲区的首地址，可以访问的数据区域为 I、Q、V 和 M 区。例如，&VB2000 表示将接收到的数据存储到 VB2000 开始的数据区域中。

（2）输出参数

Done：完成标志位，接收成功后，指令置位 Done 输出。

Busy：接收过程仍在进行时，指令置位 Busy 输出。

Error：操作完成但出现错误时，指令置位 Error 输出。

Status：状态字节，Error 为 TRUE 时，可以通过其查看错误代码。

Length：实际接收的字节数，仅当 Done 或 Error 置位时，Length 才有效。

（3）TCP_RECV 指令的动作

使用 TCP_RECV 指令时，第一次执行 TCP_RECV 指令后，CPU 将通过指定连接接收数据，此时指令处于繁忙状态。下一次执行 TCP_RECV 指令时将第一次调用 TCP_RECV 指令后 CPU 接收到的所有字节复制到程序的数据区（DataPtr），并在指令的 Length 参数输出接收的字节长度。

（4）TCP_RECV 指令的操作

根据使用的协议不同，TCP_RECV 指令的操作有所不同，具体描述如下：

1）使用 TCP。因为 TCP 是"流"协议，在 TCP 中没有开始或结束标记，所以程序必须足够频繁地调用 TCP_RECV 指令以确保正确地接收数据。

例如，发送方发送 20 字节数据，TCP_RECV 指令的 MaxLen 设置为 40 字节。发送方发送数据时，指令 EN 禁止接通；发送方连续两次发送 20 字节的消息给 CPU。对于 TCP 通信，接收指令使能接收后，将只接收一条 40 字节的消息。

2）使用 ISO-on-TCP。ISO-on-TCP 有开始和结束标记，TCP_RECV 指令在 CPU 中以单独消息的形式接收发送方发送的所有消息并保存，TCP_RECV 指令每次调用均可以正确地接收发送方发送的数据。

例如，发送方发送 20 字节数据，TCP_RECV 指令的 MaxLen 设置为 40 字节。发送方发送数据时，指令 EN 禁止接通；发送方连续两次发送 20 字节的消息给 CPU。对于 ISO_on_TCP 通信，接收方需要分多次接收数据，接收两条 20 字节的消息。第一次接收第一次发送的 20 字节数据，第二次接收第二次发送的 20 字节数据。建议将 TCP_RECV 指令的 EN 设置为常 1 导通。

3）TCP_RECV 指令的接收缓冲区。使能接收指令后，在一条消息中最多可以接收 1024 字节的数据。如果 CPU 接收到数据字节数大于 TCP_RECV 指令设置的 MaxLen，TCP_RECV 指令只接收 MaxLen 字节长度的数据。因此，建议用户将发送方发送的数据长度和 TCP_RECV 的 MaxLen 设定为相等。

例如，发送方发送 20 字节数据，TCP_RECV 指令的 MaxLen 设置为 15。接收方将只接收前 15 字节，字节 16~20 的数据被舍弃。此时，TCP_RECV 指令的输出参数 Done 始终为 0，Error 置位为 1，Status 输出 25，表示接收缓冲区过小，实际接收字节数 Length 为 15。

5. UDP_CONNECT 指令

UDP_CONNECT 指令用于 UDP 通信，UDP 是一种无连接协议，因此不会在此 CPU 和远程设备之间创建实际连接，但是在发送数据之前必须调用 UDP_CONNECT 指令。之后，可使用 UDP_SEND 和 UDP_RECV 指令发送和接收数据。该指令调用及接口参数如图 10-47 所示。

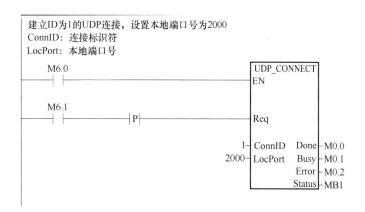

图 10-47 UDP_CONNECT 指令调用及接口参数

（1）输入参数

EN：使能输入。

Req：请求操作，边沿触发。

ConnID：连接标识符，可能范围为 0~65534。

LocPort：本地 CPU 上的端口号，对于所有被动连接，本地端口号必须唯一。本地端口号的规则为，有效端口号范围为 1～49151；不能使用端口号 20、21、25、80、102、135、161、162、443，以及 34962～34964，这些端口具有特定用途；建议采用的端口号范围为 2000～5000；对于被动连接，本地端口号必须唯一（不重复）。

（2）输出参数

Done：当连接操作完成且没有错误时，指令置位 Done 输出。

Busy：当连接操作正在进行时，指令置位 Busy 输出。

Error：当连接操作完成但发生错误时，指令置位 Error 输出。

Status：如果指令置位 Error 输出，Status 输出会显示错误代码。如果指令置位 Busy 或 Done 输出，Status 为零（无错误）。

6. UDP_SEND 指令

UDP_SEND 指令用于 UDP 通信时向伙伴方发送数据。S7-200 SMART CPU 进行 UDP 通信时不支持广播，也不支持组播。该指令调用及接口参数如图 10-48 所示。

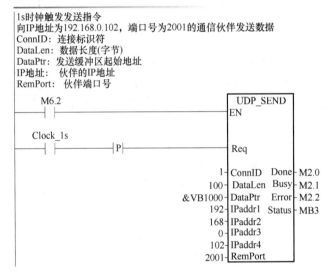

图 10-48　UDP_SEND 指令调用及接口参数

（1）输入参数

EN：使能输入。

Req：请求操作，边沿触发。

ConnID：连接标识符，可能范围为 0～65534。

DataLen：要发送的字节数，范围为 1～1024。

DataPtr：指向待发送数据的指针。

IPaddr1～IPaddr4：IP 地址的四个八位字节。IPaddr1 是 IP 地址的最高有效字节。IPaddr4 是 IP 地址的最低有效字节。

RemPort：远程设备上的端口号，范围为 1～49151。

（2）输出参数

Done：当连接操作完成且没有错误时，指令置位 Done 输出。

Busy：当连接操作正在进行时，指令置位 Busy 输出。

Error：当连接操作完成但发生错误时，指令置位 Error 输出。

Status：如果指令置位 Error 输出，Status 输出会显示错误代码。如果指令置位 Busy 或 Done 输出，Status 为零（无错误）。

7. UDP_RECV 指令

UDP_RECV 指令用于 UDP 通信时接收数据。该指令调用及接口参数如图 10-49 所示。

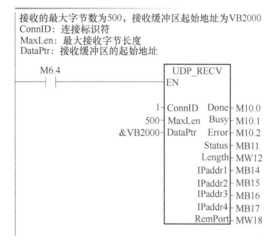

图 10-49　UDP_RECV 指令调用及接口参数

（1）输入参数

EN：使能输入。

ConnID：连接标识符，有效范围 0~65534。UDP_RECV 指令的 ConnID 指定发送操作所用连接的编号，与 UDP_CONNECT 指令的 ConnID 保持一致。

MaxLen：接收数据的长度，最大为 1024 字节。

DataPtr：数据指针，指向接收数据缓冲区的首地址，可以访问的数据区域为 I、Q、V 和 M 区。例如，&VB2000 表示将接收到的数据存储到 VB2000 开始的数据区域中。

（2）输出参数

Done：完成标志位，接收成功后，指令置位 Done 输出。

Busy：连接过程仍在进行时，指令置位 Busy 输出。

Error：操作完成但出现错误时，指令置位 Error 输出。

Status：状态字节，Error 为 TRUE 时，可以通过其查看错误代码。

Length：实际接收的字节数。仅当 Done 或 Error 置位时，Length 才有效。

RemPort：远程端口号，是发送数据的通信伙伴的本地端口号。

8. DISCONNECT 指令

DISCONNECT 指令用于终止通过 TCP_CONNECT、ISO_CONNECT 及 UDP_CONNECT 指令建立的连接，并且释放连接资源。参数 Conn_ID 需要与建立连接时所使用的指令的 ConnID 相同。参数 Req 的上升沿用于启动断开连接的操作，如果还需要重新建立连接则必须再次执行建立连接的指令。该指令调用及接口参数如图 10-50 所示。

（1）输入参数

EN：使能输入。

Req：请求操作，边沿触发。

```
断开ID号为1的连接
Conn_ID: 连接标识符
  M6.5                              ┌─────────────┐
──┤ ├──────────────────────────────┤ DISCONNECT  │
                                    │ EN          │
                                    │             │
  M6.6                              │             │
──┤ ├────────────┤P├───────────────┤ Req         │
                                    │             │
                              1─────┤ Conn_ID Done├─M4.0
                                    │         Busy├─M4.1
                                    │        Error├─M4.2
                                    │       Status├─MB5
                                    └─────────────┘
```

图 10-50　DISCONNECT 指令调用及接口参数

（2）输出参数

Done：当连接操作完成且没有错误时，指令置位 Done 输出。

Busy：当连接操作正在进行时，指令置位 Busy 输出。

Error：当连接操作完成但发生错误时，指令置位 Error 输出。

Status：如果指令置位 Error 输出，Status 输出会显示错误代码。如果指令置位 Busy 或 Done 输出，Status 为零（无错误）。

10.7.2　S7-200 SMART CPU 之间的 TCP 通信实例

【例 10-4】　将作为客户端的 PLC（IP 地址为 192.168.0.101）中 VB0~VB3 的数据传送到作为服务器端的 PLC（IP 地址为 192.168.0.102）的 VB2000~VB2003。

软硬件配置如下：

1）软件为 STEP 7-Micro/WIN SMART V2.5。

2）S7-200 SMART CPU，固件版本为 V2.5。

3）通信硬件为 TP 电缆（以太网电缆）。

【解】

1. 设置客户端 IP 地址

设置客户端 IP 地址为 192.168.0.101，如图 10-51 所示。

图 10-51　设置客户端 IP 地址

2. 建立客户端 TCP 连接

调用 TCP_CONNECT 指令建立 TCP 连接，设置连接伙伴 IP 地址为 192.168.0.102，远端端口为 2001，本地端口为 5000，连接标识符为 1，利用 SM0.0 使能 Active（设置为主动连接），如图 10-52 所示。

3. 发送数据

调用 TCP_SEND 指令发送以 VB0 为起始，数据长度为 DataLen 的数据发送到连接标识符为 1 指定的远程设备。利用 1Hz 的时钟上升沿触发发送请求，如图 10-53 所示。

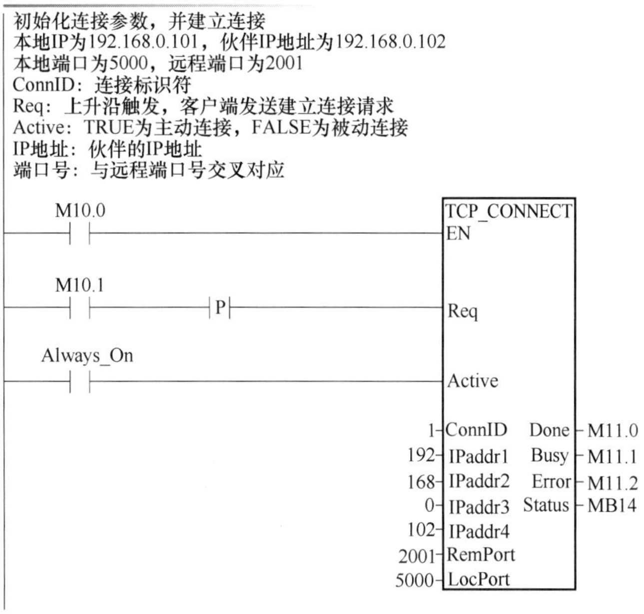

初始化连接参数，并建立连接
本地IP为192.168.0.101，伙伴IP地址为192.168.0.102
本地端口为5000，远程端口为2001
ConnID：连接标识符
Req：上升沿触发，客户端发送建立连接请求
Active：TRUE为主动连接，FALSE为被动连接
IP地址：伙伴的IP地址
端口号：与远程端口号交叉对应

```
       M10.0                                    TCP_CONNECT
    ────┤ ├────────────────────────────────    EN

       M10.1
    ────┤ ├────────────┤P├──────────────────    Req

      Always_On
    ────┤ ├────────────────────────────────    Active

                                          1 ─ ConnID    Done ─ M11.0
                                        192 ─ IPaddr1   Busy ─ M11.1
                                        168 ─ IPaddr2   Error ─ M11.2
                                          0 ─ IPaddr3  Status ─ MB14
                                        102 ─ IPaddr4
                                       2001 ─ RemPort
                                       5000 ─ LocPort
```

图 10-52　调用 TCP_CONNECT 指令

利用1s的时钟触发发送指令，发送长度存储在VW1000中，发送缓冲区起始地址为VB0
ConnID：连接标识符
DataLen：发送的字节数
DataPtr：指向待发送数据的指针

```
      Always_On                                 TCP_SEND
    ────┤ ├────────────────────────────────    EN

      Clock_1s
    ────┤ ├────────────┤P├──────────────────    Req

                                          1 ─ ConnID    Done ─ M20.0
                                    VW1000 ─ DataLen    Busy ─ M20.1
                                      &VB0 ─ DataPtr    Error ─ M20.2
                                                       Status ─ MB22
```

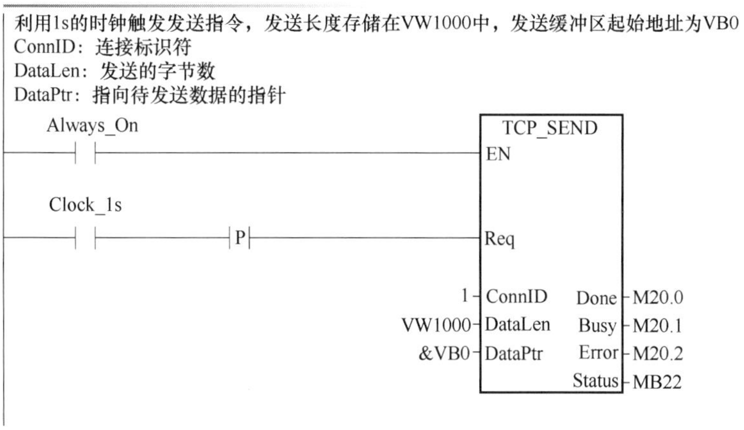

图 10-53　调用 TCP_SEND 指令

4. 终止通信连接

用户可通过 DISCONNECT 指令终止指定 ID 的连接，如图 10-54 所示。

5. 设置服务器 IP 地址

设置服务器 IP 地址为 192.168.0.102，如图 10-55 所示。

6. 建立服务器 TCP 连接

调用 TCP_CONNECT 指令建立 TCP 连接，设置连接伙伴 IP 地址为 192.168.0.101，远端端口为 5000，本地端口为 2001，连接标识符为 1，利用 SM0.0 常闭使能 Active（设置为被动连接），如图 10-56 所示。

7. 接收数据

调用 TCP_RECV 指令接收指定 ID 连接的数据，接收的缓冲区长度为 MaxLen，数据接收缓冲区以 VB2000 为起始，如图 10-57 所示。

断开ID为1的连接
Conn_ID：连接标识符

```
         M30.0                                    ┌──────────────┐
    ─────┤ ├──────────────────────────────────── │  DISCONNECT  │
                                                  │EN            │
                                                  │              │
         M30.1                                    │              │
    ─────┤ ├────────────────┤P├───────────────────┤Req           │
                                                  │              │
                                               1──┤Conn_ID  Done ├─ M30.2
                                                  │         Busy ├─ M30.3
                                                  │        Error ├─ M30.4
                                                  │       Status ├─ MB31
                                                  └──────────────┘
```

图 10-54   调用 DISCONNECT 指令

图 10-55   设置服务器 IP 地址

初始化连接参数，并建立连接
本地IP为192.168.0.102，伙伴IP地址为192.168.0.101
本地端口为2001，远程端口为5000
ConnID：连接标识符
Req：电平触发，服务器被动等待客户端连接请求
Active：TRUE为主动连接，FALSE为被动连接
IP地址：伙伴的IP地址
端口号：与远程端口号交叉对应

```
         M0.0                                     ┌──────────────┐
    ─────┤ ├──────────────────────────────────── │ TCP_CONNECT  │
                                                  │EN            │
                                                  │              │
         M0.1                                     │              │
    ─────┤ ├──────────────────────────────────── │Req           │
                                                  │              │
       Always_On                                  │              │
    ─────┤/├──────────────────────────────────── │Active        │
                                                  │              │
                                               1──┤ConnID   Done ├─ M0.2
                                             192──┤IPaddr1  Busy ├─ M0.3
                                             168──┤IPaddr2 Error ├─ M0.4
                                               0──┤IPaddr3 Status├─ MB1
                                             101──┤IPaddr4       │
                                            5000──┤RemPort       │
                                            2001──┤LocPort       │
                                                  └──────────────┘
```

图 10-56   调用 TCP_CONNECT 指令

8. 监控结果

客户端的 VW1000 是发送的数据长度，服务器端的 VW1000 是接收的数据长度，如图 10-58 所示。

接收数据长度存储在VW1000中,接收缓冲区起始地址为VB2000
ConnID: 连接标识符
MaxLen: 接收的最大字节数
DataPtr: 指向接收数据存储位置的指针

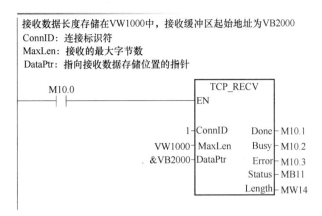

图 10-57　调用 TCP_RECV 指令

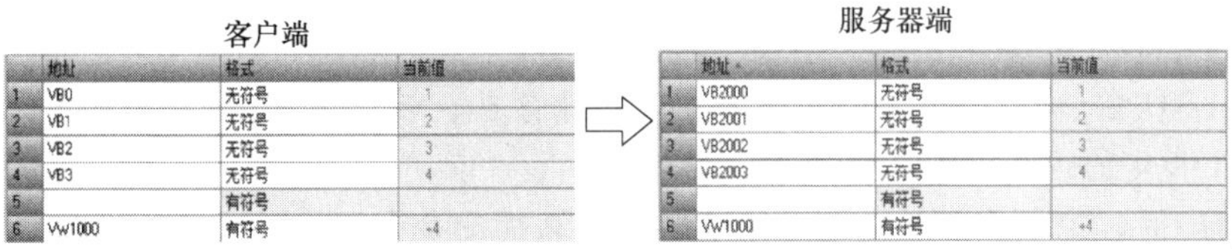

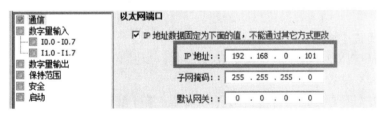

图 10-58　监控结果

10.7.3　S7-200 SMART CPU 之间的 UDP 通信实例

【例 10-5】　将 PLC_1 (IP 地址为 192.168.0.101) 中 VB1000 的数据传送到 PLC_2 (IP 地址为 192.168.0.102) 的 VB2000 中。

软硬件配置如下:

1) 软件版本为 STEP 7-Micro/WIN SMART V2.2。

2) S7-200 SMART CPU, 固件版本为 V2.2。

3) 通信硬件为 TP 电缆 (以太网电缆)。

4) PC (带以太网卡)。

所完成的通信任务:

1. S7-200 SMART 客户端侧编程

(1) 设置客户端 IP 地址

在系统块中设置客户端 IP 地址为 192.168.0.101, 如图 10-59 所示。

图 10-59　设置客户端 IP 地址

(2) 调用 UDP_CONNECT 指令

调用 UDP_CONNECT 指令本地注册连接标识符为 15, 本地端口为 2000, 如图 10-60 所示。

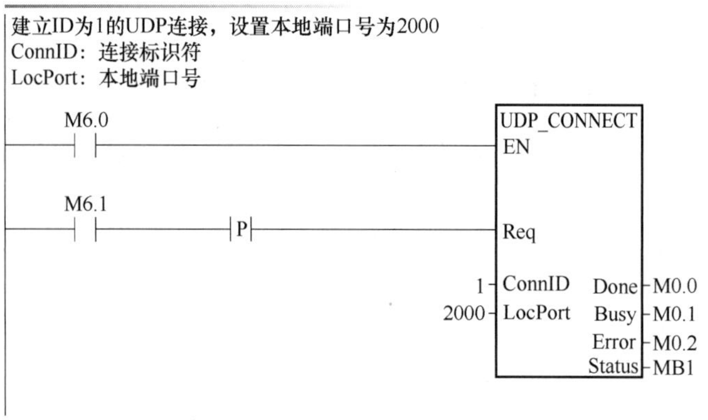

建立ID为1的UDP连接，设置本地端口号为2000
ConnID: 连接标识符
LocPort: 本地端口号

```
        M6.0                              UDP_CONNECT
        ─┤├─                              EN

        M6.1
        ─┤├──────────┤P├─                 Req

                          1─ ConnID   Done ─M0.0
                       2000─ LocPort  Busy ─M0.1
                                      Error ─M0.2
                                      Status─MB1
```

图 10-60　客户端调用 UDP_CONNECT 指令

（3）调用 UDP_SEND 指令

UDP_SEND 指令会将从 VB1000 开始的 100 个字节，传输到通过 IP 地址 192.168.0.102 和端口 2001 指定的远程设备，如图 10-61 所示。

利用 1Hz 的时钟上升沿触发发送请求。如果远程设备未接收到发送的信息，不会报错。

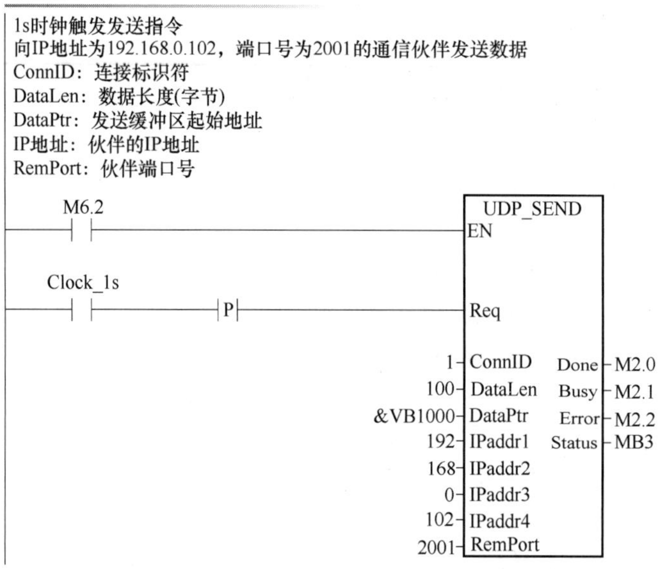

1s时钟触发发送指令
向IP地址为192.168.0.102，端口号为2001的通信伙伴发送数据
ConnID: 连接标识符
DataLen: 数据长度(字节)
DataPtr: 发送缓冲区起始地址
IP地址: 伙伴的IP地址
RemPort: 伙伴端口号

```
        M6.2                              UDP_SEND
        ─┤├─                              EN

        Clock_1s
        ─┤├──────────┤P├─                 Req

                           1─ ConnID   Done ─M2.0
                         100─ DataLen  Busy ─M2.1
                     &VB1000─ DataPtr  Error ─M2.2
                         192─ IPaddr1  Status─MB3
                         168─ IPaddr2
                           0─ IPaddr3
                         102─ IPaddr4
                        2001─ RemPort
```

图 10-61　客户端调用 UDP_SEND 指令

（4）中止通信连接

可通过 DISCONNECT 指令终止指定 ID 的连接，如图 10-62 所示。

（5）分配库存储区

开放式通信库需要使用 50 个字节的 V 存储器，需手动分配。在指令树的程序中，以右键单击程序块，在弹出的快捷菜单中选择库存储器，如图 10-63 所示。

2. S7-200 SMART 服务器侧编程

（1）设置服务器的 IP 地址

在系统块中设置服务器 IP 地址为 192.168.0.102，如图 10-64 所示。

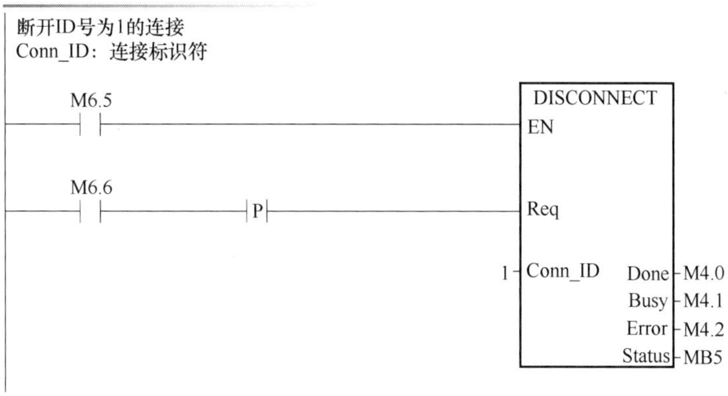

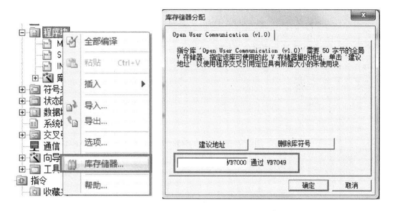

图 10-62　客户端调用 DISCONNECT 指令

图 10-63　分配库存储区

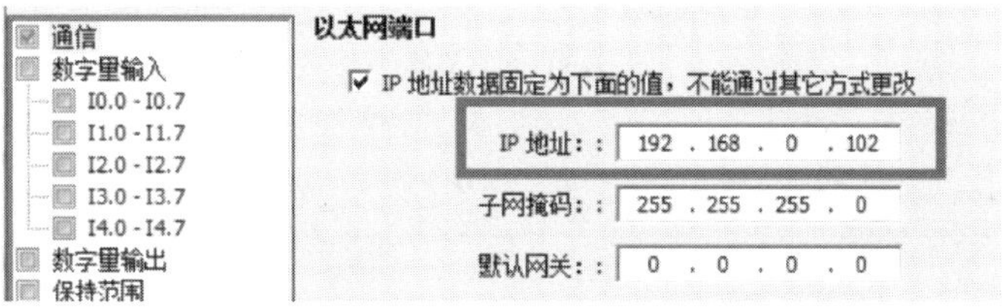

图 10-64　设置服务器 IP 地址

（2）注册 UDP 连接

注册连接标识符为 1，本地端口号为 2001 的连接，如图 10-65 所示。

（3）调用 UDP_RECV 指令

UDP_RECV 指令通过现有连接接收数据。该指令仅用于 UDP 及通过 UDP_CONNECT 指令创建的连接，该指令将远程设备传送来的数据传送到 VB2000 中，如图 10-66 所示。

（4）监控结果

分别下载客户端和服务器的程序，监控客户端的 VB1000 和服务器的 VB2000 中数据，如图 10-67 所示。

建立ID为1的UDP连接，设置本地端口号为2001
ConnID: 连接标识符
LocPort: 本地端口号

```
        M6.0                                    ┌─────────────┐
       ──┤ ├──                                  │ UDP_CONNECT │
                                                ┤EN           │
                                                │             │
        M6.1                                    │             │
       ──┤ ├──────────────┤P├──────────────────┤Req          │
                                                │             │
                                             1──┤ConnID   Done├── M0.0
                                          2001──┤LocPort  Busy├── M0.1
                                                │        Error├── M0.2
                                                │       Status├── MB1
                                                └─────────────┘
```

图 10-65　服务器调用 UDP_CONNECT 指令

接收的最大字节数为500，接收缓冲区起始地址为VB2000
ConnID: 连接标识符
MaxLen: 最大接收字节长度
DataPtr: 接收缓冲区的起始地址

```
        M6.4                                    ┌─────────────┐
       ──┤ ├──                                  │  UDP_RECV   │
                                                ┤EN           │
                                                │             │
                                             1──┤ConnID   Done├── M10.0
                                           500──┤MaxLen   Busy├── M10.1
                                        &VB2000─┤DataPtr Error├── M10.2
                                                │       Status├── MB11
                                                │       Length├── MW12
                                                │      IPaddr1├── MB14
                                                │      IPaddr2├── MB15
                                                │      IPaddr3├── MB16
                                                │      IPaddr4├── MB17
                                                │      RemPort├── MW18
                                                └─────────────┘
```

图 10-66　服务器调用 UDP_RECV 指令

PLC_1

| 1 | VB1000 | 无符号 | 125 |

PLC_2

| 1 | VB2000 | 无符号 | 125 |

图 10-67　监控结果

10.7.4　开放式用户通信常见问题

问题 1. IP 地址是否可以设置为 0.0.0.0？

答：只可在服务器端将 IP 地址设置为 0.0.0.0，此时 S7-200 SMART CPU 接收来自任何远程 IP 地址的连接。

如果设置为非零地址，则 CPU 只接收指定 IP 地址的连接。客户端不可设置为 0.0.0.0。

另外，IP 地址不能如下设置：

1）任何广播 IP 地址（如 255. 255. 255. 255）。

2）任何多播地址。

3）本地 CPU 的 IP 地址。

问题 2. 客户端建立连接需要多长时间？

答：最多 30s，客户端可能最多需要 30s 的时间来确定远程设备是否允许连接。此时服务器端 Busy 置位，直到连接建立。

问题 3. 连接断开之后会自动恢复连接么？

答：连接关闭后，S7-200 SMART 不会自动尝试重新连接到设备。如果远程设备断开设备连接，程序必须执行另一个 TCP_CONNECT 指令以重新连接设备。主动连接和被动连接皆如此。

问题 4. 为什么 Error 显示 24 号错误？

答：24 号表示目前没有操作正在进行。表示空闲状态。

 ## 10.8　S7-200 SMART PLC PROFINET 通信

10. 8. 1　PROFINET 通信概述

PROFINET IO 是由 PROFIBUS 国际（PROFIBUS International，PI）组织推出的基于以太网的自动化标准。它定义了跨供应商通信、自动化和工程组态的模型。借助 PROFINET IO，可采用一种交换技术使所有站随时访问网络。因此，多个节点可同时传输数据，进而可更高效地使用网络。数据的同时发送和接收功能可通过交换式以太网的全双工操作来实现（带宽为 100Mbit/s）。

1. PROFINET IO 的系统组成

PROFINET IO 系统由下列设备组成：

1）PROFINET 控制器，用来控制自动化任务。

2）PROFINET 设备，是现场设备，由 PROFINET 控制器进行监视和控制。PROFINET 设备可包含多个模块和子模块。

3）软件，通常是基于 PC 的，用于设置参数和诊断各个 PROFINET 设备。

PROFINET 的目标如下：

1）实现工业联网，基于工业以太网（开放式以太网标准）。

2）实现工业以太网与标准以太网组件的兼容性。

3）凭借工业以太网设备实现高稳健性。工业以太网设备适用于工业环境（如温度和抗干扰性）。

4）实现实时功能。

5）其他现场总线系统的无缝集成。

从 STEP 7-Micro/WIN SMART V2. 4 和 S7-200 SMART V2. 4 CPU 固件开始，标准型 CPU（ST/SR 型 CPU）支持 PROFINET IO 控制器；从 V2. 5 版本开始，支持智能设备。S7-200 SMART 的 PROFINET 通信示意如图 10-68 所示。

S7-200 SMART CPU 的 PROFINET IO 通信的具体参数见表 10-20。

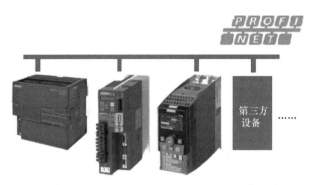

图 10-68　S7-200 SMART 的 PROFINET 通信示意

表 10-20　S7-200 SMART CPU 的 PROFINET IO 通信的具体参数

通信角色	说　明	ST20/SR20	ST30/SR30	ST40/SR40	ST60/SR60
IO 控制器	设备编号范围	1~8（不可修改）			
	最大模块数量	64			
	每个设备最大输入区域	128 字节			
	过程映像输入区地址范围	I128.0~I1151.7，共 8 个设备，1024 字节 （每个设备占用 128 字节，顺序递增，如 2 号 PROFINET 设备的 过程输入寄存器地址从 I256.0~I383.7）			
	每个设备最大输出区域	128 字节			
	过程映像输出区地址范围	Q128.0~Q1151.7，共 8 个设备，1024 字节 （每个设备占用 128 字节，顺序递增，如 2 号 PROFINET 设备的 过程输出寄存器地址从 Q256.0~Q383.7）			
	更新时间	最小值还取决于为 PROFINET 设置的通信组件、PROFINET 设备的 数量及已组态的用户数据量			
I-Device	支持的 IO 控制器数	1 个			
	最大输入区域	128 字节			
	过程映像输入区域	I1152.0~I1279.7			
	最大输出区域	128 字节			
	过程映像输出区域	Q1152.0~Q1279.7			

　　S7-200 SMART CPU 的 PROFINET 通信从组态到启动过程如图 10-69 所示。

　　S7-200 SMART CPU 的 PROFINET 通信配置一般可以分为如下几部分：

　　1）在 STEP 7-Micro/WIN SMART 中添加 PROFINET IO 设备的 GSD 文件。

　　2）配置 PROFINET 向导。

　　3）为 PROFINET IO 设备分配设备名称。

2. I-Device 概述

　　S7-200 SMART CPU V2.5 版本（硬件和软件）增加了标准型 CPU，支持 PROFINET IO 智能设备 I-Device 功能。I-Device 作为智能设备，可以与 IO 控制器交换数据，最大输入为 128 字节、最大输出为 128 字节。

　　智能设备 I-Device 可认为是采用"智能 IO 设备"组态的 CPU。

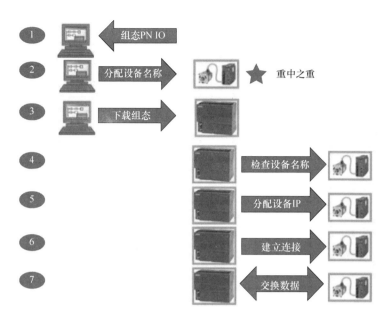

图 10-69　S7-200 SMART CPU 的 PROFINET 通信从组态到启动过程

CPU 的智能设备功能允许在 CPU 与上级 IO 控制器之间进行数据交换的同时，作为下级 IO 设备的 IO 控制器（见图 10-70）。

集中式或分布式 IO（PROFINET IO）中采集的过程值由用户程序进行预处理，并通过 PROFINET IO 接口提供给上位 IO 控制器。

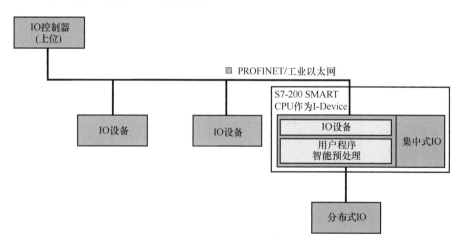

图 10-70　PROFINET IO 系统的智能设备 I-Device

S7-200 SMART CPU V2.5 版本支持两种类型的智能设备：

不带下级 PROFINET IO 系统的智能设备，如图 10-71 所示。

带下级 PROFINET IO 系统的智能设备，如图 10-72 所示。

（1）不带下级 PROFINET IO 系统的智能设备

智能设备自身没有分布式 IO。具有 IO 设备角色的智能设备的组态和参数分配与分布式 IO 系统相同。

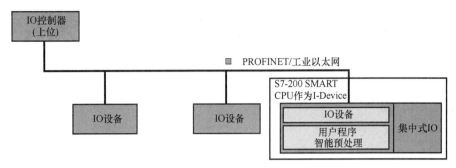

图 10-71　不带下级 PROFINET IO 系统的智能设备

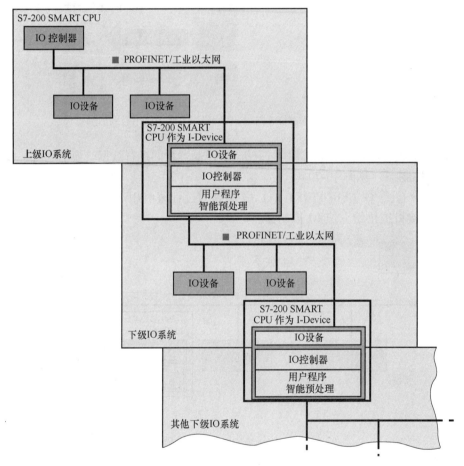

图 10-72　带下级 PROFINET IO 系统的智能设备

（2）带下级 PROFINET IO 系统的智能设备

智能设备除了具有 IO 设备角色之外，也可以用作 PROFINET 接口上的 IO 控制器。

这意味着，智能设备可通过其 PROFINET 接口而成为上级 IO 系统的一部分，并可作为 IO 控制器来支持自身的下级 IO 系统。

下级 IO 系统可以包含智能设备。这样就可实现分层的 IO 系统结构。

注意，如果 S7-200 SMART CPU 作为带下级 PROFINET 系统的智能设备，支持的最大下级 IO 设备数为 8，并且只支持一个上位控制器。

10.8.2　S7-200 SMART CPU 通过 PROFINET 连接 V90 PN 实现基本定位控制

从 S7-200 SMART CPU V2.4 版本（固件版本 V2.4）开始，标准型 CPU 支持做 PROFI-NET IO 通信的控制器。PROFINET IO 设备，通过 PROFINET 接口可与 V90 PN 伺服驱动器进行通信连接，此接口可支持八个连接（IO 设备或驱动器）。为了实现 S7-200 SMART CPU 对 V90 PN 的基本定位控制，需要安装如下软件：

- STEP 7-Micro/WIN SMART V2.4 调试软件。
- STEP 7-Micro/WIN V2.4 SINAMICS Control 库更新工具。
- SINAMICS V-ASSISTANT 软件。

1. SINAMICS 库介绍

安装 STEP 7-Micro/WIN V2.4 SINAMICS Control 库更新工具后，STEP 7-Micro/WIN SMART 调试软件中提供了 SINAMICS 库，该库及功能块如图 10-73 所示。

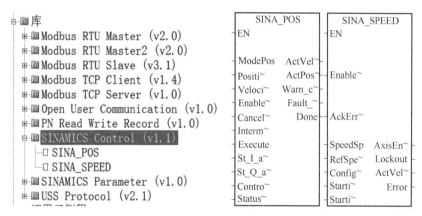

图 10-73　SINAMICS 库及功能块

在 SINAMICS Control 库有以下两项：

SINA_POS，通过 8 种不同的操作模式控制驱动器位置。

SINA_SPEED，控制驱动器速度。

2. 添加、删除、导出 GSD 文件

标准型 SR 或 ST CPU 从 V2.4 版本开始，支持作为 PROFINET IO 控制器，从 V2.5 版本开始支持作为智能设备 I-Device。既可以将 PROFINET IO 设备的 GSD 文件导入 STEP 7-Micro/WIN SMART，也可以通过 STEP 7-Micro/WIN SMART V2.5 导出 GSD 文件，实现 PROFINET 通信。

（1）GSD 文件简介

通用站描述（General Station Description，GSD）文件，用于存储设备属性，使用通用站描述标记语言（GSDML）确定其结构和规则。通常 GSD 文件的后缀名为".XML"。

（2）GSD 文件获取

可从所使用的 PROFINET IO 设备的制造商处获取到该设备的 GSD 文件，然后将其导入 STEP 7-Micro/WIN SMART。

（3）添加 GSD 文件步骤

1）从设备制造商处获取 GSD 文件，并且将该文件（如是压缩包，需提前解压缩）存储在某个路径下。下面的示例中 GSD 文件存储路径为 "D:\PROFINET_test"。

2）打开 STEP 7-Micro/WIN SMART，单击菜单栏的 "文件"→"GSDML 管理"，如图 10-74 所示。

图 10-74　打开 GSDML 管理

3）在弹出的对话框中选择 "浏览"，如图 10-75 所示。

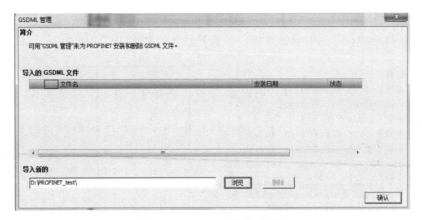

图 10-75　GSDML 管理对话框

4）找到存储 GSD 文件的路径，选择文件并打开，如图 10-76 所示。

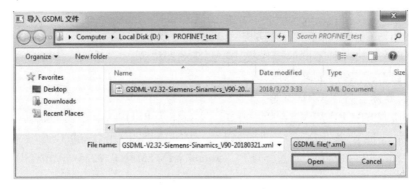

图 10-76　选择 GSD 文件

5）如图 10-77 所示，GSD 文件导入完毕已经将 V90PN 导入 STEP 7-Micro/WIN SMART。

（4）删除 GSD 文件

1）对于长期不使用的 GSD 文件，在 "导入的 GSDML 文件" 列表中，勾选想要删除的文件的复选框，单击删除，如图 10-78 所示。

2）在弹出的对话框中单击 "Yes"，确认删除，即可完成删除 GSD 文件的操作，如图 10-79 所示。

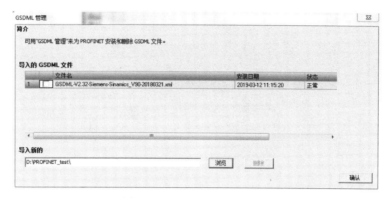

图 10-77　GSD 文件导入完毕

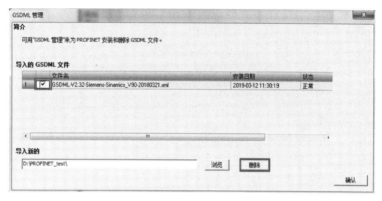

图 10-78　删除 GSD 文件

图 10-79　确认删除 GSD 文件

（5）导出 GSD 文件

1）打开 PROFINET 向导，勾选"PLC 角色"为"智能设备"；"以太网端口"选择"固定 IP 地址及站名"，IP 地址是 192.168.0.40，子网掩码是 255.255.255.0，设备名称是 st40，如图 10-80 所示。

2）添加传输区，第一个条目是从 IB1152 开始的 10 个字节输入区域，第二个条目是从 QB1152 开始的 10 个字节输出区域；选择合适的路径用来存储 GSD 文件；然后直接导出 GSD 文件，如图 10-81 所示。

3）导出的 GSD 文件如图 10-82 所示。

3. SINA_POS 介绍

安装 STEP 7-Micro/WIN V2.4 SINAMIC Control 库更新工具后，软件会提供 SINAMICS 库，库中的 SINA_POS 功能块如图 10-83 所示。

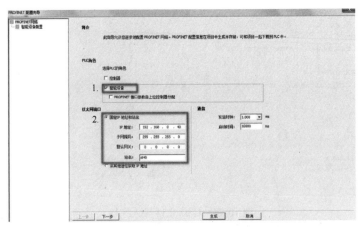

图 10-80　设置 PLC 角色、IP 地址及设备名称

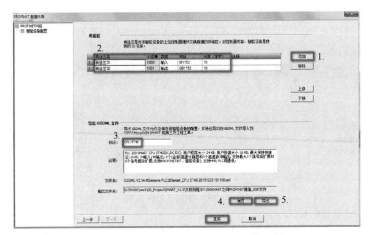

图 10-81　添加传输区并导出 GSD 文件

图 10-82　导出的 GSD 文件

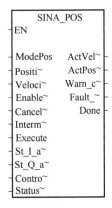

图 10-83　SINA_POS 功能块

此功能块可配合 V90 PN 驱动中的基本定位功能使用，在驱动侧必须激活基本定位功能，并使用西门子 111 通信报文。SINA_POS 功能块如图 10-84 所示。

（1）SINA_POS 输入参数说明（见表 10-21）

表 10-21　SINA_POS 输入参数说明

	类型	描　述
ModePos	INT	运行模式： 1＝相对定位 2＝绝对定位 3＝连续运行模式（按指定速度运行） 4＝主动回零 5＝直接设置回零位置 6＝运行程序段 0~15 7＝按指定速度点动 8＝按指定距离点动
Position	DINT	ModePos＝1 或 2 时的位置设定值 LU ModePos＝6 时的程序段号
Velocity	DINT	ModePos＝1、2、3 时的速度设定值， 1000LU/min
EnableAxis	BOOL	伺服运行命令： 0＝停止（OFF1） 1＝启动
CancelTraversing	BOOL	0＝取消当前的运行任务 1＝不取消当前的运行任务
IntermediateStop	BOOL	暂停任务运行： 0＝暂停当前运行任务 1＝不暂停当前运行任务
Execute	BOOL	激活请求的模式
St_I_add	DWORD	PROFINET 通信报文 I 存储区起始地址的指针，如 &IB128
St_Q_add	DWORD	PROFINET 通信报文 Q 存储区起始地址的指针，如 &QB128
Control_table	DWORD	Control_table 起始地址的指针，如 &VD8000
Status_table	DWORD	Status_table 起始地址的指针，如 &VD7500

Control_table 参数定义见表 10-22。

表 10-22　Control_table 参数定义

字节偏移	位 7	位 6	位 5	位 4	位 3	位 2	位 1	位 0
0	保留	保留	AckError 确认错误	V90 不用	Jog2 点动 2	Jog1 点动 1	Negative 负向旋转	Positive 正向旋转
1	保留							
2	OverV：设定速度百分比 0~199%							
3								

（续）

字节偏移	位 7	位 6	位 5	位 4	位 3	位 2	位 1	位 0
4	OverAcc：ModePos＝1、2、3 时的设定加速度百分比 0~100%							
5								
6	OverDec：ModePos＝1、2、3 时的设定减速度百分比 0~100%							
7								
8	ConfigEpos							
9								
10								
11								

可以通过表 10-22 中的参数 ConfigEpos，控制基本定位的相关功能。其位的说明，见表 10-23。

表 10-23　ConfigEpos 位的说明

ConfigEPos 位	功 能 说 明
ConfigEPos.%X0	OFF2 停止
ConfigEPos.%X1	OFF3 停止
ConfigEPos.%X2	激活软件限位
ConfigEPos.%X3	激活硬件限位
ConfigEPos.%X6	零点开关信号
ConfigEPos.%X7	外部程序块切换
ConfigEPos.%X8	ModPos＝2、3 时，设定值连续改变（不需要重新触发）

注意，如果程序里对此进行了变量分配，必须保证初始数值为 3（即 ConfigEPos.%X0 和 ConfigEPos.%X1 等于 1，不激活 OFF2 和 OFF3 停止）。

表 10-21 中的 Status_table 参数定义见表 10-24。

表 10-24　Status_table 参数定义

偏移	位 7	位 6	位 5	位 4	位 3	位 2	位 1	位 0
0	保留	Overrang e_Error 输入的数据超出范围	AxisError 驱动器发生错误	AxisWarn 驱动器发生警告	Lockout 驱动禁止接通	AxisRef 已设置参考点	AxisPos Ok 达到轴的目标位置	Axisen abled 驱动已使能
1	Error ID：识别错误类型							
2	Actmode：当前激活的运行模式							
3								
4	POS ZSW1：POS ZSW1 状态字 1							
5								
6	POS ZSW2：POS ZSW2 状态字 1							
7								

表 10-24 中的 Error ID 错误代码说明见表 10-25。

表 10-25　Error ID 错误代码说明

错 误 代 码	说　　　明
0	无错误
1	检测到驱动器错误
2	驱动器已禁用
3	不支持所选模式
4	参数 OverV、OverAcc 和 OverDec 的设置超出支持的取值范围
5	ModePos＝6 时，设置的程序段号超出范围

（2）SINA_POS 输出参数说明（见表 10-26）

表 10-26　SINA_POS 输出参数说明

	类型	描　　　述
ActVelocity	DWORD	实际速度（十六进制的 40000000h 对应 p2000 参数设置的转速）
ActPosition	DWORD	实际位置 LU
Warn_code	WORD	来自 V90 PN 的警告代码信息
Fault_code	WORD	来自 V90 PN 的故障代码信息
Done	BOOL	当操作模式为相对运动或绝对运动时达到目标位置

4. 项目配置

下面根据 S7-200 SMART PLC 控制 V90 PN 的内容，分别介绍 V90 及 PLC 的项目配置步骤。

（1）V90 PN 项目配置（见表 10-27）

使用调试软件 V-Assistant 对 V90 PN 进行项目配置。

表 10-27　V90 PN 项目配置

序号	描　　　述
1	设置控制模式为"基本定位器控制（EPOS）" 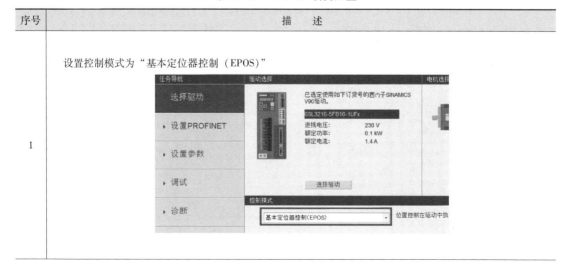

（续）

序号	描　　述
2	配置通信报文为"西门子报文 111" 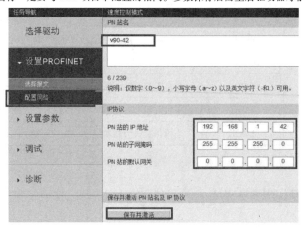
3	设置 V90 的 IP 地址及设备名称 注意，设置的设备名称一定要与 PLC 项目中配置的相同。参数保存后需重启驱动器才能生效 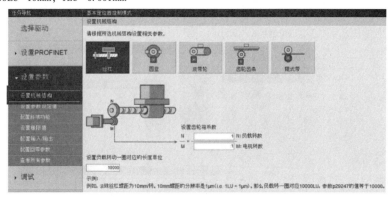
4	设置机械结构相关参数 　需要设置正确的齿轮比，以及设置负载转动一圈物体移动距离所对应的长度单位 LU，如果负载移动 10mm，则此时 10000LU＝10mm，1LU＝0.001mm

（续）

序号	描　述
5	设置基本定位功能的相关参数 可设置最大加减速度，运行程序段的参数、Jog 点动参数和定位监控窗口参数 
6	设置回零相关参数
7	其他相关基本定位参数，在参数列表中设置

（2）S7-200 SMART 项目配置（见表 10-28）

使用 STEP 7-Micro/WIN SMART 调试软件进行 S7-200 SMART 项目配置。

表 10-28　S7-200 SMART 项目配置

序号	描　述
1	创建新项目，选择使用的 PLC 型号，本例使用的是 ST20 
2	下载 SINAMICS V90 PROFINET GSD 文件，地址为 https://support.industry.siemens.com/cs/ww/en/view/109737269。安装解压缩后的 V90 PN GSD 文件 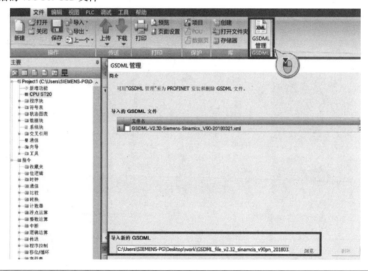
3	通过向导功能，配置 PROFINET 通信站点和报文信息，首先选择 PLC 为 PROFINET 控制器，随后进入下一步 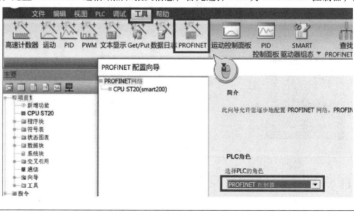

（续）

序号	描　述
4	设置 PLC 的 IP 地址，并且添加 V90 PN 驱动器，设置 V90 PN 的 IP 地址和设备名，通过单击添加按钮增加站点，随后进入下一步 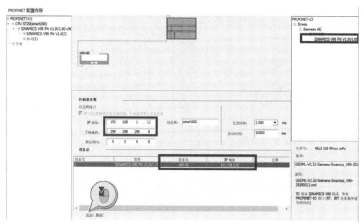
5	在配置报文的界面中拖拽西门子报文 111 到模块列表中，最小的更新时间为 4ms 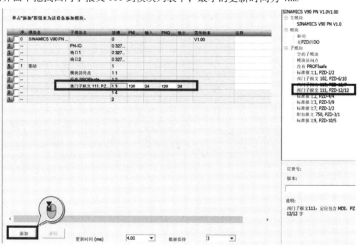
6	随后按步骤操作直至完成 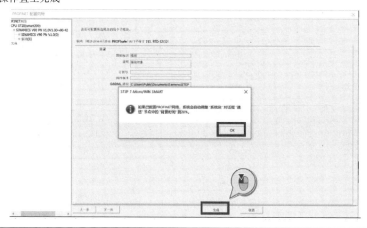

（续）

序号	描　述
7	在主程序中，编写如下程序，注意 St_I_add 和 St_Q_add 的地址必须和 111 报文的 IO 地址对应 
8	程序中使用的符号表地址定义 <table><tr><td>Mode_setting</td><td>VW7000</td></tr></table>

Mode_setting	VW7000
Position_setting	VD7002
Velocity_setting	VD7006
Enable	V7010.0
Non_stop	V7010.1
Non_pause	V7010.2
Start	V7010.3
Control_table	VD8000
Status_table	VD7500
ActPosition	VD7020
ActVelocity	VD7024
Warn_Code	VW7028
Fault_Code	VW7030
Done	V7032.0
OverV	VW8002
OverAcc	VW8004
OverDec	VW8006
ConfigEpos	VD8008

（续）

序号	描　　述
9	分配程序库使用的 V 地址区 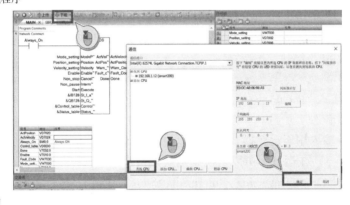
10	随后可以下载程序 单击下载按钮 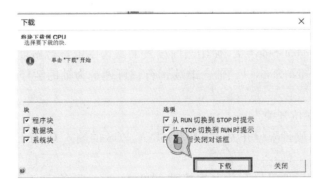

（续）

序号	描 述
11	通过状态图表进行相关的功能测试：

5. 基本定位控制的运行模式

V90 PN 的 "基本定位器控制（EPOS）" 可用于直线轴或旋转轴的绝对及相对定位。STEP 7-Micro/WIN SMART V2.4 调试软件提供的 SINAMICS 库中功能块 SINA_POS 可实现 V90 PN 的基本定位控制。此外，需要在调试软件 V-Assistant 中选择控制模式为 "基本定位器控制（EPOS）"。

运行条件如下：

1）轴通过输入 EnableAxis = 1 使能，如果驱动正常使能并且没有错误，则 Status_table 中的 Axisenabled 位为 1。

2）ModePos 输入用于运行模式的选择。可在不同的运行模式下进行切换，如连续运行模式（ModePos = 3）在运行中可以切换到绝对定位模式（ModePos = 2）。

3）输入信号 CancelTraversing、IntermediateStop 对于除了点动之外的所有运行模式均有效，在运行 EPOS 时必须设置为 1。在 Control_table 中，将 "ConfigEpos" 设置为 3。

① 设置 CancelTraversing = 0，轴按最大减速度（p2573）停止，丢弃工作数据，轴停止后可进行运行模式的切换。

② 设置 IntermediateStop = 0，使用当前设置的减速度值进行斜坡停车，任务保持；如果重新再设置 IntermediateStop = 1，轴会继续运行，可理解为轴的暂停。可以在轴静止后进行运行模式的切换。

4）激活硬件限位开关。

① 如果使用了硬件限位开关，需要将 SINA_POS 的输入 ConfigEPos.%X3 置 1，激活硬件限位功能。

② 正、负向的硬件限位开关可连接到 V90 PN 驱动器的定义为 CWL、CCWL 的 DI 点（DI1 ~ DI4）。V90 PN 驱动器硬件限位开关分配见表 10-29。

表 10-29　V90 PN 驱动器硬件限位开关分配

信号类型	信号名称	引脚分配	设置	描述
DI	CWL	X8-a (a = 1~4)	下降沿 (1→0)	伺服电机已运行至顺时针行程限制且在此之后会急停
DI	CCWL	X8-b (b = 1~4；b≠a)	下降沿 (1→0)	伺服电机已运行至逆时针行程限制且在此之后会急停

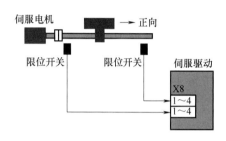

如果激活了硬件限位开关功能，只有在硬件限位开关信号为高电平时才能运行轴。

（1）相对定位运行模式

相对定位运行模式可通过驱动相对定位功能来实现，它采用 SINAMICS 驱动的内部位置控制器来实现相对位置控制。

要求如下：

① 运行模式选择 ModePos = 1。

② 轴使能 EnableAxis = 1。

③ 轴不必回零或绝对值编码器可以处于未被校正的状态。

④ 如果切换模式大于 3，轴必须为静止状态，在任意时刻可以在 ModePos = 1、2、3 时进行切换。

设置如下：

① 通过输入参数 Position、Velocity 指定目标位置及速度。

② 通过输入参数 OverV、OverAcc、OverDec 指定速度、加减速度的百分比。

③ 运行条件 CancelTraversing 及 IntermediateStop 必须设置为 1，Jog1 及 Jog2 必须设置为 0。

④ 在相对定位中，运动方向由 Position 中设置值的正负来确定。通过 Execute 的上升沿触发定位运动。激活命令的当前状态通过 Status_table 中的 PosZSW1、PosZSW2 进行监控。如果到达目标位置，则输出信号 Status_table 中的 AxisPosOK 位为 1。如果在运行过程中出现错误，Status_table 中的 AxisError 位置为 1。

注意，当前正在运行的命令可以通过 Execute 上升沿被新命令替换，但仅用于运行模式 ModePos = 1，2，3。

SINA_POS 定位控制命令的编程及使用的变量定义示例如图 10-84 所示。

相对定位运行模式变量赋值见表 10-30。

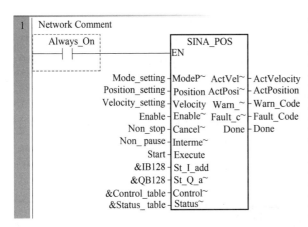

程序中使用的符号表地址定义	
Mode_setting	VW7000
Position_setting	VD7002
Velocity_setting	VD7006
Enable	V7010.0
Non_stop	V7010.1
Non_pause	V7010.2
Start	V7010.3
Control_table	VD8000
Status_table	VD7500
ActPosition	VD7020
ActVelocity	VD7024
Warn_Code	VW7028
Fault_Code	VW7030
Done	V7032.0
OverV	VW8002
OverAcc	VW8004
OverDec	VW8006
ConfigEpos	VD8008

图 10-84　SINA_POS 定位控制命令的编程及使用的变量定义示例

表 10-30　相对定位运行模式变量赋值

符 号	地 址	赋 值
Mode_setting	VW7000	1
Position_setting	VD7002	2500
Velocity_setting	VD7006	500
Enable	V7010.0	1
Non_stop	V7010.1	1
Non_pause	V7010.2	1
Start	V7010.3	1
OverV	VW8002	100
OverAcc	VW8004	100
OverDec	VW8006	100
ConfigEpos	VD8008	3

（2）绝对定位运行模式

绝对定位运行模式可通过驱动绝对定位功能来实现，它采用 SINAMICS 驱动的内部位置控制器来实现绝对位置控制。

要求如下：

① 运行模式选择 ModePos = 2。

② 轴使能 EnableAxis = 1。

③ 轴必须已回零或编码器已被校正。

④ 如果切换模式大于 3，轴必须为静止状态，在任意时刻可以在 ModePos = 1、2、3 时进行切换。

设置如下：

① 通过输入参数 Position、Velocity 指定目标位置及速度。

② 通过输入参数 OverV、OverAcc、OverDec 指定速度、加减速度的百分比。

③ 运行条件 CancelTraversing 及 IntermediateStop 必须设置为 1，Jog1 及 Jog2 必须设置

为 0。

④ 在绝对定位中，运行方向按照最短路径运行至目标位置，此时输入参数 Positive 及 Negative 必须为 0。如果是模态轴，则方向可以通过 Positive 或 Negative 指定。通过 Execute 的上升沿触发定位运动。激活命令的当前状态通过 Status_table 中的 PosZSW1、PosZSW2 进行监控。如果到达目标位置，则输出信号 Status_table 中的 AxisPosOK 位为 1。如果在运行过程中出现错误，Status_table 中的 AxisError 位置为 1。

注意，当前正在运行的命令可以通过 Execute 上升沿被新命令替换，但仅用于运行模式 ModePos = 1、2、3。

根据图 10-84 所示的 SINA_POS 定位控制命令的编程及使用的变量定义，绝对定位运行模式变量赋值见表 10-31。

表 10-31　绝对定位运行模式变量赋值

符　　号	地　　址	赋　　值
Mode_setting	VW7000	2
Position_setting	VD7002	100
Velocity_setting	VD7006	500
Enable	V7010.0	1
Non_stop	V7010.1	1
Non_pause	V7010.2	1
Start	V7010.3	1
OverV	VW8002	100
OverAcc	VW8004	100
OverDec	VW8006	100
ConfigEpos	VD8008	3

（3）连续运行模式（按指定速度运行）

连续运行模式允许轴在正向或反向以一个恒定的速度运行。

要求如下：

① 运行模式选择 ModePos = 3。

② 轴使能 EnableAxis = 1。

③ 轴不必回零或绝对值编码器可以处于未被校正的状态。

④ 如果切换模式大于 3，轴必须为静止状态，在任意时刻可以在 ModePos = 1、2、3 时进行切换。

设置如下：

① 通过输入参数 Velocity 指定运行速度。

② 通过输入参数 OverV、OverAcc、OverDec 指定速度、加减速度的百分比。

③ 运行条件 CancelTraversing 及 IntermediateStop 必须设置为 1，Jog1 及 Jog2 必须设置为 0。

④ 运行方向由 Positive 及 Negative 决定。通过 Execute 的上升沿触发定位运动。激活命令的当前状态通过 Status_table 中的 PosZSW1、PosZSW2 进行监控。放弃任务而轴停止后则输出信号 Status_table 中的 AxisPosOK 位为 1。如果在运行过程中出现错误，Status_table 中的

AxisError 位置为 1。

注意，当前正在运行的命令可以通过 Execute 上升沿被新命令替换，但仅用于运行模式 ModePos = 1、2、3。

根据图 10-84 所示的 SINA_POS 控制命令的编程及使用的变量定义，连续运行模式变量赋值见表 10-32。

表 10-32　连续运行模式变量赋值

符　　号	地　　址	赋　　值
Mode_setting	VW7000	3
Velocity_setting	VD7006	500
Enable	V7010. 0	1
Non_stop	V7010. 1	1
Non_pause	V7010. 2	1
Start	V7010. 3	1
OverV	VW8002	100
OverAcc	VW8004	100
OverDec	VW8006	100
ConfigEpos	VD8008	3
Positive	V8000. 0	1
Negative	V8000. 1	0

（4）主动回零运行模式

此功能允许轴按照预设的回零速度及方式沿着正向或反向进行回零操作，激活驱动的主动回零。

要求如下：

① 运行模式选择 ModePos = 4。

② 轴使能 EnableAxis = 1。

③ 回零开关须连接到 PLC 的输入点，其信号状态通过 SINA_POS 功能块的 ConfigEPos. %X6 发送到驱动器中。

④ 轴处于静止状态。

设置如下：

① 通过输入参数 OverV、OverAcc、OverDec 指定速度、加减速度的百分比。

② 运行条件 CancelTraversing 及 IntermediateStop 必须设置为 1，Jog1 及 Jog2 必须设置为 0。

③ 运行方向由 Positive 及 Negative 决定。通过 Execute 的上升沿触发回零运动。在回零过程中应保持为高电平。激活命令的当前状态通过 Status_table 中的 PosZSW1、PosZSW2 进行监控，回零完成后 Status_table 中的 AxisRef 为 1，当运行过程中出现错误，Status_table 中的 AxisError 位置为 1。

根据图 10-84 所示的 SINA_POS 控制命令的编程及使用的变量定义，主动回零运行模式变量赋值见表 10-33。

表 10-33　主动回零运行模式变量赋值

符　号	地　址	赋　值
Mode_setting	VW7000	4
Enable	V7010.0	1
Non_stop	V7010.1	1
Non_pause	V7010.2	1
Start	V7010.3	1
OverV	VW8002	100
OverAcc	VW8004	100
OverDec	VW8006	100
ConfigEpos.X0	V8011.0	1(OFF2)
ConfigEpos.X1	V8011.1	1(OFF3)
Positive	V8000.0	1
Negative	V8000.1	0
ConfigEpos.X6	V8011.6	零点开关信号连接到 PLC 数字量输入点，将此信号状态与 V8011.6 关联

（5）直接设置回零位置运行模式

此运行模式允许轴在任意位置时对轴进行零点位置设置。

要求如下：

① 运行模式选择 ModePos=5。

② 轴可以处于使能状态，但执行模式时须为静止状态。

设置为，轴静止时通过 Execute 的上升沿设置轴的零点位置。

注意，零点位置可使用驱动参数 p2599 进行设置。

根据图 10-84 所示的 SINA_POS 控制命令的编程及使用的变量定义，直接设置回零位置运行模式变量赋值见表 10-34。

表 10-34　直接设置回零位置运行模式变量赋值

符　号	地　址	赋　值
Mode_setting	VW7000	5
Enable	V7010.0	1
Non_stop	V7010.1	1
Non_pause	V7010.2	1
Start	V7010.3	1
ConfigEpos	VD8008	3
Status_table	VD7500	状态显示：V7500.2(AxisRef)=1

（6）运行程序段运行模式

此程序块运行模式允许创建自动运行的运动任务、运行至固定档块（夹紧）、设置及复位输出等功能。

要求如下：

① 运行模式选择 ModePos=6。

② 轴使能 EnableAxis=1。

③ 轴当前处于静止状态。

④ 轴必须已回零或绝对值编码器已校正。

设置如下：

① 工作模式、目标位置及动态响应已在驱动的运行程序段参数中进行设置，速度参数 OverV 对于程序块中的速度设定值进行百分比缩放。

② 运行条件 CancelTraversing 及 IntermediateStop 必须设置为 1，Jog1 及 Jog2 必须设置为 0。

③ 程序块号在输入参数 Position 中设置，取值应为 0~15。

④ 运动的方向由与工作模式及程序段中的设置决定，与 Positive 及 Negative 参数无关，必须将它们设置为 0。选择程序段号后通过 Execute 的上升沿来触发运行。激活命令的当前状态通过 Status_table 中的 PosZSW1、PosZSW2 进行监控。当运行过程中出现错误时 AxisError 位置为 1。

注意，在运行过程中，当前的运行命令可以被一个新命令通过 Execute 触发进行替代，但仅限于相同的运行模式下。

根据图 10-84 所示的 SINA_POS 控制命令的编程及使用的变量定义，运行程序段模式变量赋值见表 10-35。

表 10-35　运行程序段模式变量赋值

符　号	地　址	赋　值
Mode_setting	VW7000	6
Position_setting	VD7002	输入程序段号，最多支持 16 个程序段，取值的范围为 0~15
Enable	V7010.0	1
Non_stop	V7010.1	1
Non_pause	V7010.2	1
Start	V7010.3	1
OverV	VW8002	100
ConfigEpos	VD8008	3

（7）按指定速度点动运行模式

点动运行模式通过驱动的 Jog 点动功能来实现。

要求如下：

① 运行模式选择 ModePos=7。

② 轴使能 EnableAxis=1。

③ 轴处于静止状态。

④ 轴不必回零或绝对值编码器可以处于未被校正的状态。

设置如下：

① 点动速度在驱动器中设置，速度参数 OverV 对于点动速度设定值进行百分比缩放。

② 运行条件 CancelTraversing 及 IntermediateStop 与点动运行模式无关，默认设置为 1。

③ Jog1 及 Jog2 用于控制 EPOS 的点动运行，运动方向由驱动中设置的点动速度来决定。默认设置为 Jog1 使用负向点动速度，Jog2 使用正向点动速度，与 Positive 及 Negative 参数无关。

④ 激活命令的当前状态通过 Status_table 中的 PosZSW1、PosZSW2 进行监控。点动结束（Jog1 或 Jog2 = 0）轴静止时 AxisPosOK 位为 1，当运行过程中出现错误 AxisError 位置为 1。

根据图 10-84 所示的 SINA_POS 控制命令的编程及使用的变量定义，按指定速度点动模式变量赋值见表 10-36。

表 10-36　按指定速度点动模式变量赋值

符　号	地　址	赋　值
Mode_setting	VW7000	7
Enable	V7010.0	1
OverV	VW8002	100
ConfigEpos	VD8008	3
	V8000.2（Jog1）	1
	V8000.3（Jog2）	0

（8）按指定距离点动运行模式

点动增量运行模式通过驱动的 Jog 点动功能来实现。

要求如下：

① 运行模式选择 ModePos = 8。

② 轴使能 EnableAxis = 1。

③ 轴处于静止状态。

④ 轴不必回零或绝对值编码器可以处于未被校正的状态。

设置如下：

① 点动速度在驱动中设置，速度参数 OverV 对于点动速度设定值进行百分比缩放。

② 运行条件 CancelTraversing 及 IntermediateStop 与点动运行模式无关，默认设置为 1。

③ Jog1 及 Jog2 用于控制轴按指定的距离点动运行，运动方向由驱动中设置的点动速度来决定，点动距离增量值默认设置为 Jog1 traversingdistance/Jog2 traversing distance = 1000LU，与 Positive 及 Negative 参数无关。

④ 激活命令的当前状态通过 Status_table 中的 PosZSW1、PosZSW2 进行监控。点动结束时（Jog1 或 Jog2 = 0）轴静止时 AxisPosOK 位为 1，当运行过程中出现错误 AxisError 位置为 1。

根据图 10-84 所示的 SINA_POS 控制命令的编程及使用的变量定义，按指定距离点动模式变量赋值见表 10-37。

表 10-37　按指定距离点动模式变量赋值

符　号	地　址	赋　值
Mode_setting	VW7000	8
Enable	V7010.0	1
OverV	VW8002	100

（续）

符　号	地　址	赋　值
ConfigEpos	VD8008	3
	V8000.2（Jog1）	1
	V8000.3（Jog2）	0

10.8.3　S7-200 SMART CPU 之间的 PROFINET IO 通信

从 V2.5 版本开始，S7-200 SMART CPU 开始支持做 PROFINET IO 通信的智能设备。两个 S7-200 SMART CPU 之间可以进行 PROFINET IO 通信，一个 CPU 作为 PROFINET IO 控制器，一个 CPU 作为 PROFINET 通信的设备。组态的时候有两种方法：一种是通过硬件目录组态；另外一种是通过 GSD 文件组态。

本节介绍两个 S7-200 SMART CPU 之间的 PROFINET IO 通信，通过 GSD 文件组态。所用的软件、硬件及通信任务如下所示：

1）软件，STEP 7-Micro/WIN SMART V2.5。

2）硬件，IO 控制器为 CPU ST20，IP 地址为 192.168.0.2，CPU 固件为 V2.5；IO 设备为 CPU ST40，IP 地址为 192.168.0.40，CPU 固件为 V2.5，设备名称为 st40。

3）通信任务，控制器将 10 个字节的数据发送给智能设备，同时从智能设备中读取 10 个字节的数据。

（1）智能设备组态——导出 GSD 文件

1）新建空白项目，打开系统块，选择 CPU ST40，CPU 的固件选择 V2.5，设置选择 CPU 启动后的模式为运行，如图 10-85 所示。

图 10-85　系统块添加 CPU

2）打开 PROFINET 向导，有两种方法，任选一种打开向导，如图 10-86 所示。

3）PLC 角色选为智能设备；以太网端口选择固定 IP 地址及站名，IP 地址为 192.168.0.40，子网掩码为 255.255.255.0，设备名称为 st40，如图 10-87 所示。

4）添加传输区，添加的第一个条目是从 IB1152 开始的 10 个字节输入区域，第二个条目是从 QB1152 开始的 10 个字节输出区域；浏览合适的路径用来存储 GSD 文件，然后直接导出 GSD 文件，如图 10-88 所示。

5）导出的 GSD 文件，如图 10-89 所示。

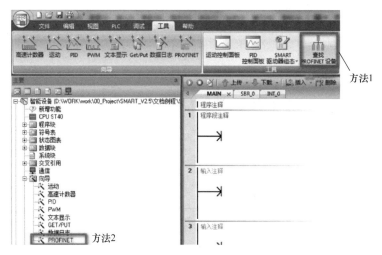

图 10-86　打开 PROFINET 向导

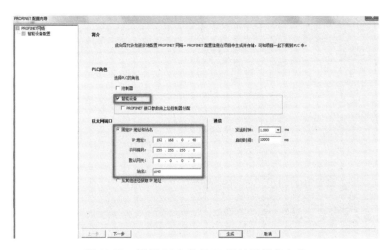

图 10-87　设置 PLC 角色 IP 地址及设备名称

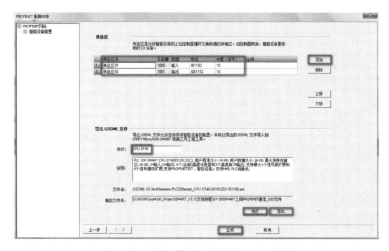

图 10-88　添加传输区并导出 GSD 文件

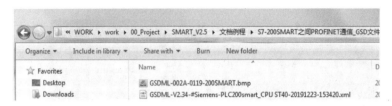

图 10-89　导出的 GSD 文件

（2）控制器侧组态——导入 GSD 文件

1）新建空白项目，打开系统块，选择 CPU ST20，CPU 的固件选择 V2.5，设置选择 CPU 启动后的模式为运行，如图 10-90 所示。

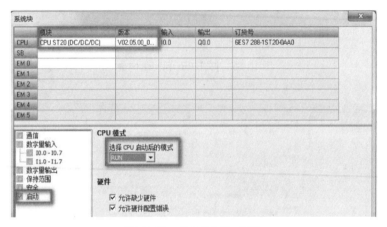

图 10-90　系统块添加 CPU

2）导入从智能设备导出的 GSD 文件，如图 10-91 所示。

图 10-91　导入从智能设备导出的 GSD 文件

3）打开 PROFINET 向导，有两种方法，任选其中一种打开向导，如图 10-86 所示。

4）在向导中选择 PLC 角色为控制器，并且设置控制器的 IP 地址，如图 10-92 所示。

5）在硬件目录中选择 "PROFINET-IO"→"PLCs"→"SIEMENS"→"CPU ST4" 下，选中刚刚添加好的 GSD 文件，拖放至设备表中。此处设备名称和 IP 地址均直接由 GSD 文件指定好，无须再手动修改，如图 10-93 所示。

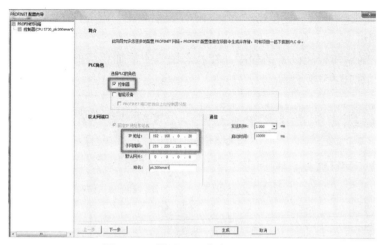

图 10-92　设置 PLC 角色和 IP 地址

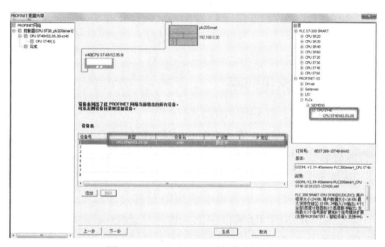

图 10-93　通过 GSD 添加智能设备

6）核对 GSD 文件中已经添加好的传输区，无法修改传输区的数据长度及输入/输出方向，仅可修改传输区条目的起始地址；设置合适的更新时间及数据保持，如图 10-94 所示。

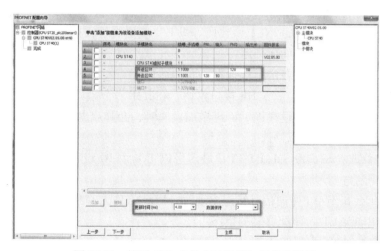

图 10-94　核对 GSD 文件中已经添加好的传输区

7）无特殊需求，可以一直单击"下一步"，最后单击"生成"。

（3）通信测试

分别下载控制器和智能设备的程序，在状态图表中添加相应的地址区域观察数据交换情况，测试结果如图 10-95 所示。

图 10-95　测试结果

10.8.4　PROFINET 通信常见问题

问题 1. 紧凑型 CPU 是否支持 PROFINET 通信？

答：标准型 SR/ST CPU 从 V2.4 版本开始，支持作为 PROFINET IO 控制器，从 V2.5 版本开始支持作为智能设备。

紧凑型 CPU CRs 未包含以太网接口，所以不支持 PROFINET 通信相关的功能。

问题 2. 进行 PROFINET 通信，是否可以使用第三方交换机？

答：可以。但是，PROFINET IO 通信中如果使用了不能识别实时数据 RT 优先级的第三方交换机时，实时数据不会被交换机优先转发。使用这类交换机时，为了避免因达到看门狗时间数据未更新而造成通信故障误报，需要调整 IO 设备的更新时间和看门狗时间。

PROFINET RT 性能等级的通信，需使用符合"PROFINET 一致性等级 A"或更高等级的交换机。所有西门子 SCALANCE 系列交换机都满足这些要求。

如果还需要使用其他 PROFINET 功能（如拓扑识别、诊断、不带可更换介质时支持设备更换），必须使用符合"PROFINET 一致性等级 B"或更高等级的交换机。

问题 3. 最大模块数量 64 如何理解？

答：最大模块数为所有设备的模块加在一起的数量。

组态 8 个 ET200SP IM155-6 PN HF 接口模块，在其中一个接口模块下组态 DI16 ST 数字量输入模块；组态到 56 个 DI 模块以后，再添加模块时，会弹出对话框，如图 10-96 所示。

问题 4. 设备编号是否可以修改？

答：不可以修改，S7-200 SMART CPU 最多可以带 8 个 IO 设备，设备编号 1~8 是固定的，如图 10-97 所示。

问题 5. 为什么和 V90 PN 通信有错误出现时，PLC 信息无诊断信息显示？

答：查看 PROFINET 向导配置时的组态

激活诊断选项，默认为当前无效、需要选择：标准报警，否则有错误不会在 PLC 信息中显示出来，如图 10-98 所示。

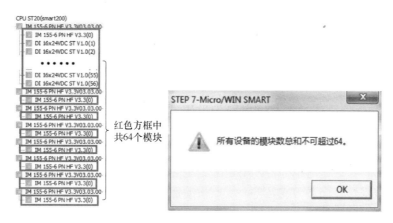

图 10-96　组态举例及设备模块总数

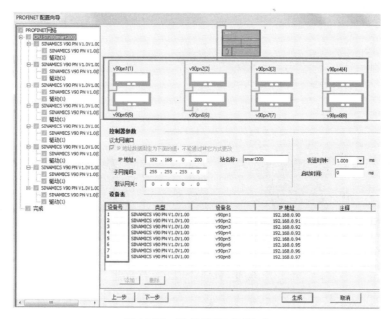

图 10-97　设备编号不可修改

图 10-98　激活诊断

问题 6. PROFINET 通信控制器和 IO 设备是否可以跨网段通信？

答：基于网络结构模型，做 PROFINET 通信时，不可以跨网段通信，IO 设备和控制器必须处于同一子网中！

10.9 **S7-200 SMART PLC Modbus TCP 通信**

10.9.1 Modbus TCP 通信概述

Modbus TCP 通信是通过工业以太网 TCP/IP 网络传输的 Modbus 通信。S7-200 SMART PLC 采用客户端-服务器方法，Modbus 客户端设备通过该方法发起与 Modbus 服务器设备的 TCP/IP 连接。

建立连接后，客户端向服务器发出请求，服务器将响应客户端的请求。客户端可请求从服务器设备读取部分存储器，或者将一定数量的数据写入服务器设备的存储器。如果请求有效，则服务器将响应该请求；如果请求无效，则会回复错误消息。

S7-200 SMART CPU 可作为 Modbus TCP 通信的客户端或服务器，通过 Modbus TCP 通信可以实现 PLC 之间通信，也可以实现与支持此通信协议的第三方设备通信。通信伙伴数量比较多的时候，可以使用交换机，扩展以太网接口，如图 10-99 所示。

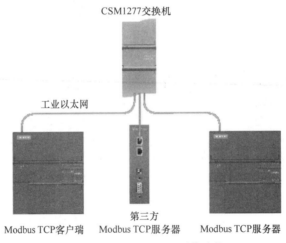

图 10-99 Modbus TCP 通信功能

STEP 7-Micro/WIN SMART 从 V2.4 版本开始，软件中直接集成了 Modbus TCP 库指令。安装软件后，Modbus TCP 指令位于 STEP 7-Micro/WIN SMART 项目树中"指令"文件夹的"库"文件夹中。Modbus TCP 指令如图 10-100 所示。指令分为客户端和服务器两种，目前指令版本为 V1.0。

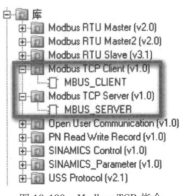

图 10-100 Modbus TCP 指令

（1）Modbus TCP 客户端指令

1）Modbus 客户端指令 MBUS_CLIENT 使用 CPU 的以下资源：

① 占用主动连接资源。最多占用 8 个主动连接资源。

② 连接多个服务器伙伴时，自动生成连接 ID。

2）Modbus TCP 客户端使用以下程序实体：

① 1 个子程序。

② 2849 个字节的程序空间。

③ V 存储器的 638 字节模块，用于指令符号。

（2）Modbus TCP 服务器指令

1）Modbus 服务器指令 MBUS_SERVER 使用 CPU 的以下资源：

① 占用被动连接资源。最多占用 8 个被动连接资源。

② 连接多个客户端伙伴时，自动生成连接 ID。

2）Modbus TCP 服务器使用下列程序实体：

① 1 个子程序。

② 2969 个字节的程序空间。

③ V 存储器的 445 字节模块，用于指令符号。

指令库编程后，必须从 STEP 7-Micro/WIN SMART 的为使用的指令分配库存储区地址。

10. 9. 2　S7-200 SMART CPU 之间的 Modbus TCP 通信

下面以两台 S7-200 SMART CPU 之间进行 Modbus TCP 通信为例，来详细阐述客户端与服务器侧如何编程及通信的过程。

其通信任务见表 10-38。

表 10-38　两台 S7-200 SMART CPU 之间的 Modbus TCP 通信任务

硬件	通信角色	IP 地址	端口号	读/写	数据区域
SR60	客户端	192. 168. 0. 60	0	读	VB20 ~ VB31
ST20	服务器	192. 168. 0. 20	502	响应	VB0 ~ VB11

1. 客户端指令编程

1）系统块中设置客户端的 IP 地址，以确保 IP 地址设置无误。此步骤为可选的，如果确定 IP 地址设置无误，可忽略此步骤。设置客户端 IP 地址如图 10-101 所示。

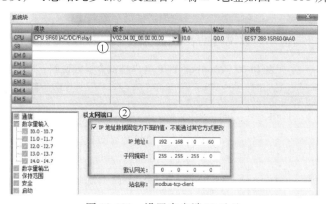

图 10-101　设置客户端 IP 地址

2）单击主程序 MAIN 的程序段 1 的编程区域，从库文件夹下找到 Modbus TCP 客户端指令 MBUS_CLIENT，并双击，指令出现在程序段 1 中，如图 10-102 所示。

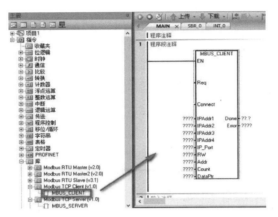

图 10-102　添加 Modbus TCP 客户端指令

3）填写 Modbus TCP 客户端指令参数，如图 10-103 所示。

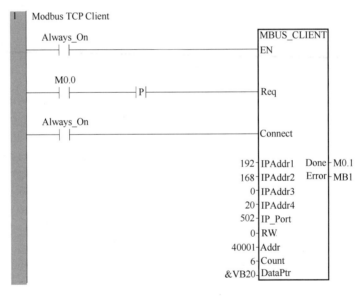

图 10-103　填写 Modbus TCP 客户端指令参数

Modbus TCP 客户端指令参数说明见表 10-39。

表 10-39　Modbus TCP 客户端指令参数说明

参数及类型		数据类型	说　明
Req	IN	BOOL	=1，表示向服务器发送 Modbus 请求
Connect	IN	BOOL	=1，尝试与分配的 IP 地址及端口号建立连接 =0，尝试断开已经建立的连接，忽略 Req 的任何请求
IPAddr1~4	IN	BYTE	填写 Modbus TCP 服务器的 IP 地址 IPAddr1~4 为高到低字节
IP_Port	IN	BYTE	填写 Modbus TCP 服务器的端口号

（续）

参数及类型		数据类型	说　　明
RW	IN	BYTE	指定操作模式 =0 表示读；=1 表示写
Addr	IN	DWORD	要进行读写的参数的 Modbus 起始地址
Count	IN	INT	要进行读写的参数数据长度 数字量输入/输出 Count = 1 表示 1 位，最大 1920 位 对于模拟量输入和保持寄存器，最大 Count 值为 120 字
DataPtr	IN_OUT	DWORD	数据寄存器地址指针，指向本地用于读/写操作的数据地址区域的首地址
Done	OUT	BOOL	TRUE，表示以下任一条件时为真：客户端已与服务器建立连接；客户端已与服务器断开连接；客户端已接收 Modbus 响应；发生错误 FALSE，表示客户端正忙于建立连接或等待来自服务器的 Modbus 响应
Error	OUT	BOOL	出现错误，仅一个周期有效

　　4）单击左键选中程序块文件夹，单击右键，在菜单中选择库存储器。在库存储区分配对话框中手动输入存储区的起始地址。本例以 VB5000 开始，使指令库可以正常工作。确保库存储区与程序中其他已使用的地址不冲突。使用建议地址无法确定是否有地址重叠，所以推荐手动输入正确的库存储区首地址。设置库存储器如图 10-104 所示。

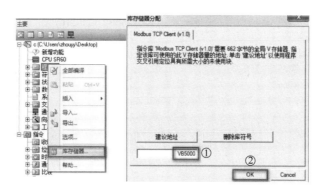

图 10-104　设置库存储器

　　关于 Modbus 地址与 CPU 中数据区域地址对应关系说明。S7-200 SMART CPU 进行 Modbus TCP 通信时，可以支持的功能码及功能描述及所占用的地址区见表 10-40。客户端会主动发送请求，服务器会响应。在通信指令填写参数时不用直接填写功能码，而是通过多个参数填写共同确定功能码的。

表 10-40　Modbus 地址与 CPU 中数据区域地址对应关系

功能码 （十进制）	功能描述	RW	Addr	Count	CPU 地址
01	读数字量输出 位	0	00001 ~ 09999	1 ~ 1920 位	Q0. 0-1151. 7
02	读数字量输入 位	0	10001 ~ 19999	1 ~ 1920 位	I0. 0-1151. 7
03	读寄存器 字	0	40001 ~ 49999 400001 ~ 465535	1 ~ 120 字	V 区
04	读模拟量输入 字	0	30001 ~ 39999	1 ~ 120 字	AIW0-AIW110

（续）

功能码 （十进制）	功能描述	RW	Addr	Count	CPU 地址
05	写数字量输出 单个位	1	00001~09999	1 位	Q0.0-Q1151.7
06	写寄存器 单个字	1	40001~49999 400001~465535	1 个字	V 区
15	写数字量输出 多个位	1	00001~09999	1~1920 位	Q0.0-1151.7
16	写寄存器 多个字	1	40001~49999 400001~465535	1~120 字	V 区

客户端程序如图 10-105 所示。

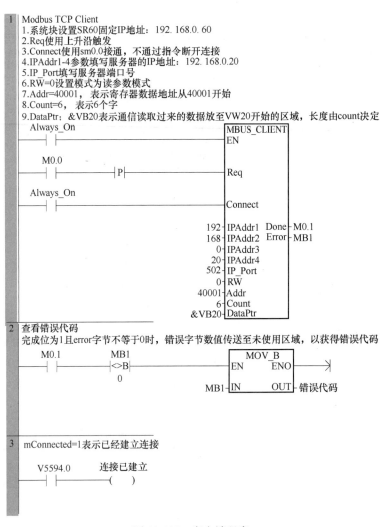

图 10-105　客户端程序

5）编译项目，将程序下载到客户端。

2. 服务器指令编程

1）系统块中设置服务器的 IP 地址，以确保 IP 地址设置无误。此步骤为可选的，如果确定 IP 地址设置无误，可忽略此步骤。设置服务器 IP 地址如图 10-106 所示。

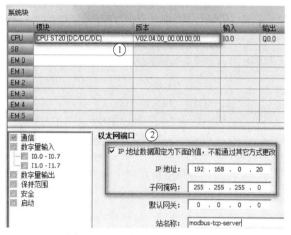

图 10-106　设置服务器 IP 地址

2）单击主程序 MAIN 的程序段 1 的编程区域，从库文件夹下找到 Modbus TCP 服务器指令 MBUS_SERVER，并双击，指令出现在程序段 1 中，如图 10-107 所示。

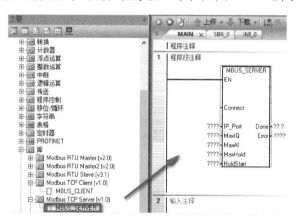

图 10-107　添加服务器指令

3）填写 Modbus TCP 服务器指令参数，如图 10-108 所示。

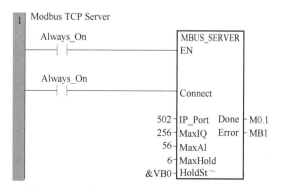

图 10-108　填写 Modbus TCP 服务器指令参数

Modbus TCP 服务器指令参数说明见表 10-41。

表 10-41　Modbus TCP 服务器指令参数说明

参数及类型		数据类型	说　明
Connect	IN	BOOL	=1，服务器接收来自客户端的请求；=0，服务器可以断开已经建立的连接
IP_Port	IN	WORD	服务器本地端口号
MaxIQ	IN	WORD	对应数字量输入/输出点（对应 Modbus 地址参数 0xxxx 或 1xxxx） 可设置范围为 0~256 =0，表示禁用对输入和输出的所有读取和写入 建议将 MaxIQ 值设置为 256
MaxAI	IN	WORD	对应模拟量输入参数（对应 Modbus 地址参数 3xxxx） 可设置范围为 0~56 =0，表示禁用对模拟量输入的读取 要允许访问所有 CPU 模拟量输入，MaxAI 的建议值如下： 　　对于 CPU CR40 和 CR60，为 0 　　对于所有其他 CPU 型号，为 56
MaxHold	IN	WORD	用于 Modbus 地址 4xxxx 或 4yyyyy 的 V 存储器中的字保持寄存器数
HoldStart	IN	Dword	指向 V 存储器中保持寄存器起始位置的指针
Done	OUT	BOOL	TRUE，表示以下任一条件时为真：客户端已与服务器建立连接；客户端已与服务器断开连接；客户端已接收 Modbus 响应；发生错误 FALSE，表示客户端正忙于建立连接或等待来自服务器的 Modbus 响应
Error	OUT	BOOL	出现错误，仅一个周期有效

4）单击左键选中程序块文件夹，单击右键，在菜单中选择库存储器。在库存储区分配对话框中手动输入存储区的起始地址。本例以 VB5000 开始，使指令库可以正常工作。确保库存储区与程序中其他已使用的地址不冲突。使用建议地址无法确定是否有地址重叠，所以推荐手动输入正确的库存储区首地址。设置库存储器如图 10-109 所示。

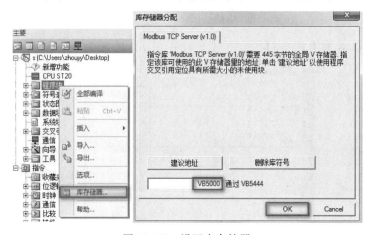

图 10-109　设置库存储器

服务器程序如图 10-110 所示。

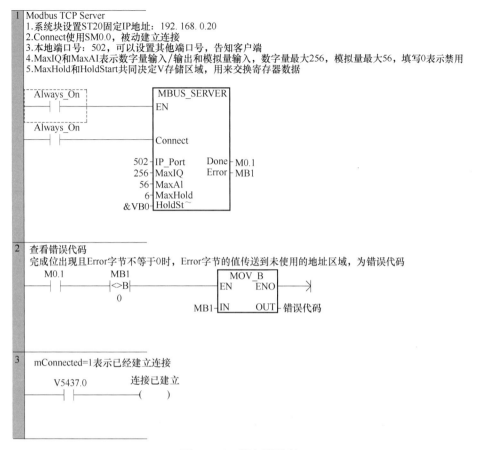

图 10-110 服务器程序

5）编译项目，将程序下载到服务器。

10.9.3 Modbus TCP 通信常见问题

问题 1. 如何判断 Modbus TCP 通信连接是否建立？

答：进行 Modbus TCP 通信，需要建立连接，S7-200 SMART CPU 作为 Modbus TCP 客户端时，通过 ModbusTCPClient 指令 MBUS_CLIENT 的符号表中的参数 mConnected（见图 10-111）来判断，mConnected＝1 表示已经建立连接，mConnected＝0 表示尚未建立连接。

S7-200 SMART CPU 作为 Modbus TCP 服务器时：通过 ModbusTCPServer 指令 MBUS_SERVER 的符号表中的参数 mConnected（见图 10-112）来判断，mConnected＝1 表示已经建立连接，mConnected＝0 表示尚未建立连接。

注意，当 PLC 内存在多个客户端或多个服务器时，不建议参考该状态点。

问题 2. 如何查看错误代码？

答：出现错误时，MBUS_CLIENT 指令输出参数 Done 会置 1。但是，Done 在连接建立完成、连接断开、响应完成时，都会出现置位为 1 的情况。出现错误时，还有 Error 字节会显示错误代码，仅保留一个周期时间。综上所述，查看错误代码，可以按照图 10-113 所示的方法进行。

符号表

	符号	地址	注释
33	mFlagsRequestActive	V5574.7	
34	mPattern	VD5575	Pattern used to determine if library V-memory nee...
35	mState	VB5579	
36	mRetries	VB5580	
37	mBlockedProcTimeout	VD5582	
38	mTimeDifference	VD5586	
39	mReceiveTimeout	VD5590	
40	mConnected	V5594.0	
41	mModbusForceMulti	V5594.1	
42	mServerAddress	VD5595	
43	mServerAddressLSWord	VW5597	
44	mQuotientBitCount	VW5599	
45	mQuotient	VD5599	
46	mQuotientBitCountLSByte	VB5600	
47	mQuotientByteCount	VW5601	
48	mQuotientByteCountLSByt	VB5602	

表格 1 / 系统符号 / POU Symbols / I/O 符号 / Modbus TCP Client (v1.0)

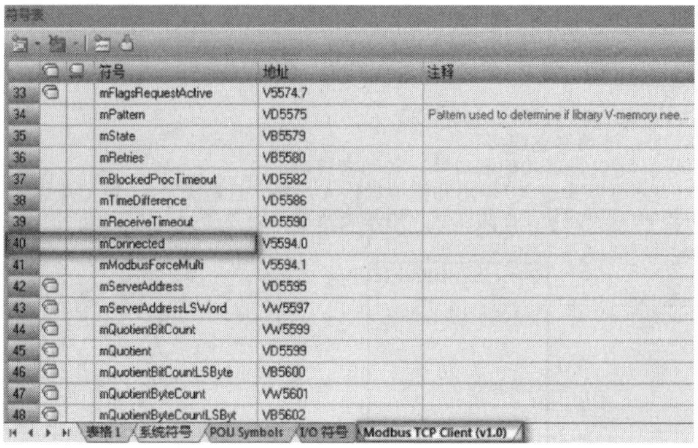

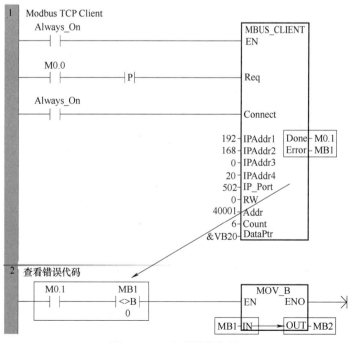

图 10-111　利用 MBUS_CLIENT 中的参数 mConnected 判断连接状态

符号表

	符号	地址	注释
28	mMsgBuf_Protocol	VW5186	Offset: 2
29	mMsgBuf_Length	VW5188	Offset: 4
30	mMsgBuf_FunctionCode	VB5191	Offset: 7
31	mMsgBuf_ByteCountRespon	VB5192	Offset: 8
32	mMsgBuf_Address	VW5192	Offset: 8
33	mMsgBuf_ReadDataRespons	VB5193	Offset: 9
34	mMsgBuf_ReadDataResWord	VW5193	Offset: 9
35	mMsgBuf_Quantity	VW5194	Offset: 10
36	mMsgBuf_ByteCountReq	VB5196	Offset: 12
37	mMsgBuf_WriteReqValues	VB5197	Offset: 13
38	mHalfWayPoint	VB5222	0 thru 444: Half-way point: 223
39	mConnected	V5437.0	
40	mQuantityOutputs	VW5438	
41	mQuantityOutputsLSByte	VB5439	
42	mOutputValuesMSByte	VB5440	
43	mOutputValues	VW5440	

表格 1 / 系统符号 / POU Symbols / I/O 符号 / Modbus TCP Server (v1.0)

图 10-112　利用 MBUS_SERVER 中的参数 mConnected 判断连接状态

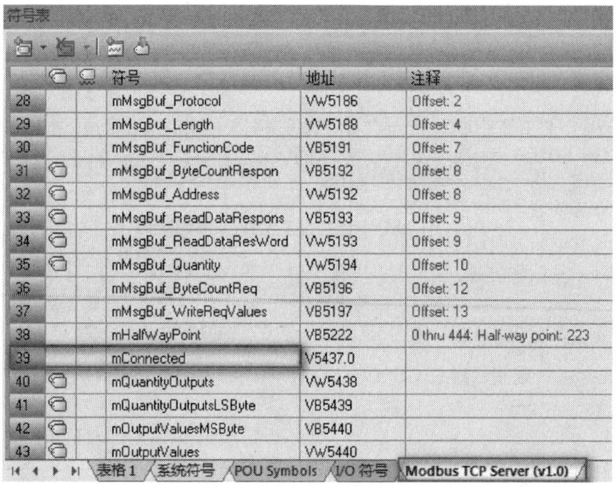

图 10-113　查看错误代码

问题 3. 进行 Modbus TCP 通信寄存器类型数据，数据量大超过 120 个字如何处理？

答：如果数据量超过 120 个字，可以进行如下两种方法操作：

1）建立多个连接，不同连接之间，可以并行操作，因为占用的通信资源不同。

2）建立一个连接，进行多个操作，不同操作之间需要进行轮询，同一时刻只有一个操作在进行。

问题 4. Modbus 通信保持寄存器地址范围是多少？

答：Modbus TCP 通信保持寄存器地址范围为 40001～49999。该范围足以满足大多数应用的要求，但有些 Modbus TCP 从站设备将数据映射到地址范围更大的保持寄存器中。MBUS_CLIENT 指令允许参数 Addr 的附加范围，以支持 400001～465536 的保持寄存器地址的扩展范围。例如，要访问保持寄存器 16768，请将 MBUS_CLIENT 的 Addr 参数设置为 416768。扩展寻址允许访问 Modbus 协议支持的全部 65536 个可能地址。此扩展寻址仅适用于保持寄存器。

问题 5. S7-200 SMART CPU 作为 Modbus TCP 客户端，服务器为网关模块，连接多个 Modbus RUT 设备时如何区分 Modbus RTU 从站地址能？

答：S7-200 SMART CPU 作为 Modbus TCP 客户端与 Modbus TCP 服务器进行通信时，当尝试访问比 Modbus TCP 服务器更低端的串行子网中的设备，会报错“无法建立连接”。如果 Modbus TCP 服务器用于 Modbus RTU 协议的网关，则 MB_UNIT_ID 可用于识别串行网络上连接的从站设备。MB_UNIT_ID 用于将请求转发到正确的 Modbus RTU 从站地址。一些 Modbus TCP 设备可能要求 MB_UNIT_ID 参数在限制范围内。参数 mModbusUnitID（见图 10-114）默认值为 255（16#FF），如果从站设备有多个，以 S7-200 SMART CPU 和网关模块建立一个连接，在这个连接上通过修改 UnitID 的值进行 UnitID 的轮询。

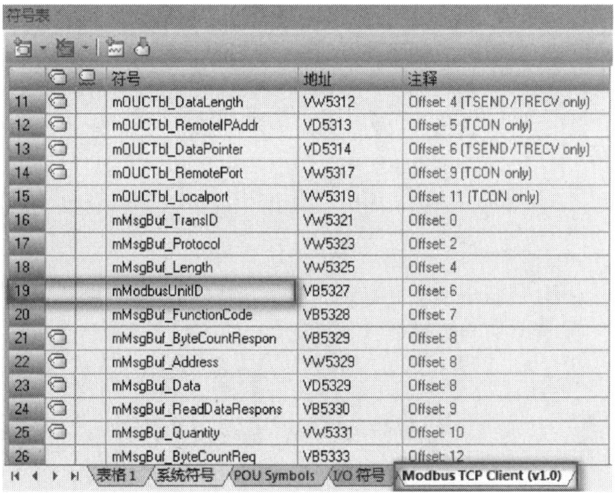

	符号	地址	注释
11	mOUCTbl_DataLength	VW5312	Offset: 4 (TSEND/TRECV only)
12	mOUCTbl_RemoteIPAddr	VD5313	Offset: 5 (TCON only)
13	mOUCTbl_DataPointer	VD5314	Offset: 6 (TSEND/TRECV only)
14	mOUCTbl_RemotePort	VW5317	Offset: 9 (TCON only)
15	mOUCTbl_Localport	VW5319	Offset: 11 (TCON only)
16	mMsgBuf_TransID	VW5321	Offset: 0
17	mMsgBuf_Protocol	VW5323	Offset: 2
18	mMsgBuf_Length	VW5325	Offset: 4
19	mModbusUnitID	VB5327	Offset: 6
20	mMsgBuf_FunctionCode	VB5328	Offset: 7
21	mMsgBuf_ByteCountRespon	VB5329	Offset: 8
22	mMsgBuf_Address	VW5329	Offset: 8
23	mMsgBuf_Data	VD5329	Offset: 8
24	mMsgBuf_ReadDataRespons	VB5330	Offset: 9
25	mMsgBuf_Quantity	VW5331	Offset: 10
26	mMsgBuf_ByteCountReq	VB5333	Offset: 12

图 10-114　符号表中的参数 mModbusUnitID

问题 6. 对于一些服务器不支持写单个数字量输出位（功能码 5）/单个保持寄存器（功能码 6），S7-200 SMART CPU 如何实现写单个位/字。

答：一些 Modbus TCP 服务器设备不支持 Modbus 功能写入单个离散输出位（Modbus 功能 5）或写入单个保持寄存器（Modbus 功能 6）。相反，这些设备只支持多位写入（Modbus 功能 15）或多寄存器写入（Modbus 功能 16）。如果服务器设备不支持单个位/字 Modbus 功能，则 MBUS_CLIENT 指令将返回错误代码 1。Modbus TCP 客户端协议允许强制 MBUS_CLI-

ENT 指令使用多个位/字 Modbus 功能，而非使用单个位/字 Modbus 功能。可通过在 Modbus TCP 客户端符号表中查找参数 mModbusForceMulti（见图 10-115），并在程序执行 MBUS_CLI-ENT 之前更改此值，来强制多个位/字指令。将 mModbusForceMulti 设置为 TRUE，可在写入单个位或寄存器时强制使用多个位/字功能。

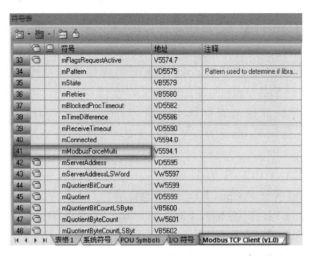

图 10-115　符号表中的参数 mModbusForceMulti